高职高专土木与建筑规划教材

建筑工程制图与识图

王　毅　主编

清华大学出版社
北京

内 容 简 介

本书是依据住房和城乡建设部、国家质量监督检验检疫局于 2010 年 8 月 18 日发布的国家标准《房屋建筑制图统一标准》(GB 50001—2017)、《总图制图标准》(GB/T 50103—2010)、《建筑制图统一标准》(GB/T 50104—2010)、《建筑结构制图标准》(GB/T 50105—2010)、《给水排水制图标准》(GB/T 50106—2010)以及中国建筑标准设计研究院编制、住房和城乡建设部批准实施的《混凝土结构平面整体表示方法制图规则和构造详图》等规范编制的。在本书的编写过程中，编者牢牢结合高等职业教育的办学特点，"以应用为目的，以必需和够用为度，以适用为主"，把职业能力培养作为主线，注重处理好知识、能力和素质三者之间的关系，以体现基础知识、基础理论为出发点，设计内容结构。

本书是新世纪高职高专实用规划教材，是为了培养土建相关专业高职高专学生的动手能力和实践能力而编写的。本书内容包括：制图的基本知识、投影的基本知识、形体的投影、组合体的投影、轴测投影图、建筑形体的表达方法、透视与阴影、建筑施工图的识读、结构施工图的识读、给水排水施工图的识读及 CAD 绘图基本知识等。同时为了教学，本书还编写了相配套的《建筑工程制图与识图习题集》，作为学生练习之用。

本书不仅适用于高职高专院校建筑工程技术专业、工程造价专业的教学，还可供建筑施工企业技术和管理人员及相关职业学校的师生参考，具有较强的实用性。

图书在版编目(CIP)数据

建筑工程制图与识图/王毅主编. —北京：清华大学出版社，2020.1(2024.7 重印)

高职高专土木与建筑规划教材

ISBN 978-7-302-54226-1

Ⅰ. ①建…　Ⅱ. ①王…　Ⅲ. ①建筑制图—识图—高等职业教育—教材　Ⅳ. ①TU204.21

中国版本图书馆 CIP 数据核字(2019)第 258092 号

责任编辑：石　伟
装帧设计：刘孝琼
责任校对：周剑云
责任印制：杨　艳

出版发行：清华大学出版社
　　　　　网　　　址：https://www.tup.com.cn，https://www.wqxuetang.com
　　　　　地　　　址：北京清华大学学研大厦 A 座　　　邮　　编：100084
　　　　　社 总 机：010-83470000　　　　　　　　　　邮　　购：010-62786544
　　　　　投稿与读者服务：010-62776969，c-service@tup.tsinghua.edu.cn
　　　　　质量反馈：010-62772015，zhiliang@tup.tsinghua.edu.cn
　　　　　课件下载：https://www.tup.com.cn，010-62791865

印 装 者：三河市人民印务有限公司
经　　销：全国新华书店
开　　本：185mm×260mm　　　印　张：18.5　　　字　数：450 千字
版　　次：2020 年 1 月第 1 版　　　　　　　　印　次：2024 年 7 月第 9 次印刷
定　　价：56.00 元

产品编号：082256-01

前　言

随着社会主义市场经济的深入发展和工程建设水平的全面提升，按照"对接产业、工学结合、提升质量，促进职业教育链深度融入产业链，有效服务区域经济发展"的职业教育发展思路，为全面推进高等职业院校建筑工程类专业教育教学改革，促进高端技术技能型人才的培养，本书的编委会通过充分调研和论证，在总结多年教学经验的基础上，编写了全国高职高专土木工程专业专用教材。

建筑工程制图与识图是建筑类各专业的一门既有系统理论又有较多社会实践的重要专业技能基础课程，是高等教育建筑类专业教学改革的产物。本课程具有较强的综合性及应用性，它以培养学生的方法能力与社会能力、读图能力与绘图能力以及对房屋建筑构造的认知和表达能力为主要目标，同时兼顾后续专业课程的学习需要。

为了能更好地丰富学生的学习内容并激发学生的学习兴趣，本书每章均添加了大量针对不同知识点的案例，结合案例和上下文可以帮助学生更好地理解所学内容，同时配有实训工作单，可让学生及时学以致用。

本书与同类书相比具有以下显著特点。

(1) 新：穿插案例，清晰明了，形式独特。

(2) 全：知识点分门别类，内容全面，由浅入深，便于学习。

(3) 系统：知识讲解前呼后应，结构清晰，层次分明。

(4) 实用：理论和实际相结合，举一反三，学以致用。

(5) 赠送：除了必备的电子课件、教案、每章习题答案及模拟测试 AB 试卷外，还相应地配套有大量的讲解音频、动画视频、三维模型、扩展图片等，以扫描二维码的形式再次拓展相关知识点，力求让初学者在学习时最大化地接受新知识，最快、最高效地达到学习目的。

本书由三门峡职业技术学院王毅主编，江苏三省管理咨询有限公司钟震宇、河南建隆建筑安装装饰工程有限公司王平强任副主编，参加编写的还有黄河水利职业技术学院李颖、开封大学李军、中南大学付峥嵘、重庆房地产职业学院李益、河南中鸿文化传播有限公司赵小云、陕西渭南轨道交通运输学校李迪迪。其中钟震宇负责编写第 1 章，李迪迪负责编写第 2 章，李益负责编写第 3 章、第 9 章，李颖负责编写第 4 章、第 7 章，王平强负责编写第 5 章，李军负责编写第 6 章，王毅负责编写第 8 章，第 11 章，并对全书进行统筹，付峥嵘负责编写第 10 章。在此对在本书编写过程中的全体合作者和帮助者表示衷心的感谢！

本书在编写过程中，得到了许多同行的支持与帮助，在此一并表示感谢。

由于编者水平有限和时间紧迫，书中难免有错误和不妥之处，望广大读者批评指正。

编　者

教案及试卷答案
获取方式.pdf

目 录

建筑工程制图与识图
各章课后习题答案.docx

建筑工程制图与识图 A 卷.docx　　　　　建筑工程制图与识图 B 卷.docx

第 1 章　制图的基本知识

🛒 【教学目标】

- 了解常用制图工具仪器的使用和保养方法
- 掌握制图标准
- 掌握用制图工具仪器绘制建筑图样的方法
- 认识各种制图工具、仪器

第 1 章　制图的基本知识课件.pptx

🏃 【教学要求】

本章要点	掌握层次	相关知识点
制图的基本规定	了解图纸幅面规定、图线、字体、比例、尺寸标注	制图规定
常用的制图工具	熟悉制图用的图板、丁字尺、三角板等	制图工具
制图的方法和步骤	掌握具体的作图方法和步骤	制图方式

⚙ 【引子】

　　工程制图的发展是历史的延续，工程制图的现状还不能适应科学技术、生产制造迅速发展的需要，工程制图需要实验，以实验推动课程，形成实验发展理论、理论推动实验的良性循环，是工程制图可持续发展的有效途径。近年来，计算机制图在理论及技术上的重大突破与普及，对传统的工程图学理论及实践体系发出了强有力的挑战，同时也给工程图学提供了千载难逢的机遇。此时，回顾一下历史，追忆历史长河中工程图学的发展轨迹，将有助于我们认明方向、把握机遇。

1.1　建筑图学的成就与应用

1.1.1　建筑图学的发展

　　现代工程图学和建筑历史研究中，实际已经包括了建筑制图史的内容，但对制图史的系统研究，在国内建筑界并未给予充分重视，且其程度之严重出人意料。造成这种状况的原因是，一方面，对有些人来说，过去的制图方法和思想似乎没有多少直接的帮助；另一

方面，如果仅将制图史看作由经验方法向理性方法的技术进化，或者将其依附于某种投影方式，那么，投影的"阴影"，只能加深对过去制图的误解和偏见，特别是对西方世界以外的建筑制图；同时，这一阴影也掩盖了在制图方式和思想背后所隐藏的空间和造型观念、观照方式、审美态度、文化特征等诸多因素，以及制图与建筑发展的互动关系。如果注意到的不仅仅是制图史中技术进步的线索，而且注意到这是一个图示再现方式演化的历史，将有利于更真切地把握建筑制图发展的轨迹。显然，这段历史需要重新审视，不仅因为建筑制图本身有一个历史，而且因为其现代形态也是按"图式—矫正"的路线从传统中继承发展来的。洞察历史，有利于对未来发展趋势的宏观把握，同时也可避免相关的理论研究流于空泛。因此，本书带着这个新的观念，在前人研究的基础上，对建筑制图发展史进行了初步梳理，并以此作为整个研究的起点。

有史以来，人类就试图用图形来表达和交流思想。从远古洞穴中的石刻可以看出，在出现语言、文字前，图形就是一种有效的交流思想的工具。考古发现，早在公元前 2600 年就出现了可以称为工程图样的图，那是一幅刻在泥板上的神庙地图。直到公元 16 世纪文艺复兴时期，才出现将平面图和其他多面图画在同一幅画面上的设计图。1799 年，法国著名科学家加斯帕·蒙日将各种表达方法归纳，发表了《画法几何》著作。蒙日所说明的画法是以互相垂直的两个平面作为投影面的正投影法。蒙日方法对世界各国科学技术的发展产生了巨大影响，并在科技界，尤其在工程界得到广泛的应用和发展。

1.1.2　建筑图学的成就

我国在两千年前就有了用正投影法表达的工程图样。1977 年冬，在河北省平山县出土的公元前 323—前 309 年的战国中山王墓中，发现了在青铜板上用金银线条和文字制成的建筑平面图，这也是世界上最早的工程图样。该图用 1∶500 的正投影绘制并标注有尺寸。中国古代传统的工程制图技术，与造纸术一起，于唐代同一时期(公元 751 年后)传到西方。公元 1100 年，宋代李诫所著的雕版印刷书《营造法式》中有使用各种方法画出的约 570 幅图，是当时的一部关于建筑制图的国家标准施工规范和培训教材。

此外，宋代天文学家、药学家苏颂所著的《新仪象法要》，元代农学家王桢撰写的《农书》，明代科学家宋应星所著的《天工开物》等书中都有大量为制造仪器和工农业生产所需要的器具和设备的插图。清代和民国时期，我国在工程制图方面有了一定的发展。

1.1.3　建筑图学的应用

中华人民共和国成立后，随着社会主义建设的蓬勃发展和对外交流的日益增长，工程图学学科得到飞速发展，学术活动频繁，画法几何、射影几何、透视投影等理论的研究得到进一步深入，并广泛与生产科研相结合。与此同时，由于生产建设的迫切需要，由国家相关职能部门批准颁布了一系列制图标准，如技术制图标准、机械制图标准、建筑制图标准、道路工程制图标准、水利水电工程制图标准等。

20 世纪 70 年代，计算机图形学、计算机辅助设计(CAD)绘图在我国得到迅猛发展，除了国外一批先进的图形、图像软件如 AutoCAD、Cadkey、Pro/E 等得到广泛使用外，我国自主开发的一批国产绘图软件，如天正建筑 CAD、高华 CAD、开目 CAD、凯图 CAD 等，也在设计、教学、科研生产单位得到了广泛使用。随着我国现代化建设的迫切需要，计算机技术将进一步与工程制图结合，计算机绘图和智能 CAD 将进一步得到深入发展。有志于从事工程建设的青年学子，一定要学好图学课程，为工程建设其他学科的学习打下良好的基础。

1.2　绘图工具及仪器的使用方法

1.2.1　图板、丁字尺、三角板

1. 图板

图板是指制图时垫在图纸下面有一定规格的木板。其作用是方便绘图，尤其是在室外绘图时，图板要求表面平整，重量轻，方便携带。图板有多种不同的规格，具体选择哪种规格应根据实际情况决定，如图 1-1 所示。

常用制图工具.doc

音频.常用制图工具的
分类和用途.mp3

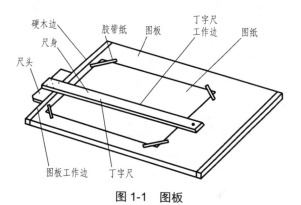

图 1-1　图板

2. 丁字尺

丁字尺，又称 T 形尺，为一端有横档的"丁"字形直尺，由互相垂直的尺头和尺身构成，一般采用透明有机玻璃制作，常在工程设计上绘制图纸时配合绘图板使用。丁字尺为画水平线和配合三角板作图的工具，一般可直接用于画平行线或用作三角板的支承物来画与直尺成各种角度的直线，如图 1-2 所示。丁字尺多用木料或塑料制成，一般有 600mm、900mm、1200mm 三种规格。

丁字尺的正确使用方法如下：
(1) 应将丁字尺尺头放在图板的左侧，并与边缘紧贴，可上下滑动使用。
(2) 只能在丁字尺尺身上侧画线，画水平线必须自左至右。
(3) 画同一张图纸时，丁字尺尺头不得在图板的其他各边滑动，也不能用来画垂直线。
(4) 过长的斜线可用丁字尺来画。

（5）较长的直平行线组也可用具有可调节尺头的丁字尺来作图。

（6）应保持工作边平直、刻度清晰准确、尺头与尺身连接牢固，不能用工作边来裁切图纸。

（7）丁字尺放置时宜悬挂，以保证丁字尺尺身的平直。

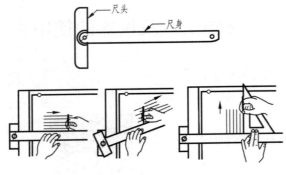

图 1-2　丁字尺

3. 三角板

在我们现代社会中，三角板是学数学、量角度的主要作图工具之一。每副三角板由两个特殊的直角三角板组成，一个是等腰直角三角板，另一个是特殊角的直角三角板，如图 1-3 所示。

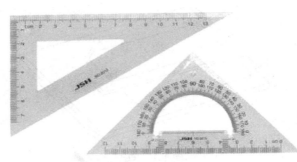

图版、丁字尺、三角板.mp4

图 1-3　三角板

1）特点

等腰直角三角板的两个锐角都是 45°。细长三角板的锐角分别是 30°和 60°。一块三角板上有 1 个直角、2 个锐角。

两个完全一样的等腰直角三角板可以拼成一个正方形，也可以拼成一个更大的等腰直角三角形。等腰直角三角板的两条直角边长度相等。

两个完全一样的细长三角板可以拼成一个正三角形。细长三角板的斜边长度是短直角边长度的两倍。

2）用途

使用三角板可以方便地画出 15°的整倍数的角。特别是将一块三角板和丁字尺配合，按照自下而上的顺序，可画出一系列的垂直线；将丁字尺与一个三角板配合，可以画出 30°、45°、60°的角。画图时通常按照从左向右的原则绘制斜线。用两块三角板与丁字尺配合还可以画出 15°、75° 的斜线。用两块三角板配合，可以画出任意一条图线的平行线。两块三角板拼凑可画出 135°、120°、150°、75°、105° 的角。

1.2.2　圆规和分规

圆规用于画圆及圆弧。使用前应先调整针脚，使针脚带阶梯的一端向下，并使针尖稍长于铅芯。

分规是用来截取线段、量取尺寸和等分线段或圆弧线的绘图工具。有两腿，上端铰接，下端都是针脚，可以随意分开或合拢，以调整针尖间的距离(见图1-4)。

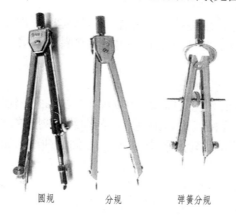

圆规　　　　分规　　　　弹簧分规

图1-4　圆规和分规

分规可以分为普通分规和弹簧分规两种。

使用分规时，应注意的事项是：

(1) 量取等分线时，应使两个针尖准确落在线条上，不得错开。

(2) 普通的分规应调整到不紧不松、容易控制的工作状态。

1.2.3　曲线板

1. 曲线板的概念

曲线板(见图 1-5)，也称云形尺，绘图工具之一，是一种内外均为曲线边缘的薄板，用来绘制曲率半径不同的非圆自由曲线。曲线板一般采用木料、胶木或赛璐珞制成，大小不一，常无正反面之分，多用于服装设计、美术漫画等领域，也少量地用于工程制图。在绘制曲线时，取板上与所拟绘曲线某一段相符的边缘，用笔沿该段边缘移动，即可绘出该段曲线。除曲线板外，也可用由可塑性材料和柔性金属芯条制成的柔性曲线尺(通常称为蛇形尺)来绘制曲线。

曲线板.mp4

2. 曲线板的使用方法

曲线板的缺点在于没有标示刻度，不能用于曲线长度的测量。曲线板在使用一段时间之后，边缘会变得凹凸不平，这时候画出来的线将不够圆滑，并破坏整个画面。

图 1-5 曲线板

为保证线条流畅、准确，应先按相应的作图方法定出所需画的曲线上足够数量的点，然后用曲线板连接各点而成，并且要注意采用曲线段首尾重叠的方法，这样绘制的曲线比较光滑。一般的步骤为：

(1) 按相应的作图方法作出曲线上的一些点。

(2) 用铅笔徒手将各点依次连成曲线。作为底稿线的曲线不宜过粗。

(3) 从曲线一端开始选择曲线板与铅笔绘制的曲线相吻合的 4 个连续点，找出曲线板与曲线相吻合的线段，用铅笔沿其轮廓画出前 3 点之间的曲线，留下第三点与第四点之间的曲线不画。

(4) 继续从第 3 点开始，包括第 4 点，再选择 4 个点，绘制第二段曲线，从而使相邻曲线段之间存在过渡。然后如此重复，直至绘完整段曲线。

1.2.4 铅笔

绘图铅笔按笔芯的软硬不同有 B、HB、H 型等多种标号。B 前面的数字越大，表示笔芯越软；H 前面的数字越大，表示笔芯越硬；HB 标号的笔芯硬软适中。绘图时建议画粗实线时选用 B 或 2B 型铅笔；写字、画箭头时选用 HB 型铅笔；打底稿和画细实线及各类点画线时选用 H 型铅笔。铅笔一般磨削成锥形，如图 1-6 所示。

手绘制图.doc   音频.制图的基本规定.mp3

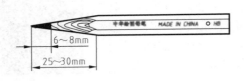

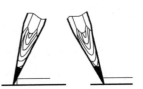

(a) 铅笔及其磨削形状   (b) 沿尺边画线的正确位置   (c) 沿尺边画线的错误位置

图 1-6 铅笔及其画线方法

1.3 制图标准的基本规定

1.3.1 图纸幅面和格式

1. 图纸幅面

表 1-1 列出了标准中规定的各种图纸的幅面尺寸，如图 1-7 所示，绘图时应优先采用。每张图样均需有细实线绘制的图幅。必要时可加长边长，但加长量必须符合标准的规定，这些幅面的尺寸由基本幅面的短边乘整数倍增加后得出。

表 1-1　图纸幅面及尺寸　　　　　　　　　　　　　单位：mm

幅面代号		A0	A1	A2	A3	A4
幅面尺寸 $B\times L$		841×1189	594×841	420×594	297×420	210×297
周围尺寸	a	25				
	c	10			5	
	e	20		10		

2. 图框格式

在图样上必须用粗实线画出图框线。图框分为不留装订边和留有装订边两种格式，分别如图 1-8、图 1-9 所示。同一产品的图样只能采用一种格式。

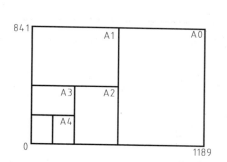

图 1-7　图纸基本幅面尺寸

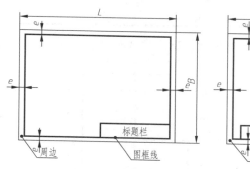

图 1-8　不留装订边的图框格式图

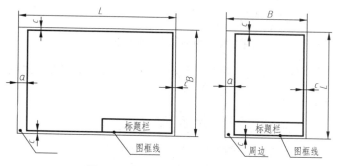

图 1-9　留装订边的图框格式图

3. 标题栏

每张图纸上都必须画出标题栏。标题栏应位于图纸的右下角或下方，如图 1-8 和图 1-9 所示。

学生作业用标题栏的外框是粗实线，里边是细实线，其右边线和底边线应与图框线重合。制图作业的标题栏建议采用如图 1-9 所示的格式。

1.3.2 比例

绘制图样时所采用的比例制图中的一般规定术语，是指图中图形与其实物相应要素的线性尺寸之比。在数学中，比例是一个总体中各个部分的数量占总体数量的比重，用于反映总体的构成或者结构。两种相关联的量，一种量变化，另一种量也随着变化。

比值为 1 的比例称为原值比例，比值大于 1 的比例称为放大比例，比值小于 1 的比例称为缩小比例。需要按比例绘制图样时，应从比例表规定的系列中选取适当的比例，见表 1-2。

表 1-2　比例表

种　类	比　例
常用比例	10:1、5:1、2:1、1:1、1:2、1:10、1:10、1:20、1:50、1:100、1:150、1:200、1:500、1:1000、1:2000、1:5000、1:10000、1:20000
可用比例	8:1、4:1、3:1、2.5:1、1:3、1:4、1:6、1:15、1:25、1:30、1:40、1:60、1:80、1:250、1:300、1:400、1:600

不论绘图比例如何，标注尺寸时必须标注工程形体的实际尺寸，如图 1-10 所示。

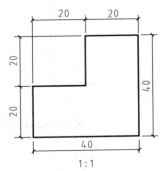
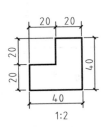

图 1-10　用不同比例画出的图形

比例宜注写在图名的右侧，字的基准线应取平；比例的字高宜比图名的字高小一号或二号，如图 1-11 所示。

平面图 1:100

图 1-11　比例注写示意图

1.3.3 字体

工程图中的文字必须遵循下列规定。

(1) 图样中书写的文字、数字、符号等，必须做到字体端正、笔画清楚、排列整齐，标点符号应清楚正确。

(2) 文字的高度，应从如下系列中选用：2.5mm、3.5mm、5mm、7mm、10mm、14mm、20mm。

(3) 图样及说明中的汉字，宜采用长仿宋体，其字高不得小于 3.5mm。汉字的简化书写，应符合国务院公布的《汉字简化方案》和有关规定。如图 1-12 所示为长仿宋体汉字示例。

10号字

字体端正笔画清楚排列整齐

7号字

横平竖直注意起落结构均匀填满方格

图 1-12　长仿宋体汉字示例

(4) 字母和数字可写成斜体或直体(常用斜体)。斜体字字头向右倾斜，与水平线成 75°。

(5) 数量的数值注写，应采用正体阿拉伯数字，如 8 层楼、③号钢筋等。各种计量单位凡前面有量值的，均应采用国家颁布的单位符号注写，单位符号应采用正体字母，如 20mm、30℃、5km 等。

(6) 分数、百分数及比例的注写，应采用阿拉伯数字和数字符号，如 3/4、25%、1：20 等。

(7) 当注写的数字小于 1 时，必须写出个位的 "0"，小数点应采用圆点，齐基准线书写，如-0.020、±0.000 等。

1.3.4 图线

图线的基本线型有 15 种：实线、虚线、间隔画线、点画线、双点画线、三点画线、点线、长画短画线、长画双短画线、画点线、双画单点线、画双点线、双画双点线、画三点线、双画三点线。

(1) 粗线宽度 b，为图线的基本线宽，按图样的复杂程度在 0.35、0.5、0.7、1、1.4、2mm 数系中选择。所有线型的图线分粗线、中粗线和细线三种，其宽度比例为 4：2：1。当选定粗线宽度 b 后，则同一图样中的中粗线宽为 $0.5b$、细线宽为 $0.25b$。在同一图样中，同类图线的宽度应基本一致。

(2) 在作图时，图线的画法应尽量做到粗细分明、均匀光滑、清晰整齐、交接正确。虚线、点画线与同类型或其他线相交时，均应交于线段处；虚线为实线的延长线时，不得与实线连接；两条平行线之间的最小间隙不得小于 0.7mm。表 1-3 所示为图线名称、型式、宽度及用途。

表 1-3　图线名称、型式、宽度及用途

图线名称		线　型	线宽	一般用途
实线	粗		b	主要可见轮廓线
	中		$0.5b$	可见轮廓线
	细		$0.25b$	可见轮廓线、图例线
虚线	粗		b	见有关专业制图标准
	中		$0.5b$	不可见轮廓线
	细		$0.25b$	不可见轮廓线、图例线
单点长画线	粗		b	见有关专业制图标准
	中		$0.5b$	见有关专业制图标准
	细		$0.25b$	中心线、对称线等
双点长画线	粗		b	见有关专业制图标准
	中		$0.5b$	见有关专业制图标准
	细		$0.25b$	假想轮廓线、成型前原始轮廓线
折断线			$0.25b$	断开界线
波浪线			$0.25b$	断开界线

1.3.5　尺寸标注

1. 尺寸标注的概念

尺寸标注图形主要表达工程形体的形状及结构，而工程形体的大小通常由标注的尺寸确定。标注尺寸是一项极为重要的工作，必须认真细致，一丝不苟。如果尺寸有遗漏或错误，将会给施工带来困难和损失。

2. 尺寸的组成

一个完整的尺寸一般应包括尺寸界线、尺寸线、尺寸起止符号和尺寸数字四个部分，如图 1-13(a)所示。

(1) 尺寸界线。

尺寸界线应用细实线绘制，一般应与被注长度垂直，其一端应离开图样轮廓线不小于 2mm，另一端宜超出尺寸线 2～3mm。必要时，图样轮廓线或中心线也可用作尺寸界线。

(2) 尺寸线。

尺寸线也用细实线绘制，应与被注长度平行。图样本身的任何图线均不得用作尺寸线。

(3) 尺寸起止符号。

尺寸起止符号一般应用中粗斜短线绘制，其倾斜方向应与尺寸界线成顺时针 45°角，长度宜为 2～3mm，如图 1-13(b)所示。半径、直径、角度与弧长的尺寸起止符号，宜用箭头表示。

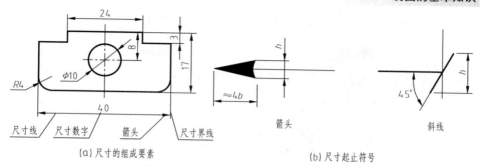

(a) 尺寸的组成要素　　　　　　　　　　(b) 尺寸起止符号

图 1-13　尺寸的组成标注示例

(4) 尺寸数字。

图样上的尺寸，应以尺寸数字为准，不应从图上直接量取；所注写的尺寸数字与绘图所选用的比例及作图准确性无关。图样上的长度尺寸单位，除标高及总平面图以米为单位外，都应以毫米为单位。因此，图样上的长度尺寸数字不需注写单位。

尺寸数字的方向，应按如图 1-14(a)所示的规定注写。若尺寸数字在 30°斜线区内，宜按图 1-14(b)所示的形式注写。尺寸数字一般应依据其方向注写在靠近尺寸线的上方中部，如没有足够的注写位置，最外边的尺寸数字可注写在尺寸界线的外侧，中间相邻的尺寸数字可错开注写，也可引出注写，如图 1-14(c)所示。

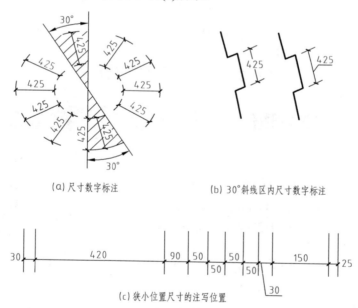

(a) 尺寸数字标注　　　　　　　　　　(b) 30°斜线区内尺寸数字标注

(c) 狭小位置尺寸的注写位置

图 1-14　尺寸数字的注写方向及位置

3. 尺寸的排列与布置

尺寸宜标注在图样轮廓线以外，不宜与图线、文字及符号等相交；如果图线不得不穿过尺寸数字时，应将尺寸数字处的图线断开。

互相平行的尺寸线，应从被注的图样轮廓线由近向远整齐排列，小尺寸应离轮廓线较近，大尺寸应离轮廓线较远。图样轮廓线以外的尺寸线，距图样最外轮廓线之间的距离不宜小于 10mm。平行排列的尺寸线的间距宜为 7～10mm，并保持一致。

4. 直径、半径、角度的标注

大于半圆的圆弧或圆应标注直径，小于或等于半圆的圆弧应标注半径。标注角度时，尺寸数字一律水平注写。标注示例如图 1-15 所示。

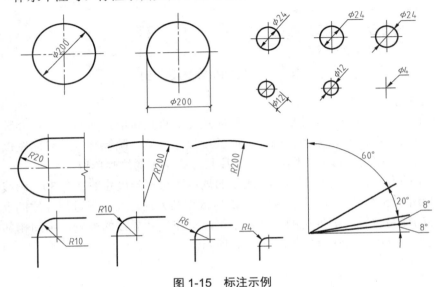

图 1-15　标注示例

1.4　几 何 作 图

1.4.1　等分及作正多边形

1. 直线段的等分

等分直线段的画法如图 1-16 所示，作图步骤如下。

(1) 已知直线段 AB，如图 1-16(a)所示。过点 A 作任意直线 AC，以适当长为单位，在 AC 上量取 n 个线段，得到点 1, 2, …, n，如图 1-16(b)所示。

(2) 连接 nB，过点 1, 2, …作 nB 的平行线与 AB 相交，即可将 AB 分为 n 等份，如图 1.16(c)所示。

音频.制图的方法和步骤.mp3

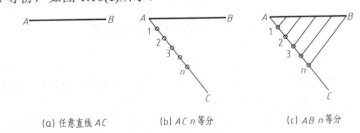

(a) 任意直线 AC　　　　(b) AC n 等分　　　　(c) AB n 等分

图 1-16　分线段为 n 等分

2. 圆周的等分和正多边形

1) 六等分圆周和正六边形

如图 1-17 所示为六等分圆周，用圆的半径等分圆周，把各等分点依次连接，即得一正六边形。因此画正六边形只要给出外接圆的直径尺寸(或正六边形的对角距)就够了。

用三角板配合丁字尺，也可作圆的内接正六边形或外切正六边形，如图 1-18 所示。因此正六边形的尺寸也可得出两对边的距离 S(即内切圆直径)尺寸。

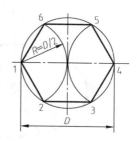

图 1-17　六等分圆周和
作正六边形

2) 五等分圆周和正五边形

五等分圆周既可用分规试分，也可按下述方法等分，如图 1-19 所示。

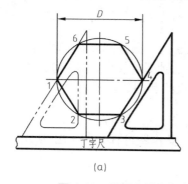

(a)

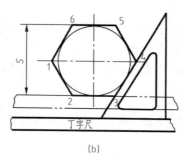

(b)

图 1-18　用丁字尺和三角板作外切或内接正六边形

图 1-19　正五边形的画法

(1) 平分 OB 得点 P；

(2) 在 AB 上取 $PH=PC$，得点 H；

(3) 以 CH 为边长等分圆周，得等分点 E、F、G、I，依次连接即得正五边形。

1.4.2　椭圆画法

1. 同心圆法

如图 1-20 所示，以 O 为圆心，以长轴 AB 和短轴 CD 为直径画同心圆，过圆心 O 作一系列直径与两圆相交，自大圆的交点作短轴的平行线，自小圆的交点作长轴的平行线，其交点就是椭圆上的各点，用曲线板将这些点光滑地连接起来，即得椭圆。

同心圆法.mp4

2. 四心圆弧法

如图 1-21 所示，以 OA 为半径画弧交 OC 延长线于点 E，连长、短轴的端点 A、C，以 C 为圆心，CE 为半径画弧交 AC 于 E' 点，作 AE' 的中垂线与两轴分别交于 O_1、O_2，并作 O_1 和 O_2 的对称点 O_3、O_4，最后分别以 O_1、O_2、O_3、O_4 为圆心，以 O_1A、O_2C、O_3B、O_4D 为半径画圆弧，这四段圆弧就近似地代替了椭圆，圆弧间的连接点为 K、N、N_1、K_1。

四心圆弧法.mp4

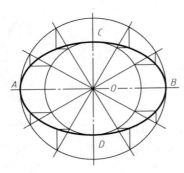

图 1-20 用同心圆法作椭圆

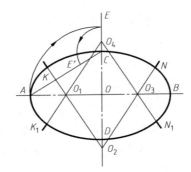

图 1-21 用四心圆弧法作椭圆

1.4.3 圆弧连接

用已知半径的圆弧光滑连接已知直线或圆弧，称为圆弧连接。圆弧连接有三种情况：用已知半径为 R 的圆弧连接两条已知直线；用已知半径为 R 的圆弧连接两已知圆弧，其中有外连接和内连接之分；用已知半径为 R 的圆弧连接一已知直线和圆弧。

1. 圆弧与已知直线连接

已知两直线及连接圆弧的半径 R，求作两直线的连接弧。其作图过程如图 1-22 所示。

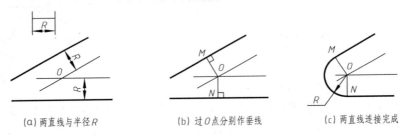

(a) 两直线与半径 R (b) 过 O 点分别作垂线   (c) 两直线连接完成

图 1-22 圆弧连接两直线

要画一段圆弧，必须知道圆弧的半径和圆心的位置，如果只知道圆弧半径，圆心要用作图法求得，这样画出的圆弧为连接弧。

(1) 作与已知两直线分别相距为 R 的平行线，交点 O 即为连接弧的圆心，如图 1-22(a) 所示。

(2) 从圆心 O 分别向两直线作垂线，垂足 M、N 即为切点，如图 1-22(b) 所示。

(3) 以 O 为圆心，R 为半径，在两切点 M、N 之间画圆弧，即为所求圆弧，如图 1-22(c) 所示。

2. 圆弧与已知两圆弧外连接

已知圆心分别为 O_1、O_2 及其半径为 $R5$、$R10$ 的两圆，用半径为 $R20$ 的圆弧外连接两圆。其作图过程如图 1-23 所示。

(1) 以 O_1 为圆心，$R_1 = 5 + 20 = 25$ 为半径画弧，以 O_2 为圆心，$R_2 = 10 + 20 = 30$ 为半径画弧，两圆弧的交点 O 即为连接弧的圆心，如图 1-23(a) 所示。

(2) 连接 O_1、O_2，与两已知圆相交于点 M、N，点 M、N 即为切点，如图 1-23(b)所示。

(3) 以 O 为圆心、$R20$ 为半径画弧 MN，MN 即为所求连接弧，如图 1-23(c)所示。

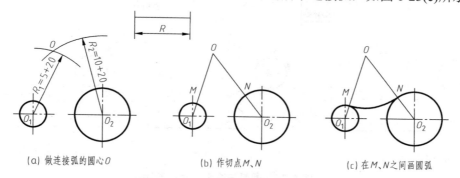

(a) 做连接弧的圆心 O　　　(b) 作切点 M、N　　　(c) 在 M、N 之间画圆弧

图 1-23　圆弧与已知两圆弧外连接

3. 圆弧与已知两圆弧内连接

已知圆心分别为 O_1、O_2 及其半径为 $R5$、$R10$ 的两圆，用半径为 $R30$ 的圆弧内连接两圆。其作图过程如图 1-24 所示。

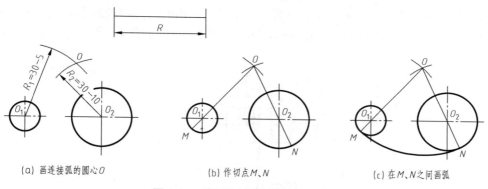

(a) 画连接弧的圆心 O　　　(b) 作切点 M、N　　　(c) 在 M、N 之间画弧

图 1-24　圆弧与已知两圆弧内连接

(1) 以 O_1 为圆心，$R_1=30-5=25$ 为半径画弧，以 O_2 为圆心，$R_2=30-10=20$ 为半径画弧，两弧的交点 O 即为连接弧的圆心，如图 1-24(a)所示。

(2) 连接 O_1、O_2 并延长，与两已知圆相交于点 M、N，点 M、N 即为切点，如图 1-24(b)所示。

(3) 以 O 为圆心、$R30$ 为半径画弧 MN，MN 即为所求连接弧，如图 1-24(c)所示。

4. 圆弧与已知圆弧、直线连接

已知圆心为 O_1、半径为 R_1 的圆弧和直线 L_1，用半径为 R 的圆弧连接已知圆弧和直线，作图过程如图 1-25 所示。

(1) 作直线 L_1 的平行线 L_2，两平行线之间的距离为 R；以 O_1 为圆心，$R+R_1$ 为半径画圆弧，直线 L_2 与圆弧的交点 O 即为连接弧的圆心，如图 1-25(a)所示。

(2) 从点 O 向直线 L_1 作垂线得垂足 N，连接 O_1 与已知弧相交得交点 M，点 M 和点 N 即为切点，如图 1-25(b)所示。

(3) 以 O 为圆心，R 为半径作圆弧 MN，MN 即为所求的连接弧，如图 1-25(c)所示。

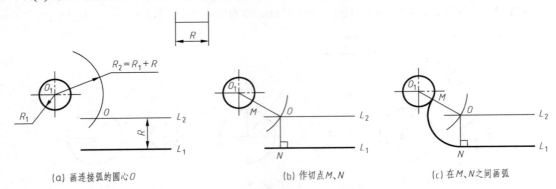

（a）画连接弧的圆心 O （b）作切点 M、N （c）在 M、N 之间画弧

图 1-25　圆弧与圆弧、直线连接

1.5　平面图形的画法

任何平面图形总是由若干线段(包括直线段、圆弧、曲线等)连接而成的，每条线段又由相应的尺寸来决定其长短(或大小)和位置。一个平面图形能否正确绘制出来，要看图中所给的尺寸是否齐全和正确，如图 1-26 所示。因此，绘制平面图形时应先进行尺寸分析和线段分析。

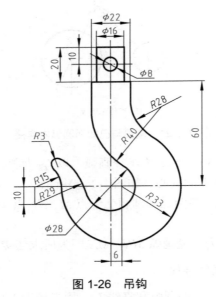

图 1-26　吊钩

1.5.1　平面图形的分析

1. 平面图形的尺寸分析

平面图形中的尺寸可以分为两大类。

1）定形尺寸

确定平面图形中几何元素大小的尺寸称为定形尺寸，常指直线段的长度、圆弧的半径，如图 1-26 所示的尺寸 $R33$、20 等。

2）定位尺寸

确定几何元素位置的尺寸称为定位尺寸，常指圆心的位置尺寸、直线与中心线的距离尺寸，如图 1-26 所示的尺寸 6、60 等。

2. 平面图形的线段分析

平面图形中的线段，按其尺寸是否齐全可分为三类。

1）已知线段

具有齐全的定形尺寸和定位尺寸的线段为已知线段，作图时可根据已知尺寸直接绘出。

2）中间线段

只给出定形尺寸和一个定位尺寸的线段为中间线段，其另一个定位尺寸可根据与相邻已知线段的几何关系求出。

3）连接线段

只给出线段的定形尺寸，定位尺寸未知，需要依靠与其两端相邻已知线段的几何关系求出的线段为连接线段。

仔细分析上述三类线段的定义，不难得出线段连接的一般规律：在两条已知线段之间可以有任意数量中间线段，但必须有而且只能有一条连接线段。

1.5.2 平面图形的绘图步骤

在画平面图形时，应根据图形中所给的各种尺寸，分析线段性质，然后按先画已知线段、再画中间线段、最后画连接线段的顺序画图。

以图 1-26 所示的吊钩为例，其作图步骤如下。

(1) 先画基准线和定位线，如图 1-27(a)所示。

(2) 再画所有已知线段，如图 1-27(b)所示。

(3) 接着画中间线段，其中 $R29$ 圆弧的圆心纵向坐标依靠尺寸 10 确定，横向坐标则根据其与 $\phi28$ 圆弧相外切的几何条件求出，如图 1-27(c)所示。

(4) 最后画连接线段 $R28$、$R40$ 和 $R3$，如图 1-27(d)所示。

(5) 然后检查、整理，加粗并标注尺寸，完成全图，如图 1-27 所示。

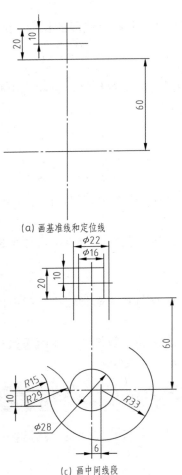

(a) 画基准线和定位线

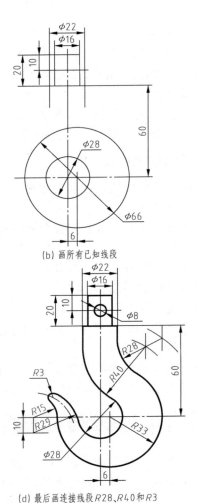

(b) 画所有已知线段

(c) 画中间线段

(d) 最后画连接线段 R28、R40 和 R3

图 1-27 吊钩的作图步骤

本章小结

本章主要介绍工程图样绘制所涉及的中华人民共和国国家标准《技术制图》及《房屋建筑图统一标准》中有关图纸幅面、比例、字体、图线及尺寸标注等方面的基本规范，它是工程技术图样必须遵循的标准。同时，还介绍了常用绘图工具的使用方法，绘图的基本方法、步骤，以及手工绘图的基本技能、技巧。使学生了解绘制工程图样的基本规范，并得到规范手工绘图的基本训练。

实训练习

一、单选题

1. A1 号横式幅面图纸，其绘图区的图框尺寸(宽和长)为(　　)。

  A. 594mm×841mm B. 574mm×831mm C. 420mm×594mm D. 574mm×806mm

2.　尺寸界线应与被注长度垂直，其一端应离开图样轮廓线不小于(　　)。

  A. 10mm   B. 6mm   C. 4mm   D. 2mm

3.　尺寸宽×长为297×420(单位：mm)的图纸幅面代号为(　　)。

  A. A1   B. A2   C. A3   D. A4

4.　在建筑立面图中，表示建筑物的外轮廓用(　　)。

  A. 特粗实线   B. 粗实线   C. 中实线   D. 细实线

5.　工程中的图纸幅面通常有(　　)。

  A. 2 种   B. 3 种   C. 4 种   D. 5 种

二、多选题

1.　加深、整理是表现作图技巧、提高图面质量的重要阶段。所绘的全部内容都将是图纸的最终结果，加深的原则是(　　)。

  A. 先细后粗，先曲后直   B. 直接画粗线，先曲后直

  C. 从上至下，从左至右   D. 从左至右，从下至上

  E. 以上答案都对

2.　加深、整理是表现作图技巧、提高图面质量的重要阶段。所绘的全部内容都将是图纸的最终结果，图线要求(　　)。

  A. 线型正确 B. 粗细分明 C. 均匀光滑

  D. 深浅一致 E. 以上答案都不对

3.　常用的绘图工具及仪器有(　　)。

  A. 图板 B. 丁字尺 C. 三角板

  D. 圆规 E. 荧光笔

4.　制图标准常采用的比例不包括(　　)。

  A. 1∶10 B. 1∶15 C. 1∶100

  D. 1∶250 E. 1∶500

5.　开始绘图与刚开始学习写字一样，正确的方法和习惯，将直接影响作图的质量及效率。下面的选项正确的是(　　)。

  A. 准备好所需的全部作图用具，擦净图板、丁字尺、三角板

  B. 削磨铅笔、铅芯(通常应于课前进行，随时使绘图工具处于备用状态)

  C. 分析了解所绘对象，根据所绘对象的大小选择合适的图幅及绘图比例

  D. 固定图纸   E. 以上答案都对

三、简答题

1. 图纸规格有什么要求？

2. 制图有哪些步骤？

3. 简述平面图的绘图步骤？

实训工作单

班级		姓名		日期	
教学项目		制图的基本知识及操作			
任务	建筑平面图：A3 图纸作图两份，A1 图纸作图一份		绘图工具	画板、丁字尺、铅笔、橡皮、图纸等	
相关知识			制图识图基础知识		
其他要求					

绘制流程记录

评语			指导老师	

第2章 投影的基本知识

【教学目标】

- 了解投影的基本概念和分类
- 了解投影的基本知识
- 掌握三面正投影和点、线投影的相关知识点
- 掌握投影的作图方法

【教学要求】

第2章 投影的基本知识课件.pptx

本章要点	掌握层次	相关知识点
点的投影	1.点投影的概述 2.点投影的关系	1.点投影的概念 2.点投影的特性 3.两点的位置关系
直线投影	1.直线投影的概述 2.各种位置的直线投影 3.直线上的点投影	1.直线投影的概念 2.各种位置投影的关系 3.直线上点投影的关系
平面投影	1.平面的表示方法 2.各种位置的平面投影 3.平面内的点和线投影	1.平面表示方法的概念 2.三种位置的平面投影 3.平面内的点和线

【引子】

据《汉书·外戚传》记载：汉武帝最宠爱的妃子李夫人死后，汉武帝伤心欲绝、朝思暮想。道士李少翁，知道汉武帝日夜思念已故的李夫人，便说他能够把夫人请回来与皇上相会。汉武帝十分高兴，遂宣李少翁入宫施法术。

李少翁要了李夫人生前的衣服，准备净室，中间挂着薄纱幕，幕里点着蜡烛。果然，通过灯光的照映，李夫人的影子投在薄纱幕上，只见她侧着身子慢慢地走过来，一下子就在纱幕上消失了。实际上，李少翁表演的是一出皮影戏。

汉武帝看到李夫人的影子，对李夫人更加思念。他还写了一首《伤悼李夫人赋》："是邪，非邪？立而望之，偏何姗姗其来迟。"令宫中乐府的乐师谱曲演唱。李少翁因表演皮影戏，在纱幕上再现李夫人的形象，因此，被封为文成将军。

这大概是关于投影最早的记载了，本章节我们就共同来学习投影的基本知识。

2.1 投影的认识

2.1.1 投影的概念

物体在光线的照射下，地面或者墙面上会形成物体的影子，随着光线照射的角度以及光源与物体距离的变化，其影子的位置与形状也会发生变化。人们从光线、形体与影子的关系中，经过科学的归纳总结，形成了形体投影的原理以及投影作图的方法。

光线照射物体产生的影子可以反映出物体的外形轮廓。光线照射物体使物体的各个顶点和棱线在平面上产生影像，物体顶点与棱线的影像连线组成了一个能够反映物体外形形状的图形，这个图形为物体的影子。

在投影理论中，人们将物体称为形体，表示光线的线为投射线，光线的照射方向为投射线的投射方向，落影的平面称为投影面，产生的影子称为投影。用投影表示形体的形状与大小的方法为投影法，用投影法画出的形体图形称为投影图。

形体产生投影必须具备三个条件：形体、投影面与投射线。三者缺一不可，称为投影的三要素。

2.1.2 投影法的分类

投影分为中心投影法与平行投影法两大类，这两种方法的主要区别是形体与投射中心距离的不同。

投影法的分类.doc

音频.投影法的分类.mp3

中心投影.mp4

斜投影.mp4

1. 中心投影法

当投射中心与投影面的距离有限远时，所有的投射线均从投射中心一点 S 发出，所形成的投影称为中心投影，这种投影的方法称为中心投影法，如图 2-1 所示。

中心投影的大小由投影面、空间形体以及投射中心之间的相对位置来确定，当投影面和投射中心的距离确定后，形体投影的大小随着形体与投影面的距离而发生变化。采用中心投影法作出的投影图，不能够准确反映形体尺寸的大小，度量性较差。

2. 平行投影法

当投射中心距离形体无穷远时，投射线可以看作是

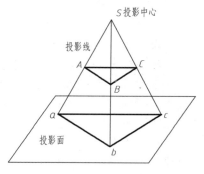

图 2-1 中心投影图

一组平行线，这种投影的方法称为平行投影法，所得的形体投影称为平行投影。根据投射线与投影面的相对位置不同，又可以分为正投影法与斜投影法，如图 2-2 所示。

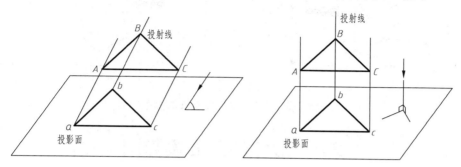

图 2-2　正投影和斜投影图

1）正投影法

相互平行的投射线与投影面垂直的投影法称为正投影法。根据正投影法所画出的图形称为正投影图，简称正投影。

2）斜投影法

相互平行的投影线与投影面倾斜的投影法称为斜投影法。根据斜投影法所画出的图形称为斜投影图，简称斜投影。

2.1.3　正投影法的基本性质

正投影法的基本性质如下。

(1) 同素性：一般情况下，空间几何元素与其投影存在一一对应关系，即点的投影为点，直线的投影仍为直线，如图 2-3(a) 所示。

(2) 从属性：属于直线上的点其投影一定在直线的投影上，如图 2-3(b) 所示。

(3) 平行性：空间两平行直线其投影仍相互平行，如图 2-3(c) 所示。

(4) 类似性：当直线和平面与投影面倾斜时，直线的投影为直线，平面多边形的投影仍为多边形，其边数不会改变，如图 2-3(d) 所示。

(5) 积聚性：当直线和平面垂直于投影面时，直线的投影积聚为点，平面的投影积聚成直线，如图 2-3(e) 所示。

(6) 显实性：当直线和平面平行于投影面时，直线的投影反映实长，平面的投影反映实形，如图 2-3(f) 所示。

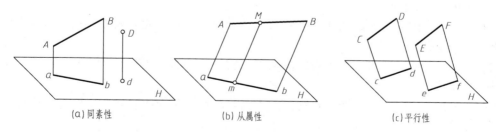

(a) 同素性　　　　　　　(b) 从属性　　　　　　　(c) 平行性

图 2-3　正投影法的基本性质

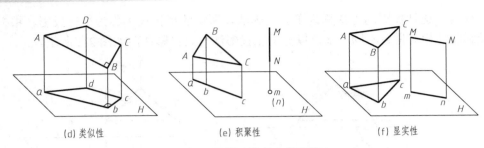

(d) 类似性　　　　　　　　　(e) 积聚性　　　　　　　　　(f) 显实性

图 2-3　正投影法的基本性质(续)

2.2　形体的三面投影图

2.2.1　三面投影图的形成

在工程制图中常把物体在某个投影面上的正投影称为视图，相应的投射方向称为视向，分别有正视、俯视、侧视三个视向。三视图分为：正视图、侧视图、俯视图。

正面投影、水平投影、侧面投影分别称为正视图、俯视图、侧视图；在建筑工程制图中则分别称为正立面图(简称正面图)、平面图、左侧立面图(简称侧面图)。物体的三面投影图总称为三视图或三面图，如图 2-4 所示。

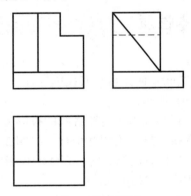

图 2-4　三视图

一般不太复杂的形体，用其三面图就能表达清楚。因此三面图是工程中常用的图示方法。

三面图的画法如下。

(1) 画三面图时首先要熟悉形体，进行形体分析，然后确定正视方向，选定作图比例，最后依据投影规律作三面图。

(2) 对于一个物体，可用三视投影图来表达它的三个面。这三个投影图之间既有区别又有联系，具体如下。

① 正立面图(主视图)：能反映物体的正立面形状以及物体的高度和长度，及其上下、左右的位置关系。

② 侧立面图(侧视图)：能反映物体的侧立面形状以及物体的高度和宽度，及其上下、

前后的位置关系。

③ 平面图（俯视图）：能反映物体的水平面形状以及物体的长度和宽度，及其前后、左右的位置关系。

在三个投影图之间还有"三等"关系：正立面图的长与平面图的长相等、正立面图的高与侧立面图的高相等、平面图的宽与侧立面图的宽相等。

"三等"的关系是绘制和阅读正投影图必须遵循的投影规律，在通常情况下，三个视图的位置不应随意移动。

2.2.2　三面投影图的投影规律

1. 三视图之间的投影规律

我们把物体的左右尺寸称为长，前后尺寸称为宽，上下尺寸称为高，则主、俯视图都反映物体的长，主、左视图都反映物体的高，左、俯视图都反映物体的宽。所以可以归纳成三条投影规律：

(1) 主视图与俯视图长对正。

(2) 主视图与左视图高平齐。

(3) 俯视图与左视图宽相等。

音频.三视图之间的
画法与投影规律.mp3

2. 基本几何体的三视图

(1) 圆柱三视图，如图 2-5 所示。

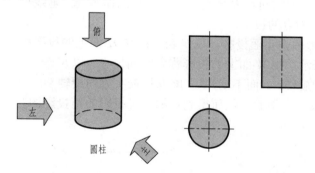

图 2-5　圆柱三视图

(2) 球体三视图，如图 2-6 所示。

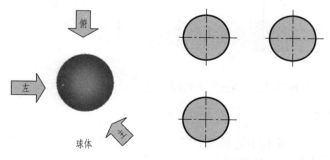

图 2-6　球体三视图

(3) 圆锥三视图，如图 2-7 所示。

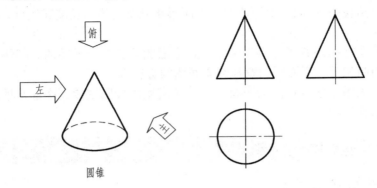

圆锥

图 2-7　圆锥三视图

2.3　点　的　投　影

2.3.1　点的三面投影

1. 点投影的概念

点投影是一种最基本的投影，是指点的直角投影。在三投影面体系中，如图 2-8 所示，由空间点 B 分别向三个投影面作垂线，垂线与各投影面的交点，称为点的投影。

在 V 面上的投影称为正面投影，以 b' 表示；在 H 面上的投影称为水平投影，以 b 表示；在 W 面上的投影称为侧面投影，以 b'' 表示。然后，将投影面进行旋转，V 面不动，H、W 面按箭头方向旋转 $90°$，即将三个投影面展成一个平面，从而得到点的三个投影的正投影图。

点的投影.docx

点的投影.mp4

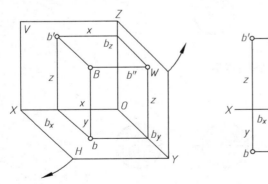

图 2-8　B 点投影三视图

2. 点的投影特性

如图 2-9 所示的 A 点具有下述投影特性。

(1) 点的投影连线垂直于投影轴。

(2) 点的投影与投影轴的距离，反映该点的坐标，也就是该点与相应投影面的距离。

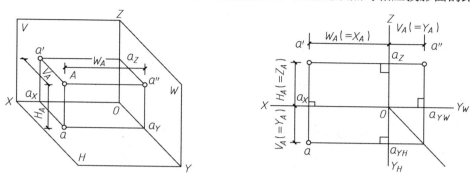

图 2-9　A 点三视图特性

【案例 2-1】已知空间点 B 的坐标为 $X=12$，$Y=10$，$Z=15$，也可以写成 B(12, 10, 15)，单位为 mm。求作 B 点的三投影。

　　解：(1) 分析：如图 2-10 所示，已知空间点的三点坐标，便可作出该点的两个投影，从而作出另一投影。

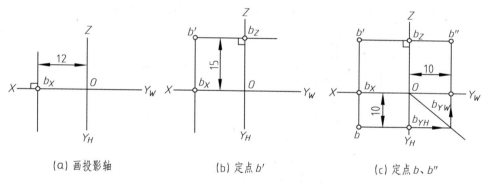

(a) 画投影轴　　　　　　　(b) 定点 b′　　　　　　　(c) 定点 b、b″

图 2-10　由点的坐标作三面投影

(2) 作图。

① 画投影轴，在 OX 轴上由 O 点向左量取 12，定出 b_x，过 b_x 作 OX 轴的垂线，如图 2-10(a)所示。

② 在 OZ 轴上由 O 点向上量取 15，定出 b_z，过 b_z 作 OZ 轴垂线，两条线交点即为 b′，如图 2-10(b)所示。

③ 在 $b'b_x$ 的延长线上，从 b_x 向下量取 10 得 b；在 $b'b_z$ 的延长线上，从 b_z 向右量取 10 得 b″。或者由 b′ 和 b，采取如图 2-10(c)所示的方法作出 b″。

　　点与投影面的相对位置有四类：空间点，投影面上的点，投影轴上的点，与原点 O 重合的点。

2.3.2　点的空间坐标

　　点的空间位置是由三个坐标值或者由点的任意两面投影确定的。

$$点的空间位置 \begin{cases} 点在空间：三个坐标值都不为 0 \\[1em] 点在投影面上(三个坐标中有一个为 0) \begin{cases} x=0，点在 W 面上 \\ y=0，点在 V 面上 \\ z=0，点在 H 面上 \end{cases} \\[1em] 点在投影轴上(三个坐标中有两个为 0) \begin{cases} x, y=0，点在 Z 轴上 \\ x, z=0，点在 Y 轴上 \\ y, z=0，点在 X 轴上 \end{cases} \\[1em] 点在原点上：三个坐标均为 0，即 x=y=z=0 \end{cases}$$

2.3.3 特殊位置的点

若两个点处于垂直于某一投影面的同一投影线上，则两个点在这个投影面上的投影便互相重合，这两个点就称为对这个投影面的重影点，如图 2-11 所示。

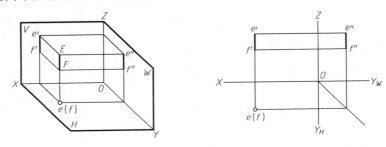

图 2-11 重影点的投影

2.3.4 两点的相对位置

两点的相对位置是指空间两个点的上下、左右、前后关系，在投影图中，是以它们的坐标差来确定的。

两点的 V 面投影反映上下、左右关系，两点的 H 面投影反映左右、前后关系，两点的 W 面投影反映上下、前后关系。

【案例 2-2】已知空间点 $C(15, 8, 12)$，D 点在 C 点的右方 7、前方 5、下方 6。求作 D 点的三投影。

解：(1) d 点在 c 点的右方和下方，说明 d 点的 X、Z 坐标小于 c 点的 X、Z 坐标；d 点在 c 点的前方，说明 d 点的 Y 坐标大于 c 点的 Y 坐标。可根据两点的坐标差作出 d 点的三投影。

(2) 作图，如图 2-12 所示。

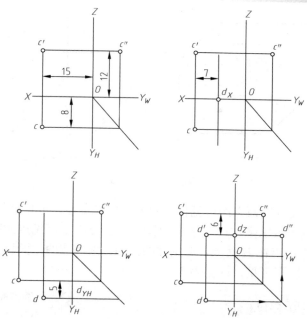

图 2-12　求作 d 点的三投影图

空间的相对位置关系有上下、左右和前后六个方位，要判断空间两点的相对位置必须分析同一投影图上两点的坐标关系。

根据 X 坐标值的大小可以判断两点的左右位置；

根据 Y 坐标值的大小可以判断两点的前后位置；

根据 Z 坐标值的大小可以判断两点的上下位置。

在图 2-13(a)中可见 A、B 两点的坐标差分别为 $\Delta x = 9mm$，$\Delta y = 5mm$，$\Delta z = 8mm$，则两点的空间位置关系为：点 B 在点 A 的右方、上方、后方，如图 2-13(b)所示。

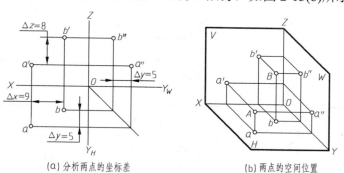

(a) 分析两点的坐标差　　　　(b) 两点的空间位置

图 2-13　两点的相对位置

如果两个点的任意两个坐标值相等，就会在相应的投影面上产生重影，如图 2-14 所示，点 A 和点 B 称为对 H 面投影的重影点。同理，若一点在另一点的正前方或正后方时，则两点是对 V 面投影的重影点；若一点在另一点的正左方或正右方时，则两点是对 W 面投影的重影点。

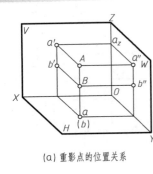

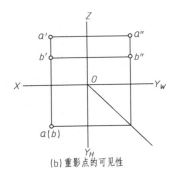

(a)重影点的位置关系   (b)重影点的可见性

图 2-14 重影点

出现重影时，需要判别两点的可见性。根据正投影特性，可见性的区分规则为前遮后、上遮下、左遮右；规定画法是在产生重影的投影面上要将不可见点的投影加括号表示。如图 2-14(b)所示中的重影点在 H 面上，可见性的判断：由两点的正面投影可知应是点 A 遮挡点 B，点 B 的水平投影不可见，标记为(b)。

2.3.5 点直观图的画法

直观反映点在三投影面体系之中的空间位置的立体图形称为点的直观图。学习点的直观图画法，可以帮助我们进一步理解点的投影，判断点的位置。

【案例 2-3】已知点 $S(40, 20, 25)$，试作出直观图。

解：可按投影的逆过程求点的原来空间位置。具体作图步骤，如图 2-15 所示。

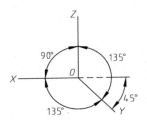

(a)作X、Y、Z轴，Y轴与水平线呈45°角

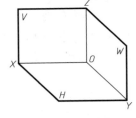

(b)作V、H、W面，其边框线与相应投影轴平行

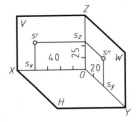

(c)在三投影轴上自点O按1:1截取点S的坐标得S_x、S_y、S_z

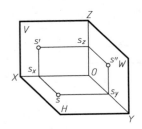

(d)作点S三面投影的轴测图

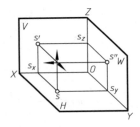

(e)过s、s'、s"分别作H、V、W面的垂线(分别平行Z、Y、X轴)

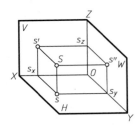

(f)交点即为点S的直观图

图 2-15 由点的坐标作直观图

2.4 直线的投影

各种位置直线的三面投影

1. 直线投影的分类

根据直线与三个投影面的相对位置不同，可以把直线分为三种。

(1) 一般位置直线：与三个投影面都倾斜的直线。

(2) 投影面平行线：平行于一个投影面，倾斜于另外两个投影面的直线。

(3) 投影面垂直线：垂直于一个投影面，同时必平行于另外两投影面的直线。

直线的投影.docx

音频.直线投影的分类以及投影特征.mp3

2. 投影面平行线

1) 投影面平行线的分类

(1) 水平线(平行于 H 面)。

投影特性如图 2-16 所示：$ab=AB$，与 OX、OY_H 轴倾斜；$a'b'$ // OX 轴，$a''b''$ // OY_W；轴 $a'b'<AB$，$a''b''<AB$。

(2) 正平线(平行于 V 面)。

投影特性如图 2-17 所示：$a'b'=AB$，与 OX、OZ 轴倾斜；ab // OX 轴，$a''b''$ // OZ 轴；$ab<AB$，$a''b''<AB$。

(3) 侧平线(平行于 W 面)。

投影特性如图 2-18 所示：$a''b''=AB$，与 OZ、OY_W轴倾斜；ab // OY_H轴，$a'b'$ // OZ 轴；$ab<AB$，$a'b'<AB$。

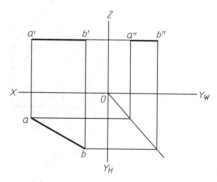
图 2-16 水平线投影图

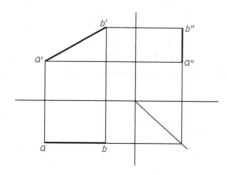
图 2-17 正平线投影图

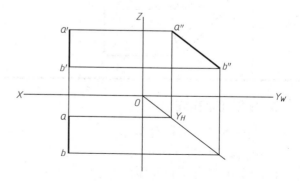
图 2-18 侧平线投影图

2) 投影面平行线的投影特性

投影面平行线的投影特性具体如下。

(1) 在其平行的那个投影面上的投影反映实长。

(2) 在另两个投影面上的投影平行于相应的投影轴。

投影面平行线的投影特性见表 2-1。

表 2-1　投影面平行线的投影特性

名　称	轴 测 图	投 影 图	投影特性
正平线	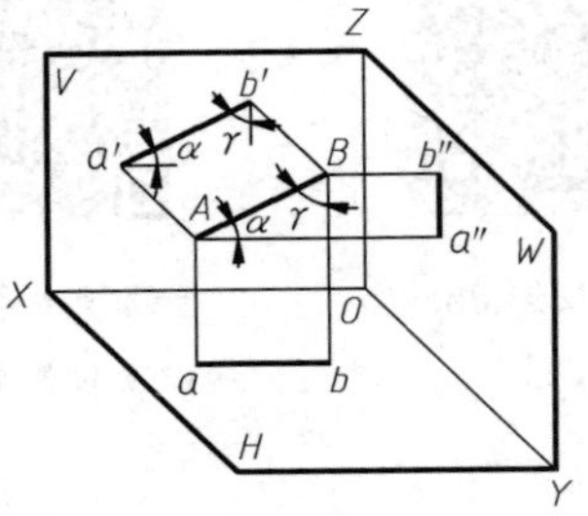	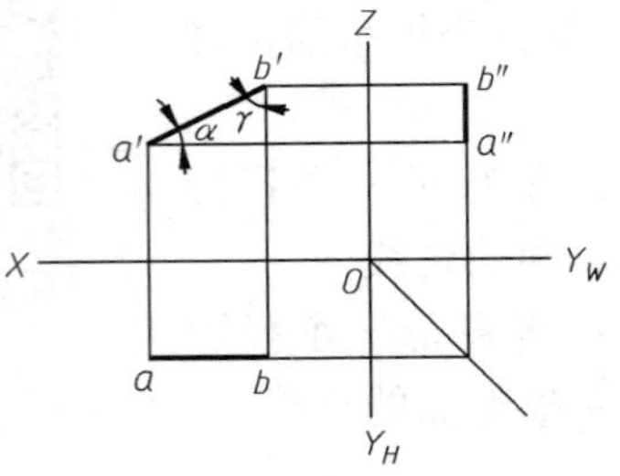	1. $a'b'$ 反映真长和 α、γ 角。 2. $ab \parallel OX$，$a''b'' \parallel OZ$，且长度缩短
水平线	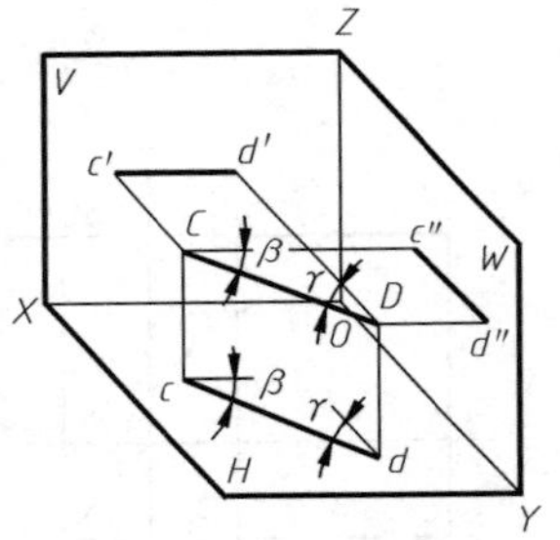	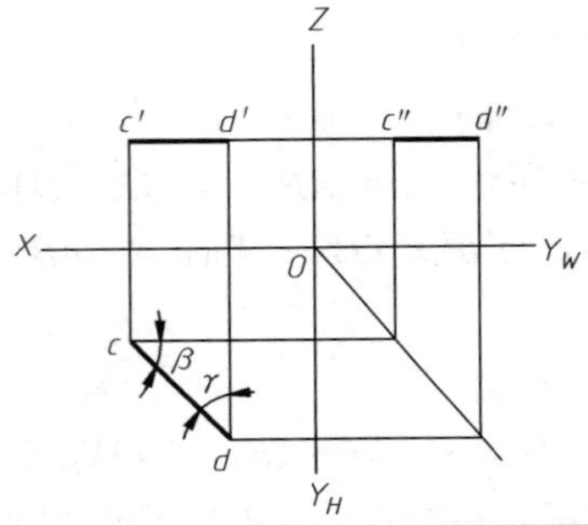	1. cd 反映真长和 β、γ 角。 2. $c'd' \parallel OX$，$c''d'' \parallel OY_W$，且长度缩短
侧平线	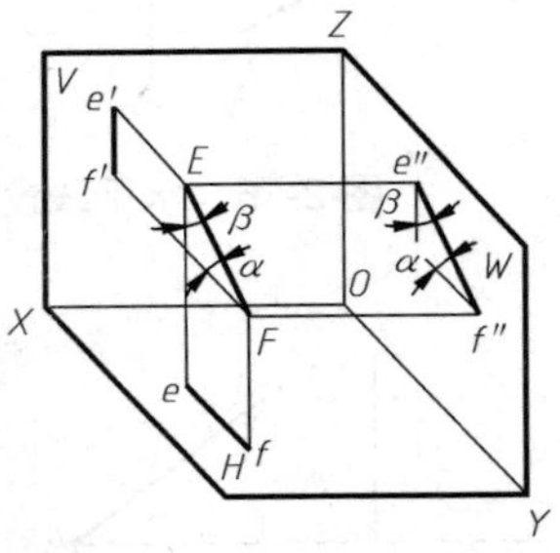	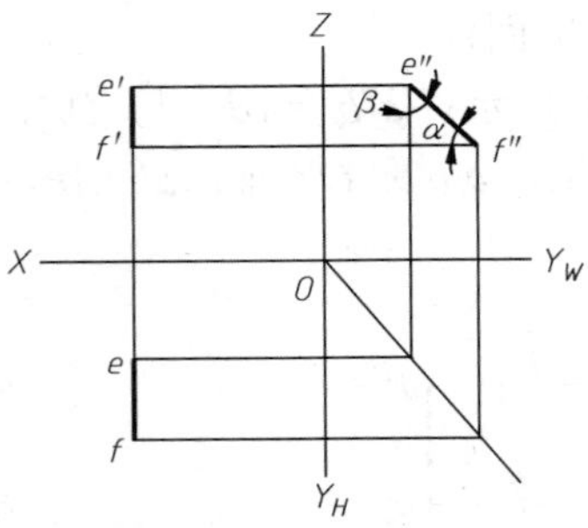	1. $e''f''$ 反映真长和 α、β 角。 2. $ef \parallel OY_H$，$e'f' \parallel OZ$，且长度缩短

3. 投影面垂直线

1) 投影面垂直线的种类

投影面垂直线的种类如下。

(1) 铅垂线(垂直于 H 面)。

(2) 正垂线(垂直于 V 面)。

(3) 侧垂线(垂直于 W 面)。

2) 投影面垂直线的投影特性

投影面垂直线的投影特性如下。

(1) 在其垂直的投影面上，投影有积聚性。

(2) 另外两个投影，反映线段实长，且垂直于相应的投影轴。

投影面垂直线的投影特性见表 2-2。

表 2-2　投影面垂直线的投影特性

名　　称	轴　测　图	投　影　图	投影特性
正垂线	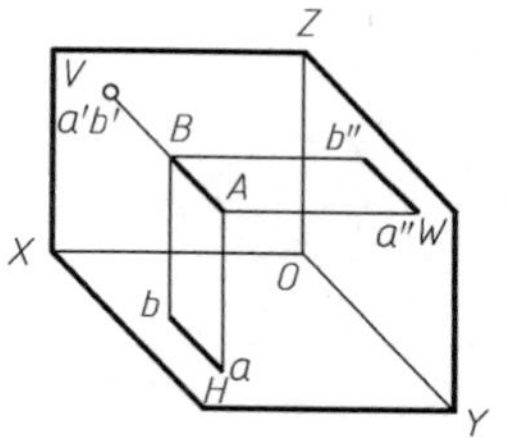	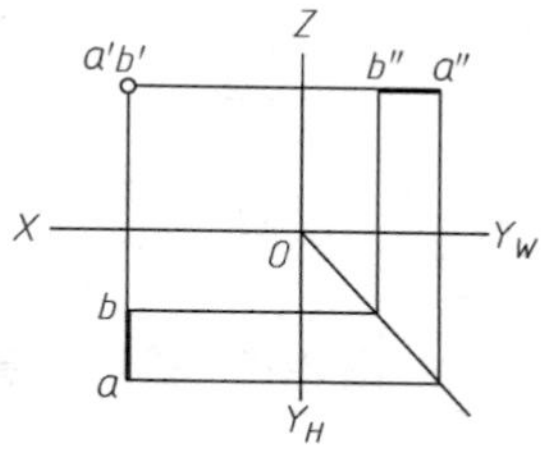	1. $a'b'$ 积聚成一点。 2. ab // OY_H，$a''b''$ // OY_W，且反映真长
铅垂线	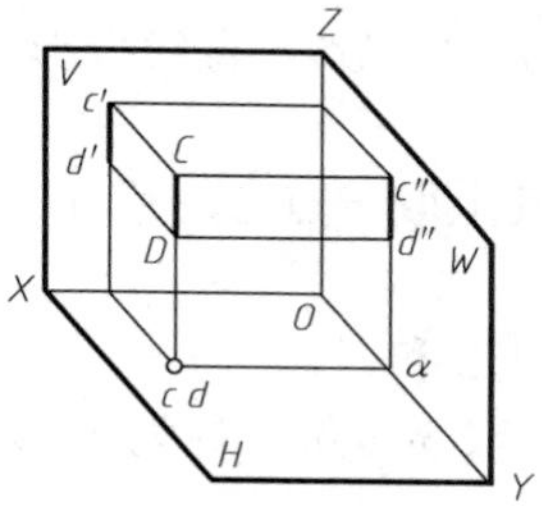	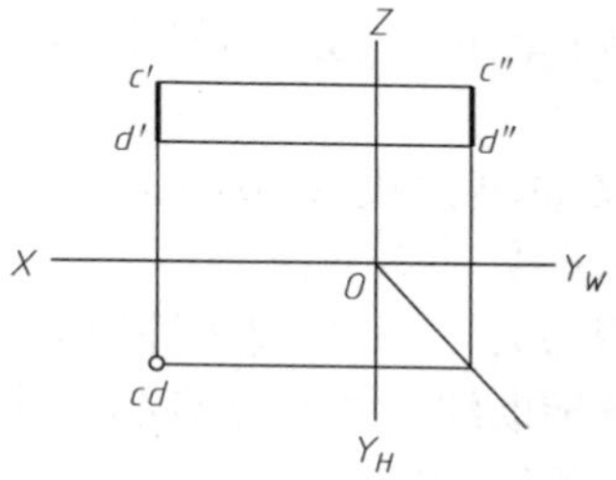	1. cd 积聚成一点。 2. $c'd'$ // OZ，$c''d''$ // OZ，且反映真长
侧垂线	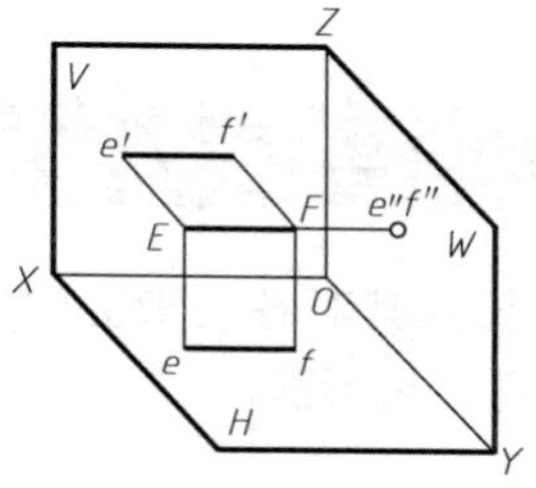	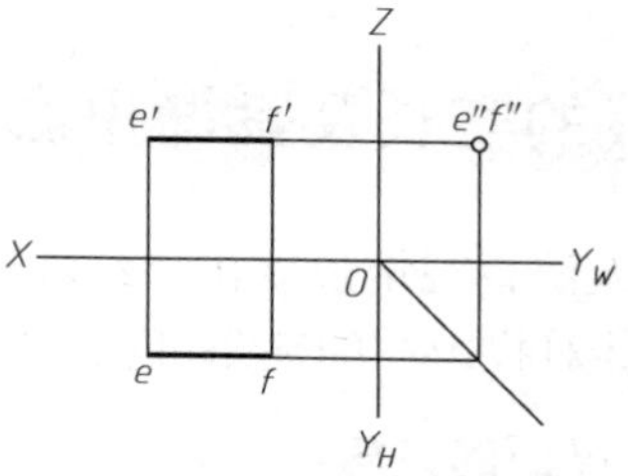	1. $e''f''$ 积聚成一点。 2. ef // OX，$e'f'$ // OX，且反映真长

2.4.2　直线上点的投影

1. 直线上点的投影规律

直线上点的投影必在直线的同面投影上并符合点的投影规律，这是正投影的从属性。如图 2-19 所示，C 点在直线 AB 上，则必有 c 在 ab 上，c' 在 $a'b'$ 上，c'' 在 $a''b''$ 上，c'、c'' 符合点的投影规律。由从属规律可以求直线上点的投影，或判定点是否在直线上。

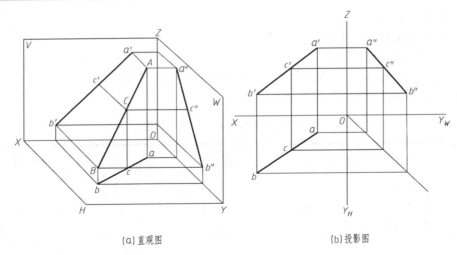

(a)直观图　　　　　　　　(b)投影图

图 2-19　投影规律

2. 定比性

若点 C 在直线 AB 上，则有 $AC : CB = a'c' : c'b' = a''c'' : c''b''$，直线投影的这一性质称为定比性。

【案例 2-4】已知线段 AB 的两面投影 ab 和 $a'b'$，试在其上取一点 C，使 $AC : CB = 2 : 1$。求作点 C 的投影。

解：根据定比性，只要将 ab 或 $a'b'$ 分成 3 等份即可求出 c 和 c'。

作图：(1) 过 a 任作一条辅助线，并自 a 点起在其上截取 3 等份，标为 1、2、3。

(2) 连接 b_3，过 2 点作其平行线交 ab 于 c 点。

(3) 由 c 作出 c' 即可。

2.4.3　一般位置直线的实长及其与投影面的夹角

一般位置直线的三投影无法直观地反映出该线段的实长及其对各投影面间的夹角，要确定一般位置线段的实长和其对投影面的夹角可以利用直角三角形法。

1. 求线段的实长及其与 H 面的夹角

图 2-20(a)所示为一般位置线段 AB 的直观图，由于 Aa, Bb 都垂直于 H 面，因此 $ABab$ 是一个垂直于 H 面的平面，在这个平面里，过 A 作 AC 平行于 ab，则得一直角三角形 ABC。这个直角三角形的一个直角边 $AC = ab$，另一直角边为 AC，它等于 A、B 两点的 Z 坐标差，即 $BC = z_B - z_A$，斜边是线段 AB 的实长，$\angle BAC$ 等于线段 AB 与 H 面的夹角 α。这些都可以从已给线段的投影图上得到，因此利用线段的水平投影 ab 和两点的 Z 坐标差作为直角边，画出直角三角形，就可求出线段的实长和 α 角。

一般位置直线.mp4

在投影图上的作图方法如下：如图 2-20(b)所示，以 ab 为一直角边，过点 b 作一直线垂直于 ab，在此直线上量取一点 c，使 $bc = z_B - z_A$，连接 ac 得直角三角形 abc，则 ac 就是线段

AB 的实长，ab 和 ac 所夹的角就是线段 AB 对 H 面的夹角 α。

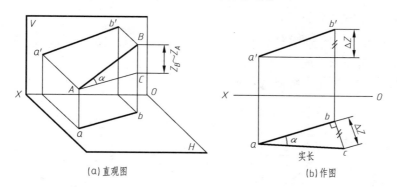

(a) 直观图　　　　　　　(b) 作图

图 2-20　求线段实长和该线段与 H 面的夹角

2. 求线段的实长及其与 V 面的夹角

按上述所示的分析方法，利用线段 AB 的正面投影 $a'b'$ 为一直角边，以其两端点 A 和 B 的 y 坐标差为另一直角边作出直角三角形，可以求出线段的实长及其与 V 面的夹角 β 的实际大小。具体作图方法如图 2-21 所示。

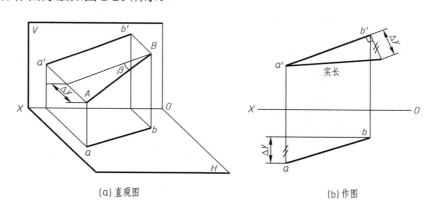

(a) 直观图　　　　　　　(b) 作图

图 2-21　求线段实长和该线段与 V 面的夹角

2.5　平面的投影

2.5.1　平面的表示法

1. 平面表示法的概念

平面表示法，是指混凝土结构施工图平面整体表示方法(简称平法)，是把结构构件的尺寸和钢筋等，按照平面整体表示方法制图规则，整体直接表达在各类构件的结构平面布置图上，再与标准构造详图相配合，即构成一套完整的结构施工图的方法。它改变了传统的那种将构件从结构平面布置图中索引出来，再逐个绘制配筋详图的烦琐方法，是混凝土结构施工图设计方法的重大改革。由建设部批准发布的国家建筑标准设计图集(G101 即平法图集),是国家重点推广的科技成果,已在全国广泛使用。

2. 平面的表示方法分类

平面的表示方法有两种,一种是用几何元素表示平面,另一种是用迹线表示平面。

1) 用几何元素表示平面

如图 2-22 所示,可用 5 种方式表示平面。

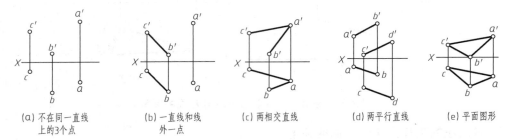

| (a) 不在同一直线
上的3个点 | (b) 一直线和线
外一点 | (c) 两相交直线 | (d) 两平行直线 | (e) 平面图形 |

图 2-22　用几何元素表示平面

2) 用迹线表示平面

空间平面 P 与 H、V、W 这 3 个投影面相交,交线分别为 P_H、P_V、P_W,则 P_H 称为水平迹线,P_V 称为正面迹线,P_W 称为侧面迹线。空间平面可用其 3 条迹线来表示,如图 2-23 所示。

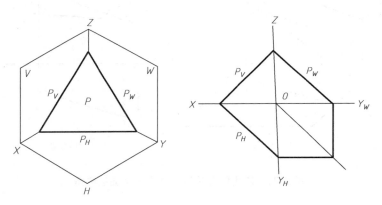

图 2-23　空间平面迹线

2.5.2　各种位置平面的三面投影

根据空间平面相对于投影面的位置,平面可分为特殊位置平面、一般位置平面两大类。特殊位置平面又分为投影面平行面和投影面垂直面。

1. 投影面平行面的投影

投影面平行面与一个投影面平行,与另外两个投影面垂直。由此可以概括出投影面平行面的投影特性:在所平行的投影面上的投影反

平面的投影.docx

映实形，另外两投影积聚为直线且平行于相应投影轴，如图 2-24 所示。

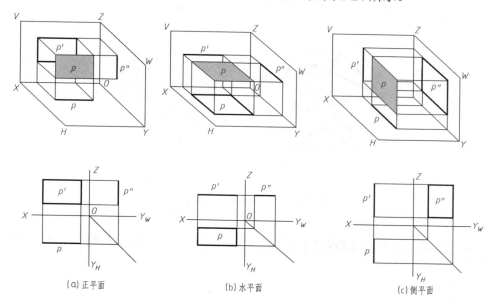

(a) 正平面   (b) 水平面   (c) 侧平面

图 2-24　投影面平行面的投影

2. 投影面垂直面的投影

垂直于一个投影面而倾斜于另外两个投影面的平面称为投影面垂直面。其投影特点为：因为它垂直于一个投影面，所以它在所垂直的投影面上的投影积聚为一条直线，且反映平面对另两个投影面倾角的大小；它倾斜于另外两个投影面，在另外两个投影面上的投影为该平面图形的类似形，如图 2-25 所示。

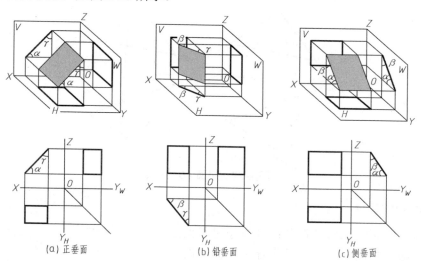

(a) 正垂面   (b) 铅垂面   (c) 侧垂面

图 2-25　投影面垂直面的投影

3. 一般位置平面的投影

与 3 个投影面均倾斜的平面，称为一般位置平面。它的 3 个投影均不反映实形，也没有积聚性，也不反映平面对投影面倾角的大小，但 3 个投影均为类似形，且小于实形，如图 2-26 所示。

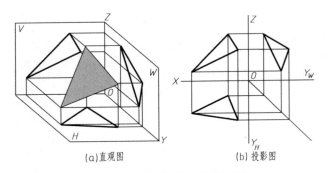

(a)直观图　　　　　(b) 投影图

图 2-26　一般位置平面的投影

2.5.3　平面上点和直线的投影

1. 平面内的点

点在平面上的几何条件是：点在平面内的某一直线上。若点的投影属于平面内某一直线的各同面投影，且符合点的投影规律，则点属于该平面。

在平面内取点的方法：在平面内取点，首先要在平面内取一直线，然后在该直线上定点，这样才能保证点属于平面。如图 2-27 所示，要想判定 1 点是否在平面 ABC 内，首先过 1 点作直线 ak，求出 k 点的 V 面投影 k'，连接 $a'k'$，$1'$点在 $a'k'$ 上，说明空间点 1 在直线 AK 上，而 AK 又在平面 ABC 内，所以 1 点在平面 ABC 内。

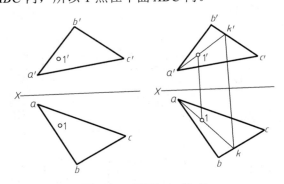

图 2-27　平面 abc 内点

2. 平面内的直线

直线属于平面的几何条件是：直线通过平面上的两点；或直线通过平面上的一点且平行于平面上的另一条直线。如图 2-28 所示，直线 AB、CD 都满足直线属于平面 EFH 的几何条件，AB 过平面上的两点 M 和 N，CD 过平面上的一点且平行于 EF。

平面内取直线的方法：在平面内取直线应先在平面

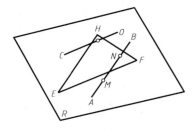

图 2-28　平面内的直线

内取点，并保证直线通过平面上的两个点，或过平面上的一个点且与另一条平面内的直线平行。

3. 平面内的特殊位置直线

平面内的特殊位置直线有以下几种。

(1) 平面内的水平线：一直线属于平面，且与 H 面平行，与另外两个投影面倾斜，称为平面内的水平线。

(2) 平面内的正平线：一直线属于平面，且与 V 面平行，与另外两个投影面倾斜，称为平面内的正平线。如图 2-29 所示，ae 为平面 abc 内的水平线，图中 $a'e'$ // ox 轴；bd 为平面内的正平线，bd // ox 轴。

(3) 平面内对投影面的最大斜度线：平面内对投影面倾角最大的直线称为平面上对该投影面的最大斜度线。平面内对投影面的最大斜度线必垂直于该平面内的该投影的平行线。如图 2-30 所示，L

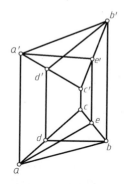

图 2-29 特殊位置直线

是平面 P 内水平线，AB 属于 P，AB⊥L(或 AB⊥P_H)，AB 即是平面 P 内对 H 面的最大斜度线。平面对投影面的倾角可用最大斜度线对投影面的倾角来定义。如图 2-30 所示，AB 对 H 面的倾角 α 就是平面 P 与 H 面所成二面角的平面角，即平面 P 对 H 面的倾角 α。

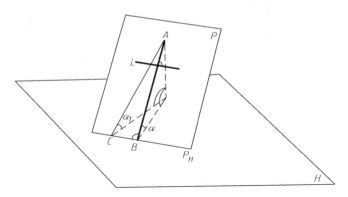

图 2-30 斜度线投影面

平面内对 V 面的最大斜度线，应垂直于该平面内的正平线或正面迹线。平面对 V 面的倾角 B 等于平面内对 V 面的最大斜度线的角。

【**案例 2-5**】如图 2-31(a)所示，已知四边形平面 $ABCD$ 的 H 投影 $abcd$ 和 ABC 的 V 投影 $a'b'c'$，试完成其 V 投影。

解：(1)连接 ac 和 $a'c'$，得辅助线 AC 的两投影。

(2) 连接 bd 交 ac 于 e 点。

(3) 由于 e 在 ac 上，根据点的投影规律求出 e'。

(4) 连接 $b'e'$ 并延长，求出 d'。

(5) 连接 $a'd'$、$c'd'$ 即为所求，如图 2-31(b)所示。

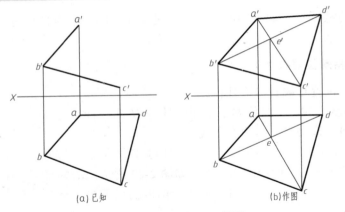

(a)已知　　　　　　　　(b)作图

图2-31　平面 *ABCD* 投影

【案例2-6】如图 2-32(a)所示，求三角形 *ABC* 对 *H* 面的倾角。

解：(1) 过 *c'* 引 *c'd'* // *OX* 交 *a'b'* 于 *d'* 点，求出 *cd*，*CD* 为三角形 *ABC* 内的水平线。

(2) 过 *b* 作 *bk*⊥*cd* 交 *cd* 于 *k* 点，求出 *b'k'*，*BK* 即为平面对 *H* 面的最大斜度线。

(3) 以 *bk* 为直角边，以 ΔZ_{BK} 为另一直角边作直角三角形 bkK_o（图中 $\Delta Z_{BK} = kK_o$），在直角三角形中斜边 bK_o 与 *bk* 的夹角为 *BK* 对 *H* 面的倾角 α，该 α 即为所求，如图 2-32(b)所示。

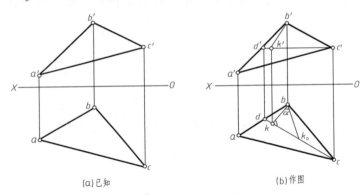

(a)已知　　　　　　　　(b)作图

图2-32　三角形 ABC

本章小结

本章介绍了投影的概念和分类，三面正投影的相关概念、形成，三视图的展开和三视图之间的规律，点、线、面三种投影的分类和特性，以及轴测图的相关概念和特性。学完本章，学生可以掌握基本的看图和绘图技巧。

实训练习

一、单选题

1. 投影面垂直线的投影特性是(　　　)。

   A. 投影面垂直线在所垂直的投影面上的投影必积聚成一个点

  B. 另外两个投影都反映线段实长，且不垂直于相应的投影轴

  C. 三个投影都是直线，其中在与直线平行的投影面上的投影反映实长，且与投影
   轴平行

  D. 以上答案都不对

2. 投影面平行线的投影特性是(　　　)。

  A. 三个投影都是直线，其中在与直线平行的投影面上的投影反映线段实长，而且
   与投影轴平行

  B. 另外两个投影都短于线段实长，且分别平行于相应的投影轴

  C. 三个投影都是直线，且互相垂直

  D. 以上答案都不对

3. 下列投影法不属于平行投影法的是(　　　)。

  A. 中心投影法　　　　B. 正投影法　　　　　C. 斜投影法　　　　D. 以上答案都不对

4. 当一条直线平行于投影面时，在该投影面上反映(　　　)。

  A. 实形线　　　　　　B. 类似性　　　　　　C. 积聚性　　　　　　D. 以上答案都不对

5. 当一条直线垂直于投影面时，在该投影面上反映(　　　)。

  A. 实形线　　　　　　B. 类似性　　　　　　C. 积聚性　　　　　　D. 以上答案都不对

二、多选题

1. 与一个投影面平行，与其他两个投影面倾斜的直线，称为投影的投影平行线，具
体可分为(　　　)。

  A. 正平线　　　　　　B. 水平线　　　　　　C. 侧平线

  D. 斜直线　　　　　　E. 以上答案都对

2. 空间平面按其对三个投影面的相对位置不同，可分为(　　　)。

  A. 投影面垂直面　　B. 投影面平行面　　C. 一般位置面

  D. 交叉位置面　　　E. 以上答案都不对

3. 直线按其对三个投影面的相对位置关系不同，分为(　　　)。

  A. 投影面垂直线　　B. 投影的平行线　　C. 一般位置线

  D. 交叉线　　　　　E. 以上答案都不对

4. 工程上常采用的投影法是(　　　)。

  A. 中心投影法　　　B. 平行投影法　　　C. 正投影法

  D. 斜投影法　　　　E. 以上答案都不对

5. 当直线平行于投影面时，其投影反映实长，这种性质叫(　　　)性；当直线垂直于投
影面时，其投影为一点，这种性质叫(　　　)。

  A. 真实性　　　　　　B. 积聚性　　　　　　C. 类似性

  D. 相似性　　　　　　E. 以上答案都对

三、简答题

1. 空间直线与投影面的相对位置有几种？分别是什么？

2. 投影面平行线的投影特性是什么？

3. 投影面垂直线的投影特性是什么？

实训工作单

班级		姓名		日期	
教学项目		形体基本元素的投影			
任务	各种位置平面的投影特性		绘图工具	画板、丁字尺、铅笔、橡皮、图纸等	
相关知识			投影的基础知识		
其他要求					

绘制流程记录

评语				指导老师	

第 3 章　形体的投影

🛒 【教学目标】

- 了解平面体的投影的基本概念和分类
- 掌握平面与立体相交的相关知识点
- 熟悉两立体相贯的几种类型
- 了解曲面立体的投影的基本概念

🏃 【教学要求】

第 3 章　形体的投影课件.pptx

本章要点	掌握层次	相关知识点
平面立体投影	1. 棱柱体投影 2. 棱锥体投影 3. 棱台投影	1. 投影的形成 2. 棱锥体的概念 3. 棱台的概念
曲面立体投影	圆柱体、圆锥体、球体投影	1. 圆柱体的投影概念 2. 圆锥体的投影概念 3. 球体的投影概念
平面与立体相交	掌握平面与立体相交的相关知识点	平面与立体相交

⚙️ 【引子】

　　任何建筑形体都是由基本几何形体组成的，如纪念碑和水塔，分别由棱柱、棱锥、棱台和圆柱、圆锥、圆台等组成。组成建筑形体的最简单的几何形体称为基本体。基本体根据其表面的不同又分为平面体和曲面体。

3.1　平面体的投影

3.1.1　棱柱

　　物体在光线的照射下，地面或者墙面上会形成物体的影子，随着光线照射的角度以及光源与物体距离的变化，其影子的位置与形状也会发生变化。人们从光线、形体与影子的关系中，经过科学的归纳总结，形成了形体投影的原理以及投影作图的方法。

如图 3-1(a)所示，一个四棱柱，它的顶面和底面为水平面，前、后两个棱面是正平面，左、右两个棱面为侧平面。

如图 3-1(b)所示是这个四棱柱的三面投影图，H 面投影是个矩形，为四棱柱顶面和底面的重合投影，顶面可见，底面不可见，反映了它们的实形。矩形的边线是顶面和底面上各边的投影，反映实长。矩形的 4 个顶

平面立体的投影.docx

音频.平面立体的投影的构成和分类.mp3

点是顶面和底面 4 个顶点分别互相重合的投影，也是 4 条垂直于 H 面的侧棱积聚性的投影。同理，也可以分析出该长方体的 V 面和 W 面投影，也分别是一个矩形。

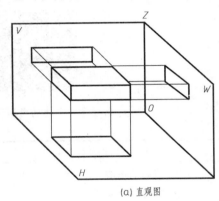

(a) 直观图

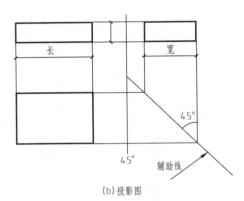

(b) 投影图

图 3-1　直观图和投影图

如图 3-2(a)所示是一个三棱柱，上、下底面是水平面(三角形)，后面是正平面(长方形)，左、右两个面是铅垂面(长方形)。将三棱柱向 3 个投影面进行投影，得到三面投影图，如图 3-2(b)所示。

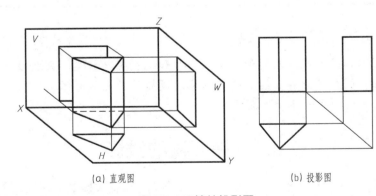

(a) 直观图　　　　　　　　　　　(b) 投影图

图 3-2　三棱柱投影图

分析三面投影可知：水平面投影是一个三角形，从形体的平面投影的角度看，它可以看作上、下底面的重合投影(上底面可见，下底面不可见)，并反映实形，也可以看成是垂直于 H 面的 3 个侧面的积聚投影。从形体的棱线投影的角度看，可看作是上底面的 3 条棱线

和下底面的 3 条棱线的重合投影，3 条侧棱的投影积聚在三角形的 3 个顶点上。

正面投影是两个长方形，可看作是左、右两个侧面的投影，但均不反映实形。两个长方形的外围构成一个大的长方形，是后侧面的投影(不可见)反映实形。上、下底面的积聚投影是最上和最下的两条横线，3 条竖线是 3 条棱线的投影，都反映实长。侧面投影是一个长方形，它是左、右两个侧面的重合投影(左面可见，右面不可见)，均不反映实形。上、下底面的积聚投影是最上和最下两条横线，后侧面的投影积聚在长方形的左边，它同时也是左、右两条侧棱的投影。前面侧棱的投影是长方形的右边。

3.1.2　棱锥

1. 棱锥体的基本概念

由一个多边形平面与多个有公共顶点的三角形平面所围成的几何体称为棱锥。如图 3-3 所示为三棱锥。根据不同形状的底面，棱锥有三棱锥、四棱锥和五棱锥等。现以正五棱锥为例来进行分析。正五棱锥的特点是：底面为正五边形，侧面为五个相同的等腰三角形。通过顶点向底面作垂线(即高)，垂足在底面正五边形的中心。

为了方便做棱锥体的投影，常使棱锥体的底面平行于某一投影面，通常使其底面平行于 H 面。如图 3-4(a)所示，求其三面投影。

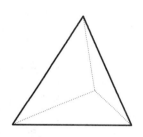

图 3-3　三棱锥

分析：底面 ABC 为水平面，水平投影反映实形(为正三角形)，另外两个投影为水平的积聚性直线。侧棱面 SAC 为侧垂面，侧面投影积聚为一直线，另两个棱面为一般位置平面，3 个投影呈类似的三角形。棱线 SA、SC 为一般位置直线，棱线 SB 为侧平线，3 条棱线通过锥顶 S 作图时，可以先求出底面和锥顶 s 的投影，再补全其他投影。如图 3-4(b)所示为作图结果。

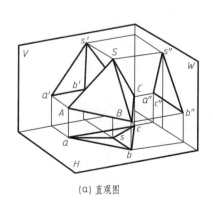

(a) 直观图

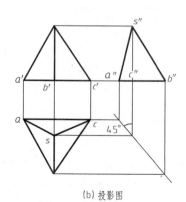

(b) 投影图

图 3-4　棱锥体

2. 表面上的点

由于棱锥体的表面一般不是特殊平面，因此在棱锥表面上定点，如果点在一般位置平面上，需要在所处的平面上作辅助线，然后在辅助线上作出点的投影。

【案例 3-1】 如图 3-5(a)所示，已知三棱锥表面上的点 1 和点 2 的水平投影，要求作出它们的正面投影和侧面投影。

解： 作图过程如下。

(1) 过点 1 和点 2 作辅助线，其中对于 1 点采用过 S 点的辅助线，对于 2 点采用过 2 点并平行于 bc 的辅助线。其作图过程为连接 S 点和 1 点并延长交 ab 于一点 d，得到辅助线 sd，过 2 点作直线平行于 bc，交 SC 于 m 点，交 sb 于 n 点，得到辅助线 mn。

(2) 由 d 点向上引投射线交 a'b' 于点 d'，连接 s' 和 d'，得到辅助线 s'd'，由 1 点向上引投射线与 s'd' 相交得到 1' 点。由 m 向上引投射线，与 s'c' 相交于点 m'，过点 m' 作平行于 b'c' 的直线作为辅助线(与 s'b' 相交于点 n')，由 2 点向上引投射线与辅助线 m'n' 相交于点 2'。

(3) 对于侧面投影可以继续用辅助线求出，也可以利用 45° 线求出。

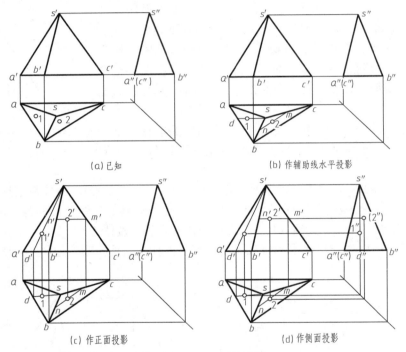

(a)已知   (b)作辅助线水平投影

(c)作正面投影   (d)作侧面投影

图 3-5　正、侧投影图

3.1.3　棱台

棱台可看作是由棱锥用平行于锥底面的平面截去锥顶而形成的形体，上、下底面为各对应边相互平行的相似多边形，侧面为梯形。如图 3-6 所示为五棱台的直观图和投影图。

如图 3-6 所示，五棱台的底面为水平面，左侧面为正垂面，其他侧面是一般位置平面。可以看出，棱台的视图特征是：反映底面实形的视图为两个相似多边形和反映侧面的几个梯形，另两视图为梯形(或梯形的组合图形)，因此亦有"梯梯为台"之说。

(a) 直观图　　　　　　　　　　　　　(b) 投影图

图 3-6　五棱台

3.2　曲面体的投影

3.2.1　圆柱

圆柱投影，是地图投影的一类。假想一个圆柱与地球相切或相割，以圆柱面作为投影面，将球面上的经纬线投影到圆柱面上。在正常位置的圆锥投影中，圆锥面展平后纬线为平行直线，经线也是平行直线，而且与纬线直交。

曲面立体的投影.docx　　　音频.曲面体的投影的分类.mp3　　　曲面体投影.mp4

圆柱投影是以圆柱面作为投影面，按某种条件，将地球面上的经纬线投影到圆柱面上，并沿圆柱母线切开展成平面的一种投影。如图 3-7 所示，从几何上看，圆柱投影是圆锥投影中锥顶在无穷远处的特例。

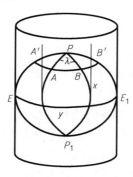 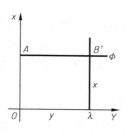

图 3-7　圆柱投影

在正轴圆柱投影中，纬线表象为平行直线，其间距视投影条件而异，经线表象也是平行直线，其间距与经差成正比。而且经线和纬线的表象正交。

等角性质的正轴圆柱投影应用较多,如航海图广泛采用的墨卡托投影就是等角圆柱投影。沿赤道地区的国家也可采用这种投影。

正轴圆柱投影可把全世界重复地表示而且重复部分完全相同,故可用于编制世界交通图和时区图(以等角或等距性质的较多)。等面积圆柱投影因没有特殊优点,实践中应用较少。

由研究圆柱投影长度比的公式(指正轴投影)可知,圆柱投影的变形,像圆锥投影一样,也是仅随纬度而变化的。在同纬线上各点的变形相同而与经度无关。因此,在圆柱投影中,等变形线与纬线相合,成为平行直线,如图3-8所示。

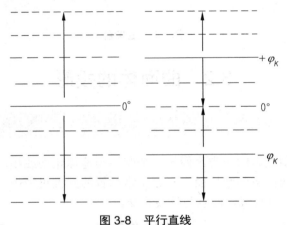

图3-8 平行直线

圆柱投影中变形变化的特征是以赤道为对称轴,南北同名纬线上的变形大小相同。因标准纬线不同可分成切(切于赤道)圆柱及割(割于南北同名纬线)圆柱投影。在切圆柱投影中,赤道上没有变形,自赤道向两侧随着纬度的增加而增大。在割圆柱投影中,在两条标准纬线上没有变形,自标准纬线向内(向赤道)及向外(向两极)增大。圆柱投影中经线表象为平行直线,这种情况与低纬度处经线的近似平行相一致。因此,圆柱投影一般较适宜于低纬度沿纬线伸展的地区。

3.2.2 圆锥

1. 圆锥的投影

如图3-9所示为一轴线垂直于H面的圆锥的三面投影。

圆锥的H面投影为一个圆,它是圆锥面和底面的重合投影,反映底面的实形,圆心是锥顶的投影,圆锥面上的点可见,底面上的点不可见。

圆锥的V面投影是一个等腰三角形,底边是底面的积聚投影,其长度是底圆直径的实长;两边为圆锥最左和最右素线的V面投影,这两条素线称为轮廓素线,它是圆锥面在正面投影中(前半个圆锥面)可见和(后半个圆锥面)不可见部分的分界线。

圆锥的W面投影也是一个等腰三角形,底边是底面的积聚投影,其长度反映底圆直径的实长;两边为圆锥最前和最后素线的W面投影,这两条素线称为轮廓素线,它是圆锥面在侧面投影中(左半个圆锥面)可见和(右半个圆锥面)不可见部分的分界线。

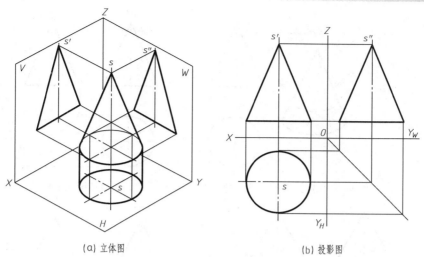

(a) 立体图   (b) 投影图

图 3-9　圆锥的投影

2. 圆锥面上点的投影

求作圆锥面上的投影，常用的方法有两种，即素线法和纬圆法。下面通过例题来讲解这两种方法。

【案例 3-2】 如图 3-10(a)所示，已知圆锥表面上 M 点的 V 面投影 m'，求作圆锥的 W 面投影，以及 M 点在其他两个投影面的投影，如图 3-10(b)所示。

解： 由曲面的形成过程可知，圆锥面上任一点与锥顶的连线均是圆锥面上的素线，作图时可以通过先求素线的投影，再求素线上点的投影来找点，这种利用圆锥面上的素线求点的方法称为素线法。圆柱、圆锥和圆球在形成回转面时，母线上的各点都会随母线一起绕轴线旋转，形成回转面上的纬圆。求圆锥面上点的投影，可先求出点所在纬圆的投影，再利用纬圆求出点的投影，这种方法称为纬圆法。

(1) 素线法。

① 连接 $s'm'$ 并延长，交底圆的 V 面投影于 a' 点，$s'a'$ 即是圆锥面上包含 M 点的素线 SA 的 V 面投影。

② 利用点的投影规律求出 a 和 a''，分别连接 sa 和 $s''a''$。

③ 由于 M 点在 SA 上，所以 M 点的三面投影也分别在 SA 对应的同面投影上。因此，过 m' 向下作垂线，交 sa 于 m 点，求得 M 的水平投影；过 m' 作水平线，交 $s''a''$ 于 m''，求得 M 的侧面投影，如图 3-10(c)所示。

④ 判别可见性。由于点 M 在左前圆锥面上，因此它的 H 面和 W 面投影均可见，所以 m 和 m'' 均可见。

(2) 纬圆法。

① 过 m' 作水平线，水平线的长度为纬圆的直径。以该水平线的长度为直径在 H 面内作出纬圆的实形。

② 由于 M 点在前半圆锥面上可见，因此 m' 点必在前半纬圆上。过 m' 向下作垂线，交 H 面前半纬圆于 m 点，求得 M 的水平投影；然后由 m 和 m'，在 W 面上作出 m''。最后判别其可见性，如图 3-10(d)所示。

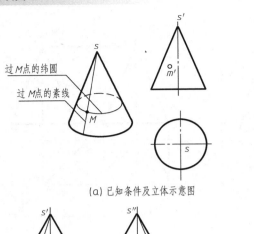

(a) 已知条件及立体示意图　　　　　(b) 求圆锥的W面投影

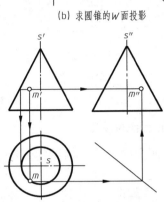

(c) 利用素线法求解　　　　　　(d) 利用纬圆法求解

图 3-10　圆锥投影

3.2.3　圆台

圆锥被垂直于轴线的平面截去锥顶部分，剩余部分称为圆台，其上下底面为半径不同的圆面。直观图与投影图如图 3-11 所示。圆台的投影与圆锥的投影相仿，其上下底面、轮廓素线的投影，读者可自行分析。

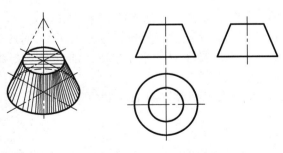

(a) 直观图　　　　　　　　(b) 投影图

图 3-11　圆台的投影图

圆台的投影特征是：与轴线垂直的投影面上的投影为两个同心圆，另两面上的投影均为等腰梯形。

3.2.4 圆球

1. 球的投影

由图 3-12 可以看出，球的三面投影是 3 个大小相同的圆，其直径即为球的直径，圆心分别是球心的投影。

H 面上的圆是球在 H 面投影的轮廓线，也是上半球面和下半球面的分界线，其中上半球面可见，下半球面不可见。

V 面上的圆是球在 V 面投影的轮廓线，也是前半球面和后半球面的分界线，其中前半球面可见，后半球面不可见。

W 面上的圆是球在 W 面投影的轮廓线，也是左半球面和右半球面的分界线，其中左半球面可见，右半球面不可见。

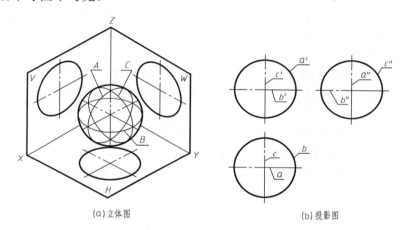

(a)立体图　　　　　(b)投影图

图 3-12　球的投影

2. 球面上点的投影

球面上点的投影的求解一般采用纬圆法。

【案例 3-3】如图 3-13 所示，已知球面上点 A 的 V 面投影，求点 A 在其他两个投影面的投影。

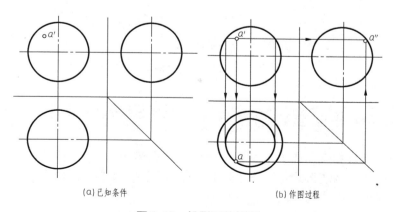

(a)已知条件　　　　　(b)作图过程

图 3-13　投影面的投影

解：由 a' 点得知 A 点在左上半球上，可以利用水平纬圆解题。

(1) 过 a' 点作水平线，水平线的长度即为水平纬圆的直径。

(2) 根据直径作出水平纬圆的 H 面投影。由于 A 点在纬圆上，因此 A 点的水平投影也在水平纬圆上，又由于 a' 点可见，可知 A 点在前半纬圆上，过 a' 点向下作垂线，交水平纬圆前半圆于点 a，求得 A 点的水平投影。

(3) 根据 a 和 a' 作出 a''。

3.3　平面与形体表面相交

有些构件的形状是由平面与其组成形体相交,截去基本形体的一部分而形成的。通常把与立体相交、截割形体的平面称为截平面。截平面与立体表面的交线称为截交线。截交线所围成的图形称为断面，或称截断面、截面，如图 3-14 所示。

截交线的基本性质如下：

(1) 既然截交线是截平面与立体表面的交线，那么它必然是属于截平面和立体表面的共有线，截交线上所有的点也必然是立体表面和截平面上的共有点。

音频.两形体表面
相交的类型.mp3

(2) 由于立体的表面都是封闭的，因此截交线也必定是一个或若干个封闭的平面图形。

(3) 截交线的形状取决于立体本身的形状和截平面与立体的相对位置。平面立体的截交线是平面多边形；而曲面立体的截交线在一般情况下则是平面曲线。

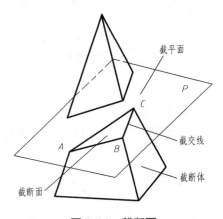

图 3-14　截断面

3.3.1　平面与平面立体相交

平面与平面立体相交所得的截交线为封闭的平面多边形，多边形的顶点是截平面与平面立体棱线的交点，多边形的每一条边是截平面与平面立体各侧面的交线。

求作平面立体截交线的方法有以下两种。

(1) 交点法：先求出平面立体的棱线、底边与截平面的交点，然后将各点依次连接起来，即得截交线。

(2) 交线法：求出平面立体的棱面、底面与截平面的交线。

【案例3-4】完成五棱柱(图3-15(a))被正垂面截切后截切体的水平投影和侧面投影。

解：截平面与五棱柱的 4 个侧面和顶面共 5 个面相交，求出 5 条交线即为截交线。用交点法分析，截平面与 3 条棱线和顶面的两条边相交共 5 个交点，求出 5 个交点并连接就得到截交线。两种分析方法是一致的。

(1) 根据棱线的积聚性，标出截平面与 3 条棱线的交点 3、4、5 和 3′、4′、5′。

(2) 根据截平面(正垂面)与顶面(水平面)的交线是正垂线，截平面与顶面的右前和后面的两条边相交，标出交点 1、2 和(1′)、2′，如图 3-15(b)所示。

(3) 按照点的投影规律，求出 5 个点的 W 面投影 1″、2″、3″、4″、5″。

(4) 将在棱柱同一面上的点用线连接起来，顺次按 1、2、3、4、5 将 3 个投影面上的 5 个点的投影连接起来。

(5) 判别可见性，并将实体部分描深加粗。

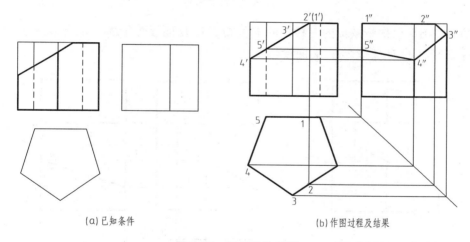

(a) 已知条件　　　　　　　　(b) 作图过程及结果

图 3-15　五棱柱的投影

【案例3-5】完成三棱锥被水平面截切后截切体的水平投影和侧面投影，如图 3-16 所示。

解：截平面与三棱锥的 3 个面均相交，共有 3 条截交线，只需找出截平面与三棱锥 3 条棱线的交点即可求出截交线。

(1) 过 a' 和 c' 分别向下作垂线，与三棱锥后面两条棱线的水平投影分别交于 a、c 两点。

(2) 由于截平面是一水平面，因此截交线 AC 为侧垂线，由 a'、c' 和 a、c 作出 a'' 和 c''。由于从左向右投影，C 点不可见，A 点可见，因此 c'' 应加括号。

(3) 过 b 作水平线，交三棱柱最前棱线的 W 面投影于 b''，根据 b'' 求出 b。

(4) 依次连接 a、b、c 得到三棱锥被水平面所截的截交线。由 a、b、c 围成的三角形反映了截断面的实形。

(5) 将截切体部分描深加粗。

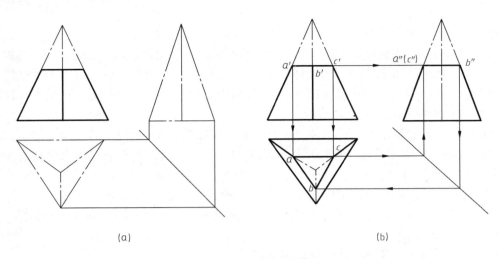

(a)　　　　　　　　　　(b)

图 3-16　三棱锥投影

【案例 3-6】已知带缺口的三棱柱的 V 面投影和 H 面投影轮廓，如图 3-17 所示，要求补全这个三棱柱的 H 面投影和 W 面投影。

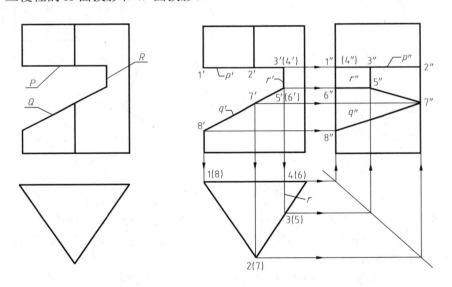

图 3-17　三棱柱

解：从已知条件可以看出，三棱柱被水平面 P、正垂面 Q 和侧平面 R 所截，根据 V 面的积聚投影可以补全 H 面投影，从而可以得到 W 面投影。具体步骤如下。

(1) 在 V 面投影上对截平面截割棱柱时在棱线和柱面上形成的交点编号。

(2) 从各交点向 H 面引投影线，确定各交点的 H 面投影。

(3) 连接在同一个棱柱面上相邻的各交点，判断可见性，不可见的截交线用虚线表示，补全 H 面投影；在 H 投影面上，R 面为侧平面，积聚为一条线 r，因为它被上部形体遮挡，因此它的 H 面投影画为虚线。

(4) 根据三面投影的对应关系，不考虑缺口，补全棱柱的 W 面轮廓。

(5) 根据各交点的 H、V 面投影，求出各交点的 W 面投影。

(6) 连接 W 面投影上截自同一个棱柱面上相邻的各交点，判断可见性，补全 W 面投影，在 W 投影面上，5″6″8″7″ 是截面 e 的投影；3″5″6″4″ 是截面 R 的投影，e 的投影为一条线 1″2″3″4″。观察 3 个断面的投影结果，H 投影反映 P 面的实形，W 面投影反映 R 面的实形，Q 面的实形没能直接在投影图中显现出来。

3.3.2 平面与曲面体相交

平面与曲面体相交，一般情况下。截交线是由曲线或曲线与直线所组成的封闭图形。截交线是截平面与立体表面的共有线。截交线的形状取决于曲面体的形状和截平面与曲面体的相对位置。截交线是曲面体和截平面的共有点的集合，如表 3-1 所示。

表 3-1　截交线集合

截平面位置	截面垂直于圆柱轴线	截面倾斜于圆柱轴线	截面平行于圆柱轴线
截交线形状	圆	椭圆	两条平行直线
立体图	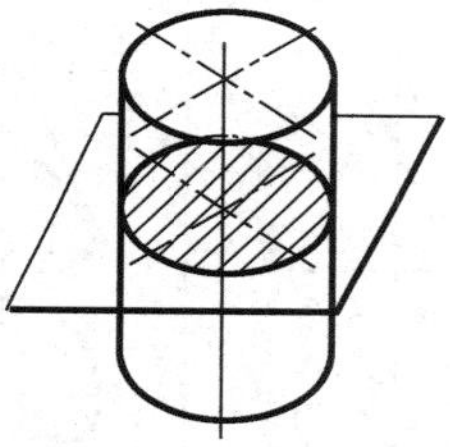	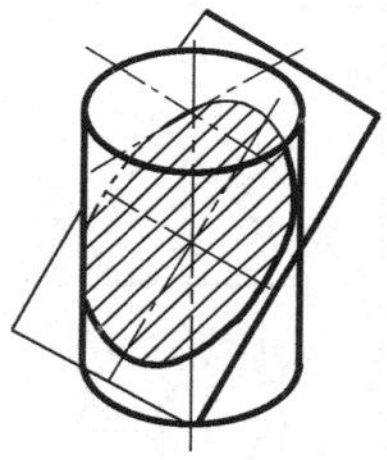	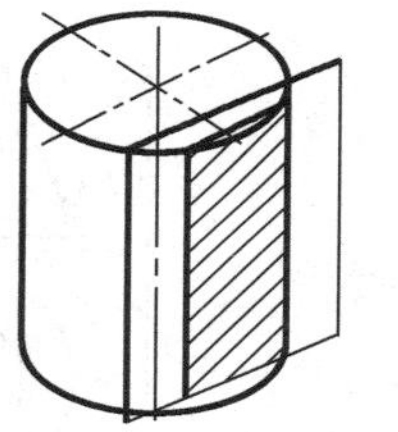
投影图	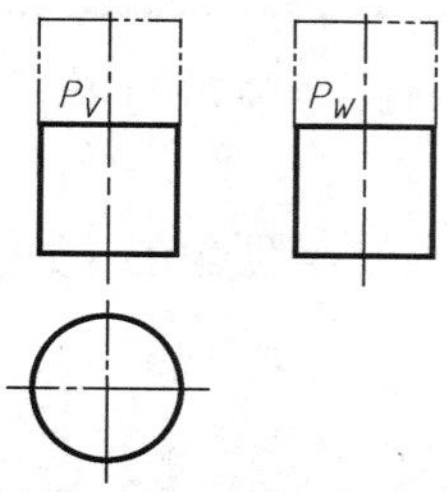	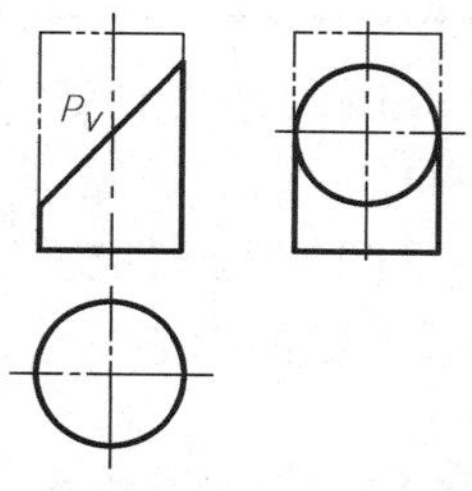	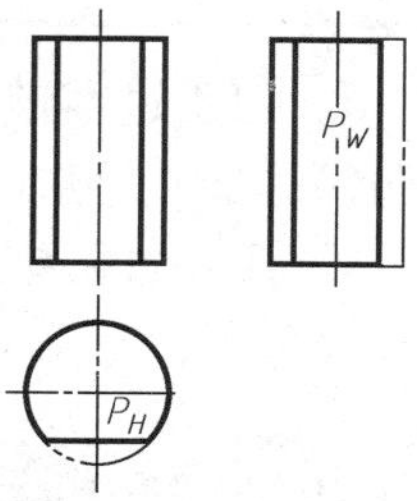

(1) 空间及投影分析：分析回转体的形状以及截平面与回转体轴线的相对位置，以便确定截交线的形状。分析截平面与投影面的相对位置，明确截交线的积聚性、类似性等。找出截交线的投影特性，预见未知投影。根据线的已知投影，画出截交线的投影。当截交线的投影为非圆曲线时，其作图步骤为：先找特殊点，补充中间点。将各点光滑地连接起来，并判断截交线的可见性。

(2) 平面与圆锥体的截交线：根据截平面与圆锥轴线的相对位置不同，平面与圆锥体的截交线有五种形状，如表 3-2 所示。

① 用垂直于圆锥的轴线而不过圆锥的顶点的平面去截圆锥得到的截面是一个圆，截面圆半径和底面圆半径的比，等于从顶点到截面和从顶点到底面的距离之比。

② 用经过圆锥的顶点，并且和圆锥的底面相交的平面去截圆锥得到的截面是一个等腰三角形，它的两腰是圆锥的两条母线，底边是底面圆的弦。

表 3-2　平面与圆锥体的截交线

截平面位置	截面垂直于圆锥轴线	截平面倾斜于圆锥轴线，且与所有素线相交	截面平行于圆锥面上的一条素线	截面平行于圆锥面上的两条素线	截面通过锥顶
截交线形状	圆	椭圆	抛物线与直线组成的封闭平面图形	双曲线与直线组成的封闭平面图形	三角形
立体图	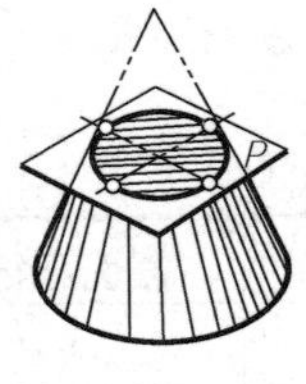		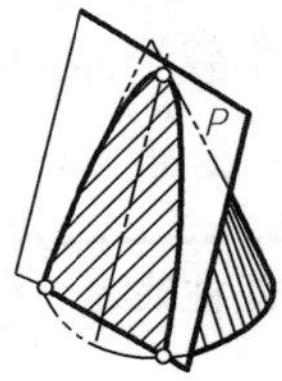	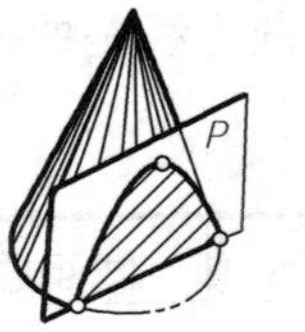	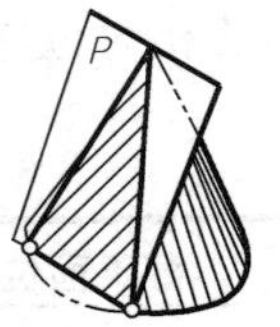
投影图	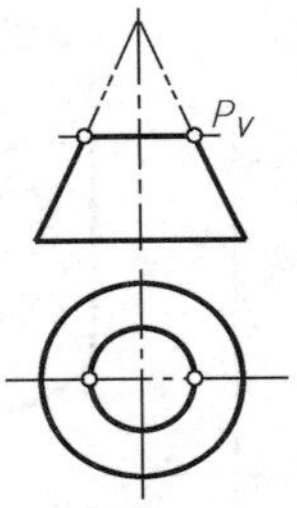	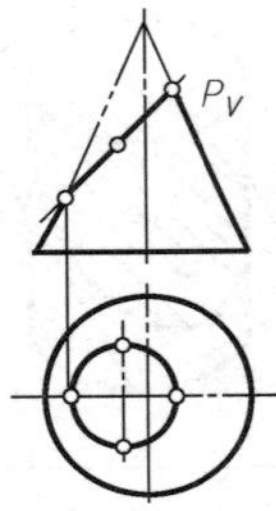	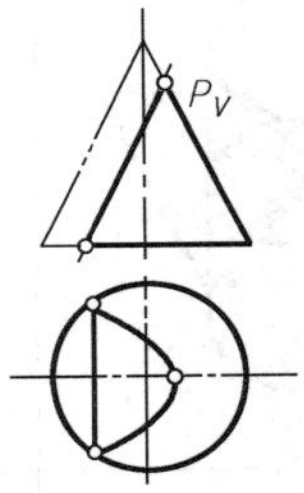	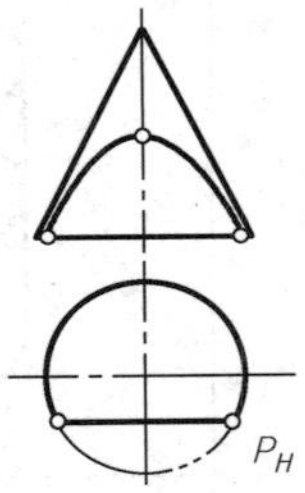	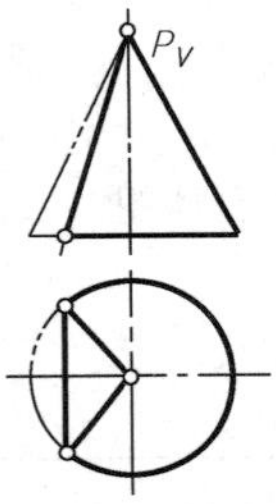

③ 用不过圆锥顶点，与圆锥轴线的交角小于圆锥半顶角的平面去截圆锥得到的截面是双曲线弓形，弓形的弦是圆锥底面圆的弦。

④ 用不过圆锥顶点，与圆锥轴线的交角等于圆锥半顶角的平面去截圆锥得到的截面是抛物线弓形，弓形的弦是圆锥底面圆的弦。

3.3.3　平面与球相交

平面与球体的截交线是圆。当截平面平行于投影面时，截交线的投影反映实形；当截平面垂直于投影面时，截交线的投影为直线，长度等于截交线圆的直径；当截平面倾斜于投影面时，截交线的投影为椭圆。

例如图 3-18 中的截平面是水平面，截交线圆的水平投影反映实形，正面投影为长度等于截交线圆的直径的直线。图 3-19 中画出了截去球冠(截去的球冠的正面投影用细双点画线表示，也可不画)后的球体的两面投影。

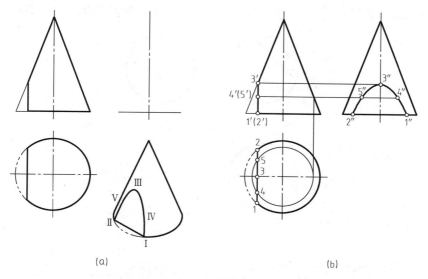

(a)   (b)

图 3-18　圆锥被侧平面截切的投影

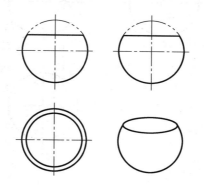

图 3-19　球体被水平面截切的投影

【案例 3-7】 如图 3-20(a)所示，求正垂面截切球体的投影。

解： 正垂面截切球体，截交线的形状为圆，其正面投影积聚成直线，长度等于截交线圆的直径；水平投影和侧面投影均为椭圆，利用在球体表面取点的方法，求出椭圆上的特殊点和一般位置点的投影，按顺序光滑连接各点的同面投影成为椭圆即可。

作图步骤如下。

(1) 找特殊点。先求出椭圆的长轴Ⅲ Ⅳ和短轴Ⅰ Ⅱ的投影，如图 3-20(b)所示。再求水平投影转向轮廓线上点Ⅴ、Ⅵ的投影和侧面投影转向轮廓线上点Ⅶ、Ⅷ的投影，如图 3-20(c)所示。

(2) 求一般位置点。根据连线的需要，在 1′2′之间取适当数量的点，再利用辅助圆法求出其正面投影和侧面投影(本例省略)。

(3) 判别可见性，光滑连线。截交线的正面投影和水平投影都可见，按顺序光滑连接，如图 3-20(d)所示。

(4) 整理轮廓线。正面投影的轮廓线加深到与截交线的交点 1′、2′处，其上面部分被切去；水平投影的轮廓线加深到与截交线的交点 5、6 处，左边部分被切去；侧面投影的轮廓线加深到与截交线的交点7″、8″处，其上面部分被切去。整理结果如图 3-20(e)所示。

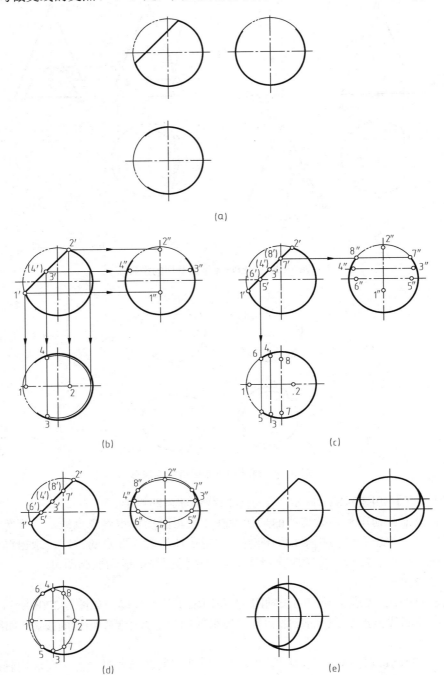

图 3-20　球体被正垂面截切的投影

【案例 3-8】如图 3-21(a)所示，补全球体切槽后的水平投影和侧面投影。

解：分析：球被两个侧平面和一个水平面截切，其截交线的空间形状均为部分圆弧。水平面截圆球其截交线的水平投影反映实形，正面投影和侧面投影积聚成直线，两侧平面与球的交线其侧面投影反映实形，正面投影和水平投影积聚成直线，三个截平面的交线为两条正垂线。

作图步骤如下。

(1) 如图 3-21(b)所示，在正面投影上标出 1′、2′、3′、4′、5′、6′、7′、8′各点。

(2) 求水平面与球截交线的投影。截交线的水平投影是圆弧 234 和圆弧 678，其半径可由正面投影上 3′(7′)至轮廓线的距离得到；侧面投影是直线 3″2″(3″4″)和 7″8″(7″6″)。

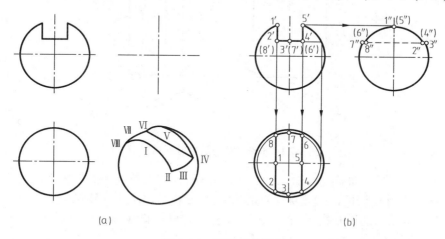

(a)　　　　　　　　　　　　(b)

图 3-21　开槽球的投影

(3) 求侧平面与球截交线的投影。截交线的侧面投影是圆弧 8″1″2″(6″5″4″与 8″1″2″重合)，其半径可由 1″(5″)至球心的距离得到；水平投影是直线 82 和 64。

(4) 求截平面之间交线的投影。交线的水平投影 82、64 两直线已求出，连接 8″2″(6″4″与其重合)即为侧面投影，且不可见，应画成虚线。

(5) 整理轮廓线。开槽后没有影响水平投影的轮廓线，故水平投影的轮廓线应正常画出；侧面投影的轮廓线加深到与截交线的交点 7″、8″处，其上部被切去部分的轮廓线不应再画出。

3.4　直线与形体表面相交

直线与形体表面相交，即直线贯穿形体，所得的交点叫贯穿点，如图 3-22 所示。当直线和形体在投影图中给出后，便可求出贯穿点的投影。贯穿点是直线与形体表面的共有点，当直线或形体表面的投影有积聚性时，贯穿点的投影也就积聚在直线或形体表面的积聚投影上。

求贯穿点的一般方法是辅助平面法。其具体作图步骤是：经过直线作一辅助平面，求出辅助平面与已知形体表面的辅助截交线，辅助截交线与已知直线的交点，即为贯穿点。

特殊情况下，当形体表面的投影有积聚性时，可以利用积聚投影直接求出贯穿点；当直线为投影面垂直线时，贯穿点可

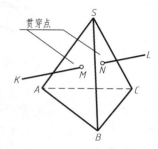

图 3-22　直线与形体表面相交

按形体表面上定点的方法作出。

　　直线贯穿形体以后,穿进形体内部的那一段不需要画出,而位于贯穿点以外的直线需要画出,并且还要判别其可见性。

　　【案例 3-9】求直线 AB 与三棱柱的贯穿点,如图 3-23 所示。

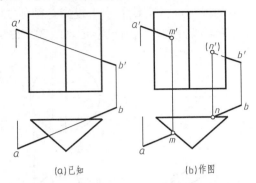

(a)已知　　　　　　　　(b)作图

图 3-23　直线 AB 与三棱柱的贯穿点

　　解: 分析:根据已知条件可知,直线 AB 与三棱柱的左前棱面和后棱面相交。由于三棱柱棱面的 H 投影有积聚性,因此贯穿点的 H 投影可利用积聚性直接定位。

　　作图:由贯穿点的已知投影 m、n 向上作垂线与已知直线 AB 的 V 投影 a'b' 相交,即得贯穿点的 V 投影 m'、n'。

　　判别直线的可见性:贯穿点 M、N 均在棱柱的侧棱面上,棱柱棱面的 H 投影都有积聚性,因此露在棱柱外面的 am、nb 是看得见的。但 M 点在左前棱面上,因此,a'm' 是看得见的,画实线;而 N 点在后棱面上,n'b' 中被棱柱挡住的那段应画虚线。

　　【案例 3-10】求直线 KL 与三棱锥的贯穿点,如图 3-24 所示。

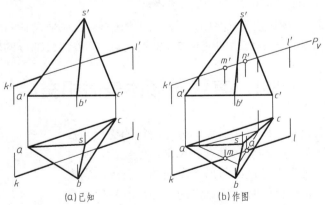

(a)已知　　　　　　　　(b)作图

图 3-24　直线 KL 与三棱锥的贯穿点

　　解: 根据已知条件可知,直线与三棱锥的 SAB 和 SBC 两个棱面相交,它们的投影都没有积聚性,需要用辅助平面法求贯穿点。

　　作图:

　　(1) 过直线 AB 作辅助平面 P(图中 P 平面为正垂面,与直线的 V 投影重合)。

　　(2) 求辅助平面 P 与三棱锥表面的截交线。

(3) 直线 *AB* 与截交线的交点即为所求的贯穿点(由水平投影 *m*、*n* 作出正面投影 *m′*、*n′*)。

判别直线的可见性：所求贯穿点 *M*、*N* 分别位于棱锥的 *SAB* 和 *SBC* 棱面上，因为这两个棱面的 *H* 投影和 *V* 投影都是可见的，所以露在形体外面的两段直线 *KM* 和 *NL* 的 *H* 投影 *km*、*nl* 和 *V* 投影 *k′m′*、*n′l′* 也都应画成实线。

【案例 3-11】如图 3-25 所示，求直线 *EF* 与圆柱的贯穿点。

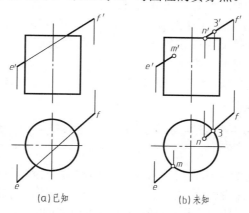

(a) 已知　　　　　(b) 未知

图 3-25　直线 *EF* 与圆柱的贯穿点

解： 根据已知条件可知，直线在左侧和圆柱面相交，其交点 *m* 积聚在水平投影的圆周上；而另一个交点是直线与圆柱的上底面相交，其交点 *n′* 在 *V* 面投影中圆柱上底面的积聚投影上。

作图：

(1) 由交点的已知投影 *m* 向上作铅垂线与直线 *EF* 的 *V* 面投影 *e′f′* 相交得 *m′* 点。

(2) 由交点的已知投影 *n′* 向下作铅垂线与 *EF* 直线的 *H* 面投影 *ef* 相交得 *n* 点。

(3) 直线的 *H* 面投影与 *V* 面投影均可见。

3.5　两形体表面相交

3.5.1　两平面体相交

有些建筑形体是由两个或两个以上的基本形体相交组成的。两相交的形体称为相贯体，它们的表面交线称为相贯线。相贯线的形状取决于两相交立体的形状、大小及其相对位置。当一立体全部棱线或素线都穿过另一立体时称为全贯；当两立体都只有一部分参与相交时称为互贯。全贯时一般有两条相贯线，互贯时只有一条相贯线。

1. 相贯线的性质

相贯线的性质如下。

(1) 共有性：相贯线是两立体表面的公有线；相贯线上的点是两立体表面的公有点。

(2) 封闭性：由于立体的表面是封闭的，因此相贯线在一般情况下是封闭的空间曲线或折线。

两平面立体的相贯线是一条闭合的空间折线(互贯)或两个相离的平面多边形(全贯)。各

段折线可看作是两立体相应棱面的交线；相邻两折线的交点是某一立体的棱线与另一立体的贯穿点。因此，求两平面立体相贯线的方法，实质上就是求两个相应的棱面的交线，或求一立体的棱线与另一立体的贯穿点。

2. 求两平面立体的相贯线的方法

求两平面立体的相贯线常用的方法有两种。

(1) 交点法：先作出各个平面体的有关棱线与另一立体的交点，再将所有交点顺次连成折线，即组成相贯线。连接交点的规则是：只有当两个交点对每个立体来说，都位于同一个棱面上时才能相连，否则不能相连。

(2) 交线法：将两平面立体上参与相交的棱面与另一平面立体各棱面求交线，交线即围成所求两平面立体相贯线。

3.5.2 平面体与曲面体相交

平面体与曲面体相交的立体表面交线是平面体的各个棱面与曲面体相交的各段相贯线(与截交线类同)的组合。各段相贯线的结合点是平面体的棱线与曲面体表面的交点(又称为贯穿点)，如图 3-26 所示。因此，求平面体与曲面体相交的立体表面交线，可把平面体的表面看成是平面切割曲面体，求其表面的截交线与贯穿点。

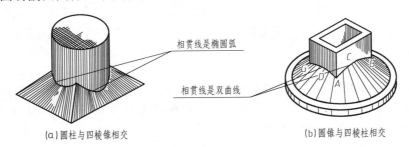

(a) 圆柱与四棱锥相交   相贯线是椭圆弧   相贯线是双曲线   (b) 圆锥与四棱柱相交

图 3-26 平面体与曲面体相交

3.5.3 曲面体与曲面体相交

1. 表面取点画法

两个相交的曲面立体中，如果其中一个是柱面立体(常见的是圆柱面)，且其轴线垂直于某投影面时，相贯线在该投影面上的投影一定积聚在柱面投影上，相贯线的其余投影可用表面取点法求出。

【案例 3-12】如图 3-27(a)所示，求正交两圆柱体的相贯线。

解： 两圆柱体的轴线正交，且分别垂直于水平面和侧面。相贯线在水平面上的投影积聚在小圆柱水平投影的圆周上，在侧面上的投影积聚在大圆柱侧面投影的圆周上，故只需求作相贯线的正面投影。

作图：具体步骤如下。

(1) 求特殊点：相贯线上的特殊点主要是处在相贯体转向轮廓线上的点，如图 3-27(b)所示，小圆柱与大圆柱正面轮廓线交点 1′、5′ 是相贯线上最左、最右(也是最高)点，其投影可直接定出；小圆柱的侧面轮廓线与大圆柱面的交点3″、7″是相贯线上的最前、最后(也是最低)点。根据3″、7″和3、7可求出正面投影3′、(7′)。

(2) 求一般点：在小圆柱的水平投影中取2、4、6、8四点，作出其侧面投影2″、(4″)、(6″)、8″，再求出正面投影2′、4′、(6′)、(8′)。

(3) 连线：顺次光滑地连接1′、2′、3′、4′、…即得到相贯线的正面投影。

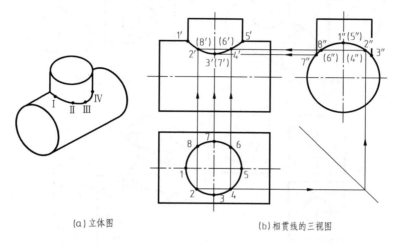

(a) 立体图   (b) 相贯线的三视图

图 3-27　正交两圆柱的相贯线

2. 相贯线的近似画法

相贯线的作图步骤较多，如对相贯线的准确性无特殊要求，当两圆柱垂直正交且直径有相差时，可采用圆弧代替相贯线的近似画法。如图 3-28 所示，垂直正交两圆柱的相贯线可用大圆柱的 $D/2$ 为半径作圆弧来代替。

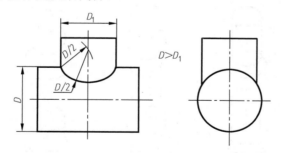

图 3-28　相贯线的近似画法

3. 两圆柱正交的类型

两圆柱正交有三种情况：①两外圆柱面相交；②外圆柱面与内圆柱面相交；③两内圆柱面相交。这三种情况的相交形式虽然不同，但相贯线的性质和形状一样，求法也是一样的，如图 3-29 所示。

4. 相贯线的特殊情况

两曲面立体相交，其相贯线一般为空间曲线，但在特殊情况下也可能是平面曲线或直线。

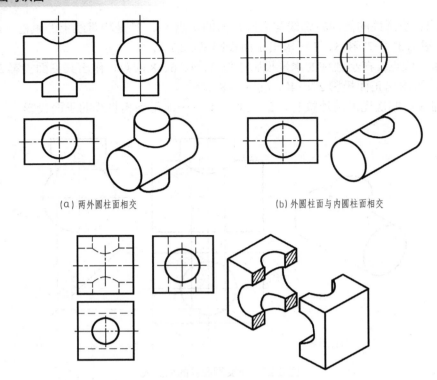

(a) 两外圆柱面相交　　　　　　　(b) 外圆柱面与内圆柱面相交

(c) 两内圆柱面相交

图 3-29　两正交圆柱相交的三种情况

(1) 两个曲面立体具有公共轴线时，相贯线为与轴线垂直的圆，如图 3-30 所示。

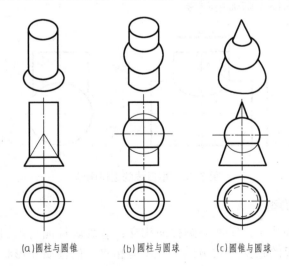

(a) 圆柱与圆锥　　　(b) 圆柱与圆球　　　(c) 圆锥与圆球

图 3-30　两个同轴回转体的相贯线

(2) 当正交的两圆柱直径相等时，相贯线为大小相等的两个椭圆(投影为通过两轴线交点的直线)，如图 3-31 所示。

(3) 当相交的两圆柱轴线平行时，相贯线为两条平行于轴线的直线，如图 3-32 所示。

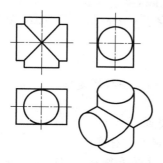

图 3-31 正交两圆柱直径相等时的相贯线

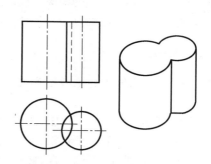

图 3-32 相交两圆柱轴线平行时的相贯线

5. 使用辅助平面法画相贯线

辅助平面法：用一辅助平面切割两相贯体，则得两组截交线，两组截交线的交点即为相贯线上的点。这种求相贯线投影的方法，称为辅助平面法。

一般选择投影面平行面作为辅助平面，并使切得的截交线为最简单易画的圆或直线。

【案例 3-13】圆柱与圆台正交，求相贯线的投影。

解： 由图 3-33 看出，圆锥台的轴线为铅垂线，圆柱的轴线为侧垂线，两轴线正交且都平行于正面，所以相贯线前后对称，其正面投影重合。因圆柱的侧面投影为圆，相贯线的侧面投影积聚在该圆上，所以只需求作相贯线的水平投影和正面投影。

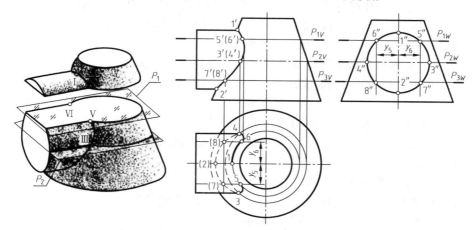

图 3-33 求圆柱与圆锥台的相贯线

 本章小结

本章学生学习了平面立体的投影的分类，以及平面立体的投影的相关概念、形成、三视图的展开和三视图之间的规律，要求掌握平面立体的投影三视图的作图方法，还学习了曲面立体投影、平面与立体相交的投影、两立体相贯的投影。学习完本章学生可以掌握基本的建筑形体投影的看图和绘图技巧。

实训练习

一、单选题

1. 若一个几何体的主视图和左视图都是等腰三角形，俯视图是圆，则该几何体可能是(   )。
   A. 圆柱　　　　　　　B. 三棱柱　　　　　　C. 圆锥　　　　　　D. 球体

2. 下列几何体中，主视图、左视图、俯视图相同的几何体是(   )。
   A. 球和圆柱　　　　　B. 圆柱和圆锥　　　　C. 正方体和圆柱　　D. 球和正方体

3. 一个含有圆柱、圆锥、圆台和球的简单组合体的三视图中，一定含有(   )。
   A. 四边形　　　　　　B. 三角形　　　　　　C. 圆　　　　　　　D. 椭圆

4. 在原来的图形中，两条线段平行且相等，则在直观图中对应的两条线段(   )。
   A. 平行且相等　　　　　　　　　　　　B. 平行但不相等
   C. 相等但不平行　　　　　　　　　　　D. 既不平行也不相等

5. 下列投影是中心投影的是(   )。
   A. 三视图　　　　　　　　　　　　　　B. 人的视觉
   C. 斜二测画法　　　　　　　　　　　　D. 人在中午太阳光下的投影

二、多选题

1. 如果一个几何体的视图之一是三角形，那么这个几何体可能是(   )。
   A. 圆锥　　　　　　　B. 球　　　　　　　　C. 三棱锥
   D. 四棱柱　　　　　　E. 以上答案都不对

2. 两平面立体相贯的相贯线常用的方法有两种：(   )。
   A. 交点法　　　　　　B. 交线法　　　　　　C. 交叉法
   D. 平行法　　　　　　E. 以上答案都对

3. 求作圆锥面上的投影，常用的方法有两种：(   )。
   A. 素线法　　　　　　B. 纬圆法　　　　　　C. 描点法
   D. 曲线法　　　　　　E. 连点法

4. 标注尺寸的基本要素有(   )。
   A. 尺寸界限　　　　　B. 尺寸线　　　　　　C. 尺寸箭头
   D. 数字　　　　　　　E. 以上答案都不对

5. 尺寸界线的具体要求是(   )。
   A. 必须用实线绘画　　　　　　　　　　B. 不能画在其他图线的延长线上
   C. 标注要认真，字体工整　　　　　　　D. 不能出现交叉线
   E. 以上答案都不对

三、简答题

1. 球体投影的特点是什么？
2. 如何求曲面立体表面的定点？
3. 平面体表面上点和直线的投影实质是什么？

实训工作单

班级		姓名		日期	
教学项目		投影三视图的绘制			
任务	绘制几何图形简单的投影三视图		绘图工具	画板、丁字尺、铅笔、橡皮、图纸等	
相关知识			投影的基础知识		
其他要求					

绘制流程记录

评语			指导老师	

第4章　组合体的投影

【教学目标】

- 了解组合体的投影的基本概念和分类
- 掌握组合体投影图画法的相关知识点
- 熟悉组合体投影图的识读
- 解组合体投影图的尺寸标注方法

第 4 章　组合体的投影课件.pptx

【教学要求】

本章要点	掌握层次	相关知识点
组合体投影图的画法	1. 组合体的形体分析 2. 组合体三视图的画法	1. 组合体的形体分析方法 2. 投影图选择
组合体投影图的识读	1. 读图前应掌握的基本知识 2. 读图的基本方法和步骤	1. 基本体的投影特点 2. 视图上线段和线框的含义
组合体投影图的尺寸标注	1. 基本体的尺寸标注 2. 截切体与相贯体的尺寸标注 3. 组合体的尺寸标注	1. 基本体的尺寸标注法 2. 组合体尺寸标注的原则 3. 球体的投影概念

【引子】

　　组合体，就是由基本立体组合而形成的立体，它是相对于基本立体而言的，因此，可以说除基本立体之外的一切立体都是组合体。画组合体投影图的过程就是运用形体分析法及线面分析法将空间形体进行平面图形化表达的过程，也是使复杂问题简单化的思维方法的具体体现。

4.1　形体的组合方式

　　工程建筑物的形状一般较为复杂，为了便于认识、把握它的形状，常把复杂物体看成是由多个基本形体(如棱柱、棱锥、圆柱、圆锥、球等)按照一定的方式构造而成的。这种由多个基本形体经过叠加、切割等方式组合而成的形体，称为组合体。

音频.组合体的分类.mp3　　　叠加式组合体.mp4　　　音频.组合体投影画法的分类.mp3

4.1.1　叠加式组合体

由若干个基本形体叠加而成的组合体称为叠加式组合体。如图 4-1(a)所示，物体是由两个圆柱体叠加而成的。

4.1.2　切割式组合体

由基本形体经过切割组合而成的组合体称为切割式组合体。如图 4-1(b)所示，物体是由一个四棱柱中间切一个槽、前面切去一个三棱柱而成。

4.1.3　复合式组合体

既有叠加又有切割的组合体称为复合式组合体。如图 4-1(c)所示，物体是由两个四棱柱叠加而成的，其中上方的四棱柱又在中间切割了一个半圆形的槽。

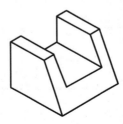
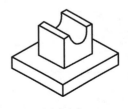

(a) 叠加式　　　　　　(b) 切割式　　　　　　(c) 复合式

图 4-1　组合体的组成形式

在许多情况下，叠加式和切割式组合体并无严格的界限，同一组合体既可按照叠加方式分析，也可按照切割方式去理解。因此，组合体的组合方式应根据具体情况而定，以便于作图和理解为原则。

4.2　组合体投影图的画法

4.2.1　组合体的形体分析

形状比较复杂的形体，可以看成是由一些基本形体通过叠加或切割而成的。如图 4-2 所示的组合体，可先设想为一个大的长方体切去左上方一个较小的长方体，或者是由一块水平的底板和一块长方体竖板叠加而成的。对于底板,又可以认为是由长方体和半圆柱体组合后再挖去一个竖直的圆柱体而形成的。

　　如图 4-3 所示的小门斗,用形体分析的方法可把它看成是由 6 个基本形体组成的:主体由长方体底板、四棱柱和横放的三棱柱组成,细部可看作是在底板上切去一个长方体,在中间四棱柱上切去一个小的四棱柱,在三棱柱上挖去一个半圆柱。

音频.组合体投影画法的分类.mp3

 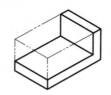 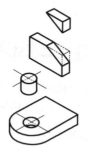

图 4-2　组合体的形体分析

 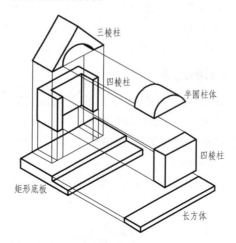

图 4-3　小门斗的形体分析

　　这种把整体分解成若干基本几何体的分析方法,称为形体分析法。通过对组合体进行形体分析,可把绘制较为复杂的组合体的投影转化为绘制一系列比较简单的基本形体的投影。

　　必须注意,组合体实际上是一个不可分割的整体,形体分析仅仅是一种假想的分析方法。不管是由何种方式组成的组合体,画它们的投影图时,都必须正确处理好各个立体表面之间的连接关系。如图 4-4 所示,可归纳为以下 4 种情况:

　　(1) 两形体的表面相交时,两表面投影之间应画出交线的投影。

　　(2) 两形体的表面共面时,两表面投影之间不应画线。

　　(3) 两形体的表面相切时,由于光滑过渡,两表面投影之间不应画线。

　　(4) 两形体的表面不共面时,两表面投影之间应该有线分开。

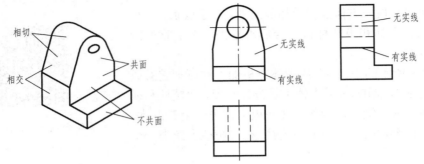

图 4-4　形体之间的表面连接关系

4.2.2　组合体三视图的画法

选择组合体的投影图时,要求能够用最少数量的投影把形体表达得完整、清晰。主要考虑以下几个方面。

组合体投影.docx

1. 形体的安放位置

对于大多数的土建类形体,主要考虑正常工作位置和自然平稳位置,而且这两个方面往往是一致的。但是对于机械类的形体相对要复杂一些,往往还要考虑生产、加工时的安放位置。如电线杆的正常工作位置是立着的,但是在工厂加工时必须横着放。

2. 正面投影的选择

画图时,正面投影一经确定,那么其他投影图的投影方向和配置关系也随之而定。选择正面投影方向时,一般应遵循以下几个原则:

(1) 正面投影应最能反映形体的主要形状特征或结构特征。如图 4-5 所示,A 方向反映了形体的主要形状特征。

(2) 有利于构图美观和合理利用图纸。

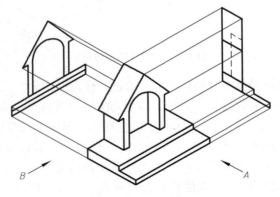

图 4-5　形体的特征面

(3) 尽量减少其他投影图中的虚线。如图 4-6 所示的形体,在图 4-6(a)中没有虚线,比图 4-6(b)更加真切地表达了形体。

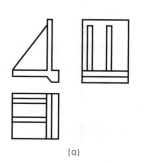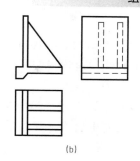

（a）　　　　　　　　　　　　　（b）

图 4-6　投影方向的选择

3. 投影数量的选择

以正面投影为基础，在能够清楚地表示形体的形状和大小的前提下，其他投影图的数量越少越好。对于一般的组合体投影来说，要画出三面投影图。对于复杂的形体，还需增加其他投影图。

【案例 4-1】画如图 4-7 所示小门斗的投影图。

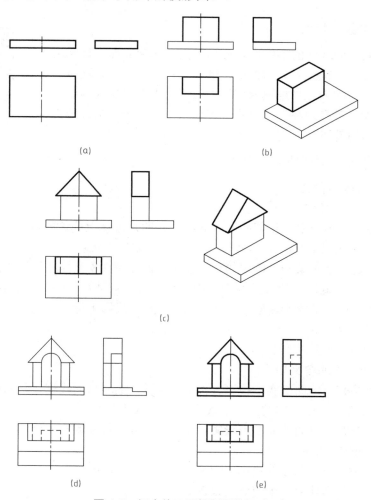

图 4-7　组合体三面投影图的画法

解：(1) 布置图面。

首先根据形体的大小和复杂程度，选择合适的绘图比例和图幅。比例和图幅确定后再考虑构图，即用中心线、对称线或基线，在图幅内定好各投影图的位置(图略)。

(2) 画底稿线。

根据形体分析的结果，逐个画出各基本形体的三面投影，并要保证三面投影之间的投影关系。画图时，应先主后次，先外后内，先曲后直，用细线顺次画出，如图 4-7(a)、(b)、(c)、(d)所示。

(3) 加深图线。

底稿完成以后，经校对确认无误，再按线型规格加深图线，如图 4-7(e)所示。

4.3　组合体投影图的识读

4.3.1　读图前应掌握的基本知识

1. 基本体的投影特点

基本体按其表面性质的不同，可分为平面立体和曲面立体两大类。按形体的总体特征又可分为柱体、锥体、台体、球体、环等。它们的投影特点归纳为："矩矩为柱""三三为锥""梯梯为台""三圆为球"和"鼓鼓为环"。熟练掌握这些特点，将能极大地提高读组合体视图的效率。

工程上常用的投影图.docx

2. 视图上线段和封闭线框的含义

1) 视图上线段的含义

视图上线段的含义如下。

(1) 它可能是形体表面上相邻两面的交线，亦即是形体上棱边的投影。例如图 4-8 中 V 投影上标注①的 4 条竖直线，就是六棱柱上侧面交线的 V 投影。

(2) 它可能是形体上某一个侧面的积聚投影。例如图 4-8 上标注②的线段和圆，就是圆柱和六棱柱的顶面、底面和侧面的积聚投影。正六边形就是六棱柱的 6 个侧面的积聚投影。

(3) 它可能是曲面的投影轮廓线。例如图 4-8 的 V 投影上标注③的左右两线段，就是圆柱面的 V 投影轮廓线。

2) 视图上封闭线框的含义

视图上封闭线框的含义如下。

(1) 它可能是某一侧面的实形投影。例如图 4-8 中标注ⓐ的线框，是六棱柱上平行于 V 面的侧面的实形投影，以及圆柱上、下底面的 H 面实形投影。

(2) 它可能是某一侧面的非实形投影。例如图 4-8 中标注ⓑ的线框，是六棱柱上垂直于 H 面但对 V 面倾斜的侧面的投影。

(3) 它可能是某一个曲面的投影。例如图 4-8 中标注ⓒ的线框，是圆柱面的 V 投影。

(4) 它也可能是形体上一个空洞的投影。

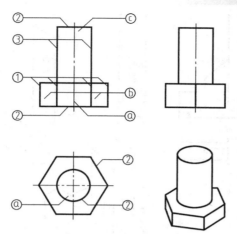

图 4-8　视图上线段和封闭线框的含义

总之，投影图中的封闭线框肯定表示面的投影，可能是平面，也可能是曲面；相邻的两个线框肯定表示两个不同的面，有平、斜之别；线框里面套线框肯定有凹、凸之分。

4.3.2　读图的基本方法和步骤

读图的基本方法常用的有形体分析法和线面分析法等。通常以形体分析法为主，当遇到组合体的结构关系不是很明确，或者局部比较复杂不便于做形体分析时，用线面分析法，即形体分析看大概，线面分析看细节。

1. 形体分析法

运用形体分析法阅读组合形体投影图，首先要分析该形体是由哪些基本形体所组成的，然后分别想出各个基本形体的现状，最后根据各个基本形体的相对位置关系，想出组合形体的整体现状。

【案例 4-2】想出图 4-9(a)所示形体的空间现状。

解：用形体分析法读图的具体步骤如下。

(1) 对投影，分部分。即根据投影关系，将投影分成若干部分。

如图 4-9(a)所示，在结构关系比较明显的正视图上，将形体分成 1′、2′、3′、4′四个部分。按照形体投影的三等关系可知：四边形 1′在水平投影图与侧面投影图中对应的是 1、1″线框；四边形 2′所对应的投影是 2 和 2″；矩形 3′所对应的投影是矩形 3 和 3″；同样可以分析出四边形 4′所对应的其他两投影与四边形 2′的其他两投影是完全相同的。

(2) 想现状，定位置。即根据基本形体投影的特征分析出各个部分的形状，并且确定各组成部分在整个形体中的相对位置。

根据上述各个基本体的对应投影的分析，依"矩矩为柱"的特点可知：Ⅰ为下方带缺口的长方体；Ⅱ是顶面为斜面的四棱柱；Ⅲ是一个横向放置的长方体。从各投影图中可知Ⅲ形体在最下面，Ⅰ形体在Ⅲ形体的中间上方，且Ⅲ形体从Ⅰ形体下方的方槽中通过。Ⅱ、Ⅳ形体对称地分放在Ⅰ形体的两侧，与Ⅲ形体前面、后面距离相等，如图 4-9(b)所示。

(3) 综合想整体。即综合以上分析，想出整个形体的形状与结构，如图 4-9(c)所示。

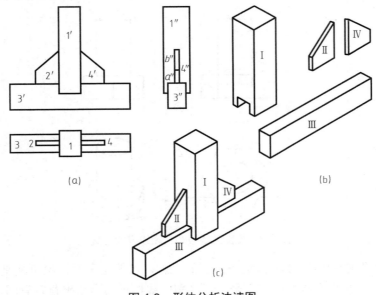

图 4-9　形体分析法读图

2. 线面分析法

当组合体不宜分成几个组成部分或形体本身不规则时，可将围成立体的各个表面都分析出来，从而围合成空间整体，这就是线面分析法。简单地说，线面分析法读图就是一个面一个面地分析。

【案例 4-3】想出图 4-10(a)所示形体的空间现状。

解：根据三面投影，无法确定该形体的结构是由哪些基本体所组成的，故用线面分析法分析围成该立体的各个表面，从而确定形体的空间现状。步骤如下：

(1) 对投影，分线框。在各个投影图上对每一个封闭的线框进行编号，并在其他投影图中找出其对应的投影。对于初学者，建议首先从线框较少的视图或者边数较多的线框入手，而且只分析可见线框。因为由可见线框围成的立体表面一般也是可见的，而线框较少容易分析，并且容易确定对应的投影，边数较多则说明和它相邻的面也多，如图 4-10(a)所示。

这里请注意，对投影时，"类似图形"是一个非常重要的概念。如 2′和 2″为类似图形，它所对应的第三投影是线段 2。确定投影关系时，首先寻找类似图形，如果在符合投影规律的范围内没有类似图形，那么肯定对应直线，即"无类似必积聚"。如在 H 和 W 投影中，在符合投影关系的范围内没有和 1′类似的图形，所以只能对应线段 1 和 1″。

(2) 想形状，立空间。根据分得的各线框及所对应的投影，想象出这些表面的形状及空间位置。建议每分析一个面，就徒手绘制其立体草图，并按编号顺序逐个分析，如图 4-10(b)、(c)、(d)、(e)所示。

(3) 围合起来想整体。分析各个表面的相对位置，围合出物体的整体形状，如图 4-10(f)所示。

由此例可见，线面分析法读图是比较烦琐的。当然，具体分析时也不是一定要分析出所有的面，有时候分析了几个特征面尤其是类似图形，整个形体也就基本确定了。

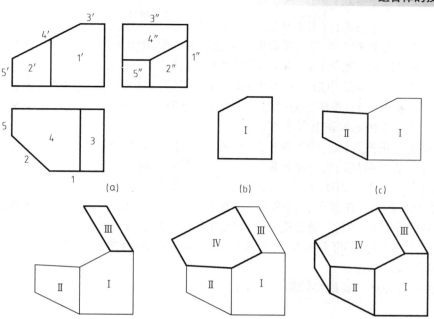

图 4-10　线面分析法读图

3. 切割法

形体分析法和线面分析法是读图的两个最基本的方法，由于线面分析法较难，因此一般在不便于使用形体分析法时，不得已才用之。而且线面分析法的对象大都不是叠加类的形体，而是切割类的形体，因而可视具体情况，采用切割的方式分析其整体形状。其基本思想是：先构建一个简单的轮廓外形(一般是柱体)，然后逐步地进行切割。

图 4-10 所示的形体，如果把各个投影的外框相应的缺角补齐了便都是矩形，如图 4-11(a)所示，所以可以断定它是由一个长方体分别在其左上角和左前角各切割掉一部分而成的，可以用切割法想出其空间现状，如图 4-11(b)所示。

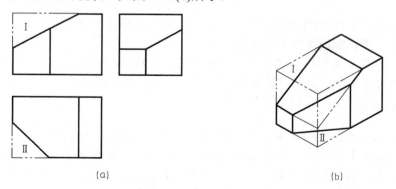

图 4-11　切割法读图

4. 斜轴测法

不管采用何种方法读图，确认读懂的方式之一是绘出其所表示的立体的轴测图。而且很多时候往往是借助于轴测图来帮助我们建立物体的空间形状。那么有什么方法可以快速建立物体的空间形状呢？在原正投影图上快速勾画斜轴测图不失为一种较好的方法。

【案例 4-4】 想出图 4-12(a)所示形体的空间现状。

解： 显然，该图无法用形体分析法识读，如果用例 4-3 所示的线面分析法将很麻烦，同时该图也不具备图 4-11 那样三面投影有明显的矩形外框，一下子也较难想象是什么形体和如何切割，该如何快速勾画其轴测图。

我们知道，正投影图之所以缺乏立体感，就是因为其各个投影都只反映两个方向的坐标，第三方向的坐标被正投影给压缩了，如果在原正投影图上把被压缩了的对应点的第三坐标"拉出来"，则立刻就有了三维的感觉。方法如下：

(1) 建立坐标系。在某个正投影图上一般在反映形状特征的视图上，或者是线框少，亦即积聚性多的那个视图上，确定第三坐标轴的方向尽量不与原正投影图上的图线平行。

(2) 沿第三坐标轴的方向将被正投影图所压缩了的对应点的坐标"拉出来"，如图 4-12(b)所示。

(3) 连接相关点，其最终结果如图 4-12(c)所示。

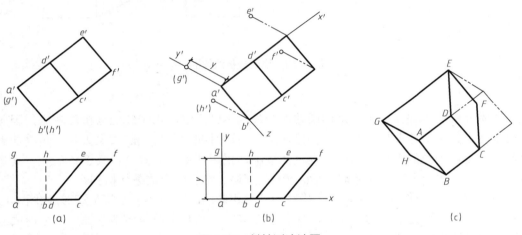

图 4-12　斜轴测法读图

显然，这是一个简单的被切割了一个角的长方体，形体本身并不复杂，但由于其位置对投影面倾斜，所以给识读带来了困难。

斜轴测法的基本思想：在某个反映形状特征的正投影图上把被正投影所压缩了的第三方向的坐标"拉出来"，从而使该图有了三维方向的尺度，即具有了立体感。

5. 区域对应法

上述各种方法所研究的对象，其投影对应关系是明确的，但很多时候，形体各部分的投影对应关系并不十分明显。如图 4-13(a)所示，其 V、W 投影的很多点都符合"高平齐"的投影规律，到底哪部分对应哪部分，一时难以确定。虽然这是一个简单形体，对于空间概念强的人没什么问题，但是对于初学者却是很头疼的。

一般而言，既然投影对应关系是不明确的，那么往往其所表达的空间形体也是不唯一的，我们可以通过一个简单的方法快速建立一种答案，然后在此基础上再构建其他答案，此方法就是"区域对应法"，具体如下：

(1) 把 *V*、*W* 投影分别分为左、右和前、后两个区域，如图 4-13(b)所示。

(2) 按"左对应(组合)后""右对应(组合)前"的规律，得到该形体的两个组成部分，如图 4-13(c)所示，它是由两个"凸"形柱体相互正交而成的。

(3) 在图 4-13(c)的基础上，可以构建其他答案，如图 4-13(d)、(e)所示。

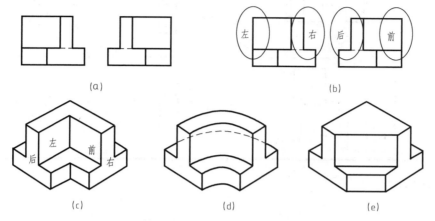

图 4-13 区域对应法读图(一)

如果所给图样分别有 3 个区域，那么再增加"中对应(组合)中"。如图 4-14(a)所示，对应的立体如图 4-14(b)、(c)、(d)、(e)所示。

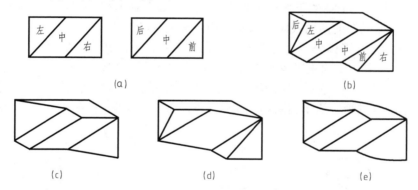

图 4-14 区域对应法读图(二)

对于不同的投影图，有不同的投影对应规律，列一简表(表 4-1)供读者参考。对于 2 区域和 3 区域对应以及虚线区域对应问题，读者可自己思考。

表 4-1 区域对应法列表

视图名称	投 影 图	立 体 图	反映规律
V-H 投影对应	上 下 对应组合 后 前 对应组合		上 ___对应(组合)___ 后 下 ___对应(组合)___ 前

视图名称	投影图	立体图	反映规律
V-W 投影对应	对应组合 / 左 右 后 前 / 对应组合		左 _____ 对应(组合) _____ 后 右 _____ 对应(组合) _____ 前
H-W 投影对应	对应组合 / 上 下 / 左 右 / 对应组合		左 _____ 对应(组合) _____ 下 右 _____ 对应(组合) _____ 上

6. 读图举例

1) 补视图

根据两个视图补画第三视图,俗称"知二求三",是训练读图能力,即空间想象能力或形象思维能力的最基本的方法。一般来说,物体的两面投影已具备长、宽、高 3 个方向的尺度,大部分形体是可以定形的,完全可以补出第三投影。

【**案例 4-5**】已知形体的正面投影和水平投影,试补画其侧面投影,如图 4-15(a)所示。

解:首先读懂已知的两面投影,想象出组合体的形状。

由图 4-15(a)进行形体分析,可看出该组合体由上、下两部分叠加组成。上部为一带圆弧头和圆孔洞的柱体,正面投影反映形体特征,其空间形状如图 4-15(b)中的双点画线所示;底板是一个四棱柱,在其左前方切掉一个角,并在中前方开了一个半圆孔洞,其空间形状如图 4-15(c)中的双点画线所示。由此,综合上、下两部分,不难作出其侧面投影,如图 4-15(d)所示。

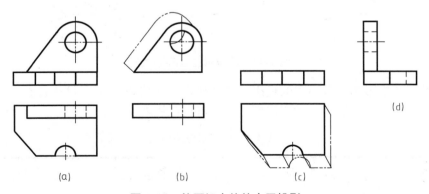

图 4-15 补画组合体的水平投影

【**案例 4-6**】补全图 4-16(a)所示形体的 *W* 面投影。

解:因为所给条件的结构特征不是很明显,很难将形体明确地分为几个基本体,同时由于该形体的面很多,如果完全套用图 4-11 的方法将非常烦琐。

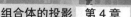

通过观察发现，如果将 V 面投影的左上角和 H 面投影的左前方补齐，V、H 面投影的外轮廓都是矩形，则其空间形体可以认为是一长方体分别在其左上角和左前方各切了一块，用切割法分析，如图 4-16(b)所示。

但至此尚不能确定该形体右前上方的情况，再考虑结合线面分析法解决：V 面投影的 1′ 线框对应 H 面投影的一条直线(无类似图形对应)，说明其空间为一正平面；H 面投影的 2 线框对应 V 面投影的一条直线 2′，说明其空间为一水平面。这就表明，该形体在图 4-16(b) 的基础上，又在其右前上方被正平面 I 和水平面 II 合围再切去一块，如图 4-16(c)所示，其最终的形状如图 4-16(d)所示。

根据图 4-16(d)所示的立体，作出其 W 面投影，如图 4-16(e)所示。这里需特别注意的是：该形体的正上角被正垂面切割以后，其 W 面投影与 H 面投影应为类似图形；而左前方被铅垂面切割以后，其 W 面投影与 V 面投影应为类似图形。

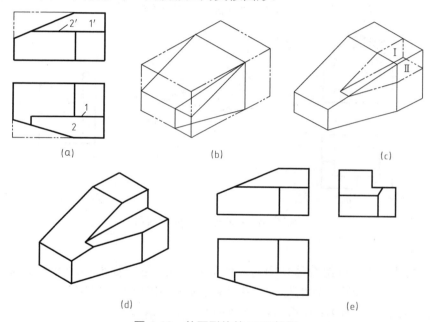

(a)　　　　　　　(b)　　　　　　　(c)

(d)　　　　　　　(e)

图 4-16　补画形体的 W 面投影

【**案例 4-7**】补全图 4-17(a)中所示形体的 H 面投影。

解：这是很多教材中出现的一个例题，都是用线面分析法花了很大篇幅进行分析的。通过观察可以发现：该形体的 V 面投影的外轮廓为矩形，其 W 面投影反映形状特征。那么依据"矩矩为柱"的特点，在其反映形状特征的 W 面投影上快速勾画斜轴测图，结合切割法很快可以建立其空间形状，如图 4-17(b)所示。对应的 H 面投影如图 4-17(c)所示。

【**案例 4-8**】补全图 4-18(a)中所示形体的 W 面投影。

解：根据所给图样可知该形体是左右对称的，H 面投影图上前后对称的两个"凵"对应于 V 面投影图上的两条斜线，根据表 4-1"上对应后，下对应前"的规律，并依它们上下、前后的关系建立其空间位置，如图 4-18(b)的粗线所示，再结合其他信息，可想出整体的形状如图 4-18(b)中的细线所示，继而补出其 W 面投影，如图 4-18(c)所示。

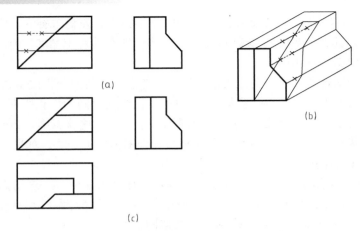

图 4-17　补画形体的 H 面投影

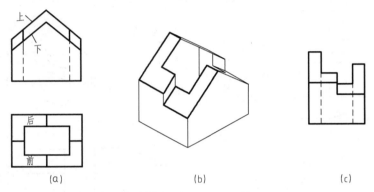

图 4-18　补画形体的 W 面投影

2）补漏线

补漏线也是训练阅读组合体视图的一种常见形式，它是在形体的大体轮廓已经确定的前提下，要求读者想象出立体的形状，并且补全投影图中所缺的图线。

【案例 4-9】补全图 4-19(a)所示组合体中漏缺的图线。

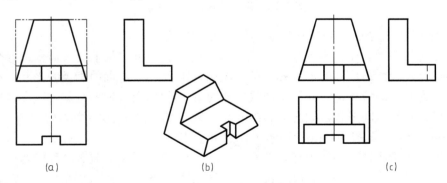

图 4-19　补画三视图中的漏线

解：由形体分析可知，该组合体为切割型形体。将正面投影左右缺角补齐(图中以双点画线表示)，与水平投影的外框一样都是矩形，根据"矩矩为柱"的投影特点，该形体肯定是一个柱体，其侧面投影反映形状特征，可知原体为一个"凵"形棱柱体。该棱柱被左右对称的两个正垂面截切，前部居中开矩形槽。其空间形状如图 4-19(b)所示。

利用"类似图形"的原理，即可画出左右两侧截切形成的"凵"形断面的水平投影，即 H 投影和 W 投影必须是类似的"凵"形，这样在画图之前，就明确了其应有的结果，最后补画出前部矩形槽的侧面投影，为虚线。整理加深，结果如图 4-19(c)所示。

4.4 组合体投影图的尺寸标注

4.4.1 基本体的尺寸标注

任何物体都具有与其形状特征相适应的尺寸。而基本几何体的尺寸标注是标注和识看复杂形体零件尺寸的基础。

1. 平面立体的尺寸标注

平面立体一般标注长、宽、高三个方向的尺寸，如图 4-20 中(a)、(b)、(c)、(e)所示。其中正方形的尺寸可采用如图 4-20(f)所示的形式注出，即在边长尺寸数字前加注"□"符号。图 4-20(d)、(g)中加"()"的尺寸称为参考尺寸。

音频.基本体的尺寸标注分类.mp3

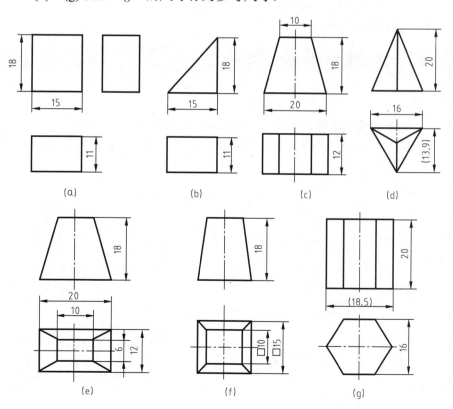

图 4-20 平面立体的尺寸标注法

2. 曲面立体的尺寸标注

圆柱和圆锥应注出底圆直径和高度尺寸，圆锥台还应加注顶圆的直径。直径尺寸应在其数字前加注符号"ϕ"，一般注在非圆视图上。这种标注形式用一个视图就能确定其形状和大小，其他视图就可省略，如图 4-21(a)～(c)所示。

标注圆球的直径和半径时，应分别在"ϕ、R"前加注符号"S"，如图 4-21(d)、(e)所示。

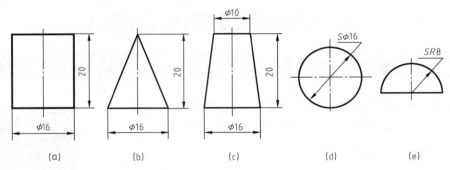

(a)	(b)	(c)	(d)	(e)

图 4-21　曲面立体的尺寸注法

标注基本形体尺寸的要领是：

(1) 注出它的高度尺寸和确定底面形状尺寸；

(2) 底面为正多边形时，可标注其外接圆直径；

(3) 配置恰当，明显易读。

4.4.2　截切体与相贯体的尺寸标注

1. 截切体

截切体，是指由基本立体经若干平面截切而形成的立体。为说明其大小，除了标注反映基本立体大小的定形尺寸外，尚需注出确定截平面与基本立体相对位置的定位尺寸，如图 4-22 所示。

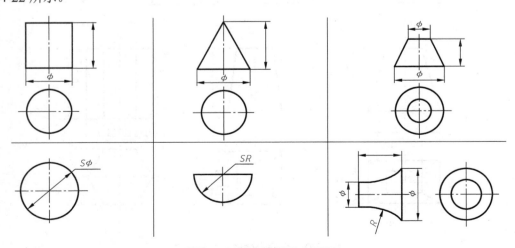

图 4-22　基本体的尺寸标注

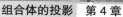

确定截平面位置时，可以以基本立体上的对称面、端面、地面、侧面、回旋面轴线等作为起始——通常称之为基准，如图 4-23 所示。注意：截交线上不得标注尺寸。

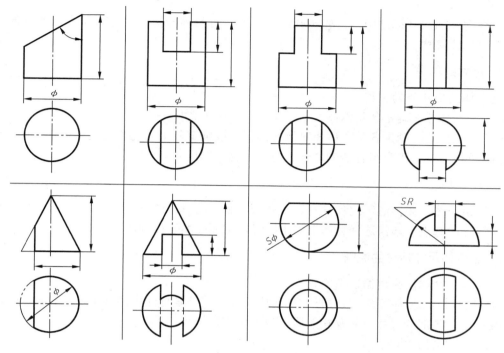

图 4-23　截切体的尺寸标注

2. 相贯体

相贯体是指由基本立体相交而组成的立体。为说明相贯体的大小，除了标注反映基本立体大小的定形尺寸外，尚应标注确定基本立体之间相应关系的定位尺寸，如图 4-24 所示。注意：相贯线上不得标注尺寸。

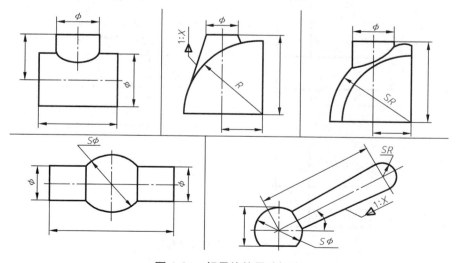

图 4-24　相贯体的尺寸标注

4.4.3 组合体的尺寸标注

在组合体的尺寸标注中，首先按其组合形式进行形体分析，并考虑如下几个问题，然后再合理标注尺寸。

1. 尺寸的种类

组合体的尺寸分为 3 类：

(1) 定形尺寸。确定各基本体大小(长、宽、高)的尺寸。

(2) 定位尺寸。确定各基本体相对位置的尺寸或确定截平面位置的尺寸。

(3) 总体尺寸。确定组合体的总长、总宽、总高的尺寸。

2. 尺寸基准

对于组合体，在标注定位尺寸时，须在长、宽、高 3 个方向分别选定尺寸基准，即选择尺寸标注的起点。通常选择物体上的中心线、主要端面等作为尺寸基准。

3. 组合体尺寸标注的原则

组合体尺寸标注应遵循以下原则。

(1) 尺寸标注正确完整。尺寸标注的正确性和完整性是标注中的基本要求。物体的尺寸标注要齐全，各部分尺寸不能互相矛盾，也不可重复。

(2) 尺寸标注清晰明了。

① 尺寸一般应标注在反映形状特征最明显的视图上，尽量避免在虚线上标注尺寸。如图 4-25 所示，底板通槽的定形尺寸 12、4 标注在特征明显的侧面投影上，上部圆柱曲面和圆柱通孔的径向尺寸 $R6$、$\phi 4$ 也标注在侧面投影上。

② 尺寸应尽量集中标注在相关的两视图之间，见图 4-25 中的高度尺寸。

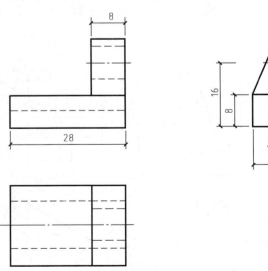

图 4-25　组合体的尺寸标注

③ 尺寸应尽量标注在视图轮廓线之外,必要时尺寸可以标注在轮廓线之内。

④ 尺寸线尽可能排列整齐,相互平行的尺寸线,小尺寸在内,大尺寸在外,且尺寸线间的距离应相等。同方向尺寸应尽量布置在一条直线上。

⑤ 避免尺寸线与其他图线相交重叠。

4. 尺寸分布合理

标注尺寸除应满足上述要求外,对于工程物体的尺寸标注还应满足设计和施工的要求。

【案例4-10】 对图4-26所示挡土墙的投影图标注尺寸。

解:(1) 进行形体分析。挡土墙由底板、直墙和支撑板三部分组成,分别确定每个组成部分的定形尺寸,见图4-26(a)。

(2) 标注定形尺寸。将各组成部分的定形尺寸标注在挡土墙的投影图上,如图 4-26(b)所示。与图4-26(a)比较,因直墙宽度尺寸⑧与底板宽度尺寸②相同,故省去尺寸⑧。

(3) 标注定位尺寸。见图4-26(c),支撑板的左端和底板平齐,直墙又紧靠着支撑板,故左右方向不需要定位尺寸;直墙与底板前后对齐不需定位,两支撑板前后的定位尺寸为⑬和⑭;直墙和支撑板直接放在底板上,所以高度方向亦随之确定,也不需要定位尺寸。

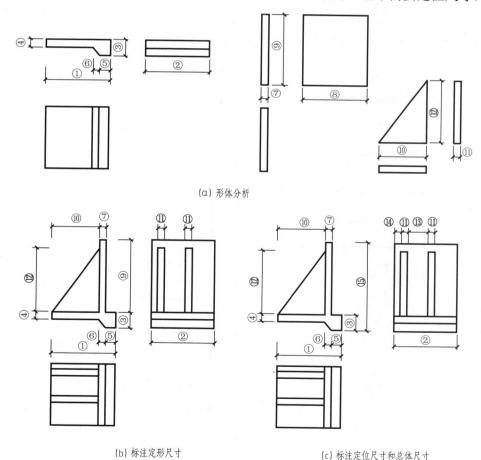

(a) 形体分析

(b) 标注定形尺寸   (c) 标注定位尺寸和总体尺寸

图4-26　挡土墙的尺寸标注

（4）标注总体尺寸。见图 4-26(c)，总长、总宽尺寸与底板的长、宽尺寸相同，不必再标注。总高尺寸为⑮。注出总高尺寸以后，直墙的高度尺寸⑨可由尺寸⑮减去尺寸③算出，可去掉不注，这样就避免了"封闭的尺寸链"。当然，这是组合体部分尺寸标注的要求，对于土建类的专业图样，其要求不一样，具体见专业图样的有关章节。

本章小结

本章学生学习了组合体的投影的基本概念和分类，组合投影图的画法、识图和尺寸标注；要求掌握组合体的形体分析，读图的基本方法和步骤，截切体与相贯体的尺寸标注；还学习了投影图的选择与投影特点，视图上线段和线框的含义以及尺寸标注的原则等内容。学习完本章学生可以掌握基本的建筑组合体投影的看图和绘图技巧。

实训练习

一、单选题

1. 已知主、俯视图，选择正确的左视图：（   ）。

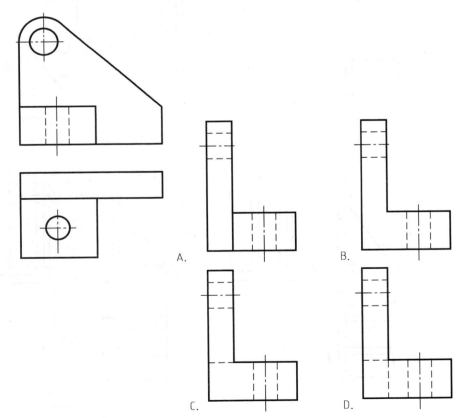

2. 已知主、俯视图，选择正确的左视图：(　　　)。

A.　　　　B.　　　　C.　　　　D.

3. 已知主、俯视图，选择正确的左视图：(　　　)。

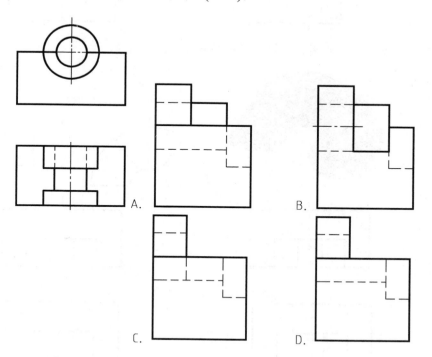

A.　　　　B.

C.　　　　D.

4. 已知俯视图，选择正确的主视图：（　　　）。

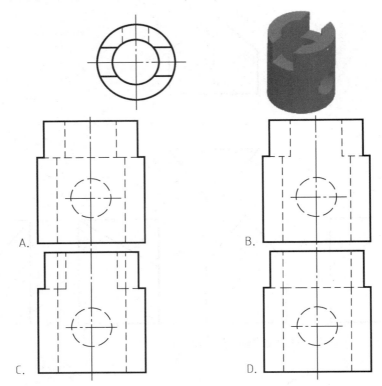

A.

B.

C.

D.

5. 已知主、左视图，选择正确的俯视图：（　　　）。

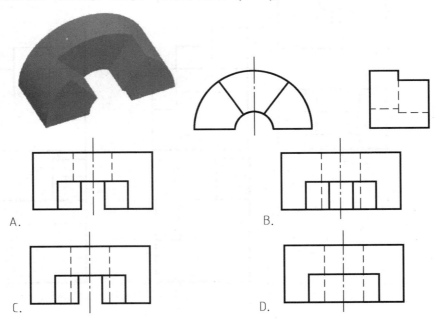

A.

B.

C.

D.

二、绘图题

1. 根据立体三视图，完成立体表面上点 M、N 的其他投影。

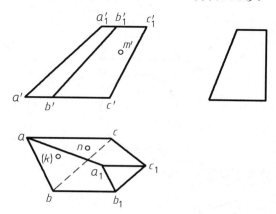

2. 根据立体三视图，完成立体表面上点 M、N 的其他投影。

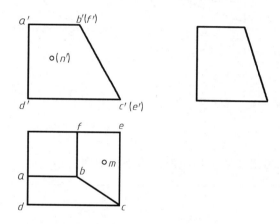

3. 完成平面图形 ABCDEFGH 的水平投影。提示：点 C、D、G、H 共线，AH ∥ FG ∥ ED ∥ BC。

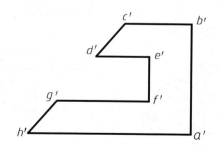

4. 作出截切立体的水平投影和侧面投影。

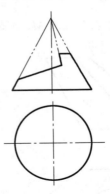

5. 作出截切立体的水平投影和侧面投影。

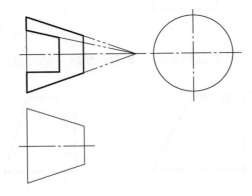

三、补充题

1. 根据物体的立面图及给出的视图，画全三视图。

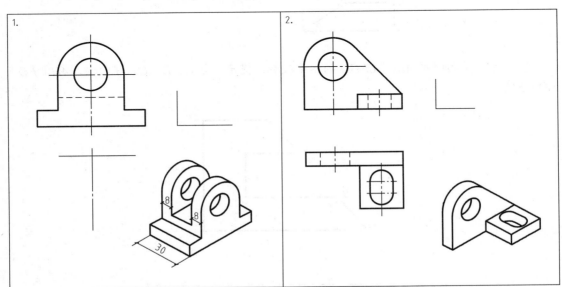

2. 补全视图中所漏画的线。

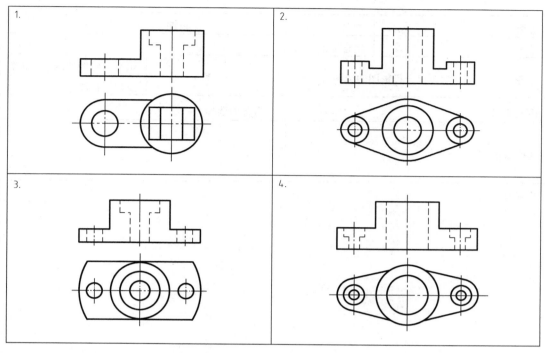

3. 由两面视图补画第三面视图。

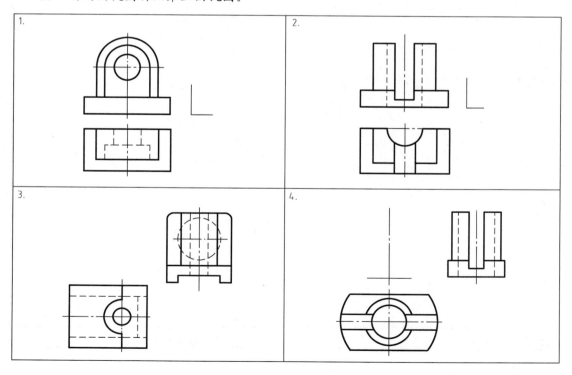

实训工作单

班级		姓名		日期	
教学项目		组合体的投影			
任务	学会组合投影图的读图方法和步骤		要点	组合投影图的画法、识读及尺寸标注	
相关知识			投影图的选择		
其他要求					

绘制流程记录

| 评语 | | | | 指导老师 | |

第5章　轴测投影图

![] 【教学目标】

- 了解轴测投影的基本知识
- 掌握轴测投影图的形成
- 掌握正等轴测图的画法
- 掌握斜轴测投影的画法

第5章　轴测投影图课件.pptx

![] 【教学要求】

本章要点	掌握层次	相关知识点
轴测投影	1. 了解轴测投影的概念 2. 掌握轴测投影的形成 3. 掌握轴测投影的分类	轴测投影的基本知识
正等轴测投影	1. 掌握正等轴测图的画法 2. 掌握平面体的正等轴测图的画法 3. 掌握圆及曲面体的正等轴测图的画法	正等轴测图的画法
斜二轴测投影	1. 斜二轴测图投影概述 2. 斜二轴测投影图的做法 3. 工程常用的投影图	斜二轴测投影图的做法

![] 【引子】

　　将物体放在其三个坐标面和投影线都不平行的位置，使它的三个坐标面在一个投影上都能看到，从而具有立体感，称为"轴测投影"。这样绘出的图形，称为"轴测图"。轴测图在工程技术及其他学科中常有应用。

　　在轴测图中，物体上与任一坐标轴平行的长度均可按一定的比率来量度。三轴向的比率都相同时称为"等测投影"，其中两轴向比率相同时称为"二测投影"，三轴向比率均不相同时称为"三测投影"。轴测投影中投射线与投影面垂直的称为"正轴测投影"，倾斜的称为"斜轴测投影"。

5.1　轴测投影的基本知识

5.1.1　轴测投影的形成

　　将长方体向 *V*、*H* 面作正投影得主俯两视图，若用平行投影法将长方体连同固定在其上的参考直角坐标系一起沿不平行于任何一个坐标平面的方向投射到一个选定的投影面上，在该面上得到的具有立体感的图形称为轴测投影图，又称轴测图。这个选定的投影面就是轴测投影面，如图 5-1 所示。

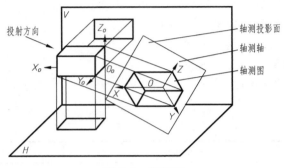

图 5-1　轴测图

轴测投影的形成.mp4

音频.轴测投影的分类.mp3

轴测图的分类.docx

5.1.2　轴测投影的种类

　　轴测图分为正轴测图和斜轴测图两大类。

　　(1) 当投影方向垂直于轴测投影面时，称为正轴测图。

　　(2) 当投影方向倾斜于轴测投影面时，称为斜轴测图。

　　① 正轴测图按三个轴向伸缩系数是否相等而分为三种。

　　a. 正等测图，简称正等测：三个轴向伸缩系数都相等。

　　b. 正二测图，简称正二测：只有两个轴向伸缩系数相等。

　　c. 正三测图，简称正三测：三个轴向伸缩系数各不相等。

　　② 斜轴测图也相应地分为三种。

　　a. 斜等测图，简称斜等测：三个轴向伸缩系数都相等。

　　b. 斜二测图，简称斜二测：只有两个轴向伸缩系数相等。

　　c. 斜三测图，简称斜三测：三个轴向伸缩系数各不相等。

由此可见：正轴测图是用正投影法得来的，而斜轴测图是用斜投影法得来的。

5.1.3 轴测投影的基本性质

轴测投影的基本性质如下。

(1) 物体上互相平行的线段，在轴测图中仍互相平行；物体上平行于坐标轴的线段，在轴测图中仍平行于相应的轴测轴，且同一轴向所有线段的轴向伸缩系数相同。

(2) 物体上不平行于坐标轴的线段，可以用坐标法确定其两个端点，然后连线画出。

(3) 物体上不平行于轴测投影面的平面图形，在轴测图中变成原形的类似形。如长方形的轴测投影为平行四边形，圆形的轴测投影为椭圆等。

5.2 正等轴测投影图

5.2.1 轴间角与轴向伸缩系数

正等测的轴间角 $\angle X_1O_1Y_1$、$\angle Y_1O_1Z_1$、$\angle X_1O_1Z_1$ 均为 120°，3 个轴向伸缩系数 $p=q=r=0.82$。为了作图简便，采用轴向简化伸缩系数，即 $p=q=r=1$，于是所有平行于轴向的线段都按原长量取，这样画出来的轴测图就沿着轴向放大了 $1/0.82 \approx 1.22$ 倍，但形状不变。作图时，O_1Z_1 轴一般画成铅垂线，O_1X_1、O_1Y_1 与水平面成 30°角，如图 5-2 所示。

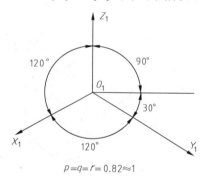

$$p=q=r=0.82\approx1$$

图 5-2　正等测系数

5.2.2 正等轴测图的画法

1. 平面体的正等轴测图的画法

画轴测图的方法有坐标法、切割法和叠加法三种。

1) 坐标法

画轴测图时，先在物体三视图中确定坐标原点和坐标轴，然后按物体上各点的坐标关系采用简化轴向变形系数，依次画出各点的轴测图，由点连线而得到物体

音频.正等轴测图的画法.mp3

圆及曲面体的正等测图.doc

的正等测图。坐标法是画轴测图最基本的方法。

2) 切割法

在平面立体的轴测图上，图形由直线组成，作图比较简单，且能反映各种轴测图的基本绘图方法，因此，在学习轴测图时，一般先从平面立体的轴测图入手。当平面立体上的平面多数和坐标平面平行时，可采用叠加或切割的方法绘制，画图时，可先画出基本形体的轴测图，然后再用叠加切割法逐步完成作图。画图时，可先确定轴测轴的位置，然后沿与轴测轴平行的方向，按轴向缩短系数直接量取尺寸。特别值得注意的是，在画和坐标平面不平行的平面时，不能沿与坐标轴倾斜的方向测量尺寸。

3) 叠加法

绘制轴测图时，要按形体分析法画图，先画基本形体，然后从大的形体着手，由小到大，采用叠加或切割的方法逐步完成。在切割和叠加时，要注意形体位置的确定方法。轴测投影的可见性比较直观，对不可见的轮廓可省略虚线，在轴测图上形体轮廓能否被挡住要作图判断，不能凭感觉绘图。

2. 圆的正等轴测图的画法

平行于不同坐标面的圆的正等测图都是椭圆，除了长短轴的方向不同外，画法都是一样的。图 5-3 所示为三种不同位置的圆的正等测图。作圆的正等测图时，必须弄清椭圆的长短轴的方向。分析图 5-3 所示的图形(图中的菱形为与圆外切的正方形的轴测投影)即可看出，椭圆长轴的方向与菱形的长对角线重合，椭圆短轴的方向垂直于椭圆的长轴，即与菱形的短对角线重合。

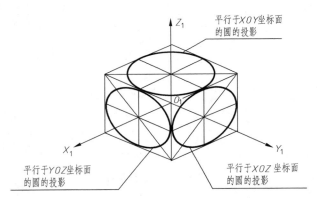

图 5-3 菱形为与圆外切的正方形的轴测投影

通过分析，还可以看出，椭圆的长短轴和轴测轴有关，即：

(1) 圆所在平面平行于 XOY 面时，它的轴测投影——椭圆的长轴垂直于 O_1Z_1 轴，即成水平位置，短轴平行于 O_1Z_1 轴。

(2) 圆所在平面平行于 XOZ 面时，它的轴测投影——椭圆的长轴垂直于 O_1Y_1 轴，即向右方倾斜，并与水平线成 60° 角，短轴平行于 O_1Y_1 轴。

(3) 圆所在平面平行于 YOZ 面时，它的轴测投影——椭圆的长轴垂直于 O_1X_1 轴，即向左方倾斜，并与水平线成 60° 角，短轴平行于 O_1X_1 轴。概括起来就是：平行坐标面的圆(视图上的圆)的正等测投影是椭圆，椭圆长轴垂直于不包括圆所在坐标面的那根轴测轴，椭圆短轴平行于该轴测轴。

3. 曲面立体正轴测图的画法

圆柱和圆台的正轴测图如图 5-4 所示，作图时，先分别作出其顶面和底面的椭圆，再作其公切线即可。

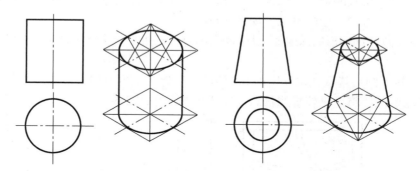

图 5-4 曲面立体正轴测图的画法

5.3 斜轴测投影图

5.3.1 正面斜轴测图

正面斜轴测图的形成如图 5-5(a)所示。物体上坐标系 $OXYZ$ 的 XOZ 坐标面平行于轴测投影面 P，轴 OX 和 OZ 分别与其投影 O_1X_1 和 O_1Z_1 平行且相等，即轴向伸缩系数 $p=r=1$，轴间角 $\angle X_1O_1Z_1=90°$。

轴测轴 O_1Y_1 的轴向伸缩系数和相应的轴间角随着投影方向 S 的变化而变化。为了作图方便并考虑到所作图形的立体效果，按照"国标"推荐，通常选取 O_1Y_1 轴的轴向伸缩系数为 0.5，即 $q=0.5$，轴间角 $\angle X_1O_1Y_1=\angle Y_1O_1Z_1=135°$，如图 5-5(b)所示，故这种正面斜轴测图又称为正面斜二测图。

音频.斜二轴测投影图
的做法.mp3

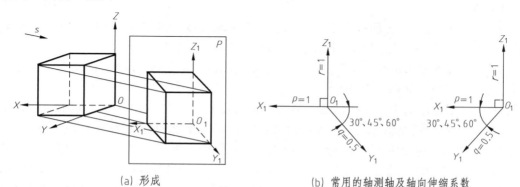

(a) 形成   (b) 常用的轴测轴及轴向伸缩系数

图 5-5 正面斜轴测投影

　　画正面斜二测图时，还是以坐标法为基本方法，再辅以端面法，将物体上形状复杂、曲线多的特征面平行于轴测投影面，使这个面的投影反映实形，即可先拟绘该面的投影，再由相应各点作 OY 的平行线，根据轴向伸缩系数量取尺寸后相连即得所求斜二测图。

　　【案例 5-1】 根据预制混凝土花饰的投影图，如图 5-6(a)所示，求作其正面斜二测图。

　　解： 根据花饰形状的特点，选定正面投影平行于轴测投影面。作图步骤如下：

　　(1) 确定 O_1Y_1 方向，画轴测轴，如图 5-6(b)所示。

　　(2) 画出反映花饰实形的前端面，过端面上的每个转折点引平行于 Y 轴的直线，如图 5-6(c)所示。

　　(3) 在 Y 轴上向后量取花饰厚度的 0.5 倍的长度定出宽度方向各点的位置，作出后端面；擦除不可见轮廓线，将可见轮廓线描深，完成全图，如图 5-6(d)所示。

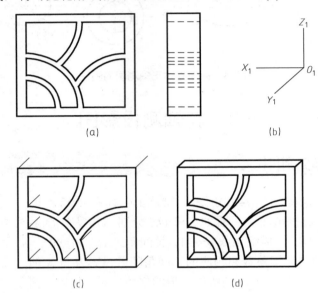

图 5-6　混凝土花饰的正面斜二测图

　　【案例 5-2】 已知带有气楼和圆拱通道的房屋的投影图，如图 5-7(a)所示，试画出房屋模型的正面斜二测图。

　　解： 该圆拱通道的正面投影带有半圆形，若使轴测投影面平行于正面，则轴测投影面反映正面实形，作图比较方便。作图方法与前例相同，步骤如下：

　　(1) 该房屋模型由地台、房屋。圆拱通道和气楼组成，先画地台轴测图，注意在 OY 方向量取 0.5 倍原长，如图 5-7(b)所示。

　　(2) 按实形画出房屋和圆拱门通道前壁的正面投影，由前壁上的屋檐、屋脊。圆拱通道右壁底边、房屋左侧外墙底边的端点及前圆拱面圆心，沿 OY 轴向后作平行线，并按 $q=0.5$ 量取水平投影中显示的屋檐、屋脊、两条底边和拱门的长度。将量得的两条屋檐上的点与屋脊上的点分别相连，通过在两条底边上量得的点作 OZ 的平行线，由于后壁上圆拱通道部分可见，故左侧画到左屋檐，右侧画到后壁圆洞口位置，画出半圆拱可见部分，如图 5-7(c)所示。

　　(3) 完成气楼斜轴测图：在水平投影中按 $q=0.5$ 量取气楼前端面的位置，画出气楼实形，由气楼端面各顶点沿 OY 方向引线，作出后端面，擦去不可见图线，如图 5-7(d)所示。

（4）擦去作图辅助线及被遮的不可见轮廓线，整理图面，用粗实线加深可见轮廓线，完成全图，如图 5-7(e)所示。

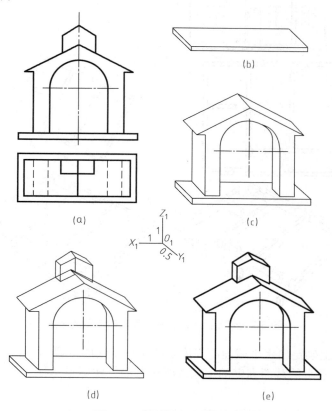

图 5-7　房屋的正面斜轴测

5.3.2　水平斜轴测图

画水平斜轴测图时，一般仍将 O_1Z_1 轴画成铅垂线，用丁字尺和 30° 三角板画出 O_1X_1 轴和 O_1Y_1 轴，使 $\angle Z_1O_1X_1=120°$ 、$\angle Z_1O_1Y_1=150°$ 、$\angle X_1O_1Y_1=90°$ ；或是 $\angle Z_1O_1X_1=150°$ 、$\angle Z_1O_1Y_1=120°$ ，而 $\angle X_1O_1Y_1=90°$ 不变，如图 5-8 所示。

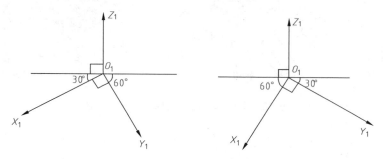

图 5-8　水平斜轴测图

现在以一幢房屋的立面图和平面图为例，作出它被水平截面剖切后余下部分的水平斜轴测图，如图 5-9 所示。

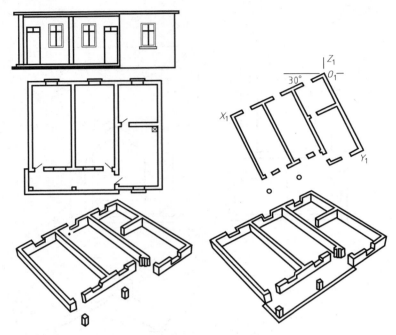

图 5-9　带断面的房屋水平面斜轴测图的画法

(1) 在已知图上确定出水平截面的高度，明确剖切线的位置。

(2) 根据(1)中确定的截面高度的形象，画出截面。实际上是把房屋的平面图旋转 30°后画出其截面。

(3) 过各个角点向下画高度线(注意，有些角点是不可见的，故不画)，作出内外墙角、门、窗、柱子等主要构件的轴测图。

(4) 画台阶、水池、室外脚线等细部，完成水平斜轴测图。用画水平斜轴测图的方法画一幅区域规划图，如图 5-10 所示。

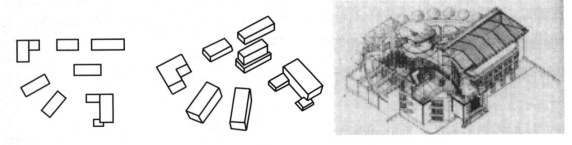

图 5-10　区域总平面图及单体建筑轴测图

本章小结

本章学生学习了轴测投影的基本知识，以及轴测投影的相关概念、形成、分类及特性，要求掌握轴测投影图的形成和正等轴测图的画法；还学习了正等轴测(正等测)投影；最后学习了轴测图的相关概念以及特性，其中重点学习常用的正轴测投影图。学习完本章学生可以掌握基本的轴测投影的形成及特性。

 实训练习

一、单选题

1. 正等轴测图的特点是(　　)。
   A. 三个轴向伸缩系数相等
   B. $r_1=0.82$
   C. $q_1=0.5$
   D. $\angle XOY=\angle ZOX=120°$

2. 轴测图的特点是(　　)。
   A. 直观性强　　B. 物体上互相平行的线段，轴测投影仍互相平行
   C. 度量性强　　D. 作图方便

3. 斜二轴测图的特点是(　　)。
   A. $r_1=1$
   B. 只有两个轴向伸缩系数相等
   C. $q_1=0.5$
   D. $\angle ZOX=90°$

4. 当一个面平行于一个投影面时，必(　　)于另外两个投影面。
   A. 平行　　　　B. 垂直　　　　C. 倾斜　　　　D. 相等

5. 当一条线垂直于一个投影面时，必(　　)于另外两个投影面。
   A. 平行　　　　B. 垂直　　　　C. 倾斜　　　　D. 相等

二、多选题

1. 由于轴测图是用平行投影法得到的，因此具有以下投影特性: (　　)。
   A. 空间相互平行的直线，它们的轴测投影互相平行
   B. 立体上凡是与坐标轴平行的直线，在其轴测图中也必与轴测轴互相平行
   C. 立体上两平行线段或同一直线上的两线段长度之比，在轴测图上一直在变
   D. 平行投影法将物体连同确定物体空间位置的直角坐标系一起投射到单一投影面
   E. 以上答案都对

2. 画轴测图的方法有切割法、叠加法和(　　)，绘制轴测图最基本的方法是: (　　)。
   A. 坐标法，坐标法　　　　　　B. 切割法，切割法
   C. 叠加法，坐标法　　　　　　D. 叠加法，叠加法
   E. 以上答案都不对

3. 工程上常用的投影图有(　　)。
   A. 透视图　　　B. 轴测图　　　C. 标高投影图
   D. 正视图　　　E. 以上答案都对

4. 正轴测图按三个轴向伸缩系数是否相等而分为哪三种? (   )

    A. 正等测图,简称正等测:三个轴向伸缩系数都相等

    B. 正二测图,简称正二测:只有两个轴向伸缩系数相等

    C. 正三测图,简称正三测:三个轴向伸缩系数各不相等

    D. 侧视图,有两个轴的收缩系数都相等

    E. 以上答案都不对

5. 斜轴测图也相应地分为(   )。

    A. 斜等测图,简称斜等测:三个轴向伸缩系数都相等

    B. 斜二测图,简称斜二测:只有两个轴向伸缩系数相等

    C. 斜三测图,简称斜三测:三个轴向伸缩系数各不相等

    D. 斜测视图,简称斜视图:只有两个轴向伸缩系数相等

    E. 以上答案都不对

三、简答题

1. 轴测投影的分类都有哪些?

2. 列举平面体的正等测图的画法。

3. 区分圆及曲面体的正等测图画法的不同。

实训工作单

班级		姓名		日期	
教学项目		轴测投影			
任务	轴测投影的特性		分类	轴测投影、正等轴测投影、斜轴测投影	
相关知识		投影画法			
其他要求					

绘制流程记录

评语			指导老师	

第6章　建筑形体的表达方法

【教学目标】

- 了解物体的投影图
- 掌握投影图、剖面图、断面图的画法
- 了解投影图、剖面图、断面图的区别
- 掌握建筑平面图、立面图、剖面图及建筑局部详图的识图方法

第6章　建筑形体的表达方法课件.pptx

【教学要求】

本章要点	掌握层次	相关知识点
投影图	1. 六面投影图 2. 镜像投影图	投影图相关知识
剖面图	1. 剖面图的形成 2. 剖面图的画法 3. 剖面图的种类	剖面图基础知识
断面图	1. 断面图的形成 2. 断面图的种类	断面图相关知识

【引子】

　　建筑业是我国国民经济的重要支柱产业之一，建筑业涵盖与建筑生产相关的所有服务内容，包括规划、勘察、设计，建筑物的生产、施工、安装，建成环境的运营和维护管理，以及相关的咨询和中介服务等，其关联度高、产业链长、就业面广的特性决定了其在国民经济和社会发展中发挥着重要作用。

　　房屋施工图是用来表达建筑物构配件的组成、外形轮廓、平面布置、结构构造以及装饰、尺寸、材料做法等的工程图纸，是组织施工和编制预、决算的依据。

　　建造一幢房屋从设计到施工，要由许多专业和不同工种工程共同配合来完成。按专业分工不同，可分为：建筑施工图(简称建施)、结构施工图(简称结施)、电气施工图(简称电施)、给排水施工图(简称水施)、采暖通风与空气调节施工图(简称空施)及装饰施工图(简称装施)。

　　建筑施工图：主要用来表达建筑设计的内容，即表示建筑物的总体布局、外部造型、内部布置、内外装饰、细部构造及施工要求。它包括首页图、总平面图、建筑平面图、立面图、剖面图和建筑详图等。

6.1 投 影 图

6.1.1 六面投影图

用正投影法绘制出的形体图形称为正投影图，亦称为视图。对于形状简单的物体，一般用三面投影即三个视图就可以表达清楚。但房屋建筑形体的形状多样，有些复杂形体的形状仅用三面投影难以表达清楚，此时就需要四五个甚至更多的视图才能完整表达其形状结构。如图 6-1(b)所示的房屋形体，可从不同方向投射，从而得到如图 6-1(a)所示的六面投影图。

基本视图与辅助试图.docx

六面投影图的名称分别如下。

(1) 正立面图：自前向后(A 向)投射所得的视图。

(2) 平面图：自上向下(B 向)投射所得的视图。

(3) 左侧立面图：自左向右(C 向)投射所得的视图。

(4) 右侧立面图：自右向左(D 向)投射所得的视图。

(5) 背立面图：自后向前(E 向)投射所得的视图。

(6) 底面图：自下向上(F 向)投射所得的视图。

一般情况下，如果六面投影图画在一张图纸上，并且按如图 6-1(a)所示的位置排列时，可不标注各投影图的名称。而如果一张图纸内画不下所有投影图，可以把各投影图分别画在几张图纸上，但应在投影图下方标注图名。图名宜标注在图样的下方或一侧，并在图名下绘一粗实线，其长度应与图名所占长度相同。

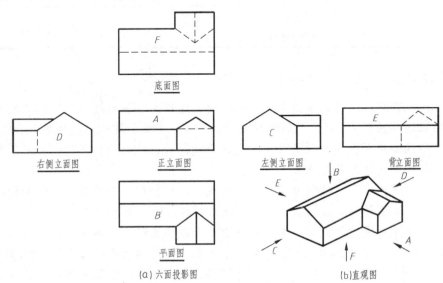

图 6-1 六面投影图与直观图

6.1.2 镜像投影图

镜像投影图如图 6-2 所示，有些工程构造，如板梁柱构造节点，如图 6-2(a)所示，因为板在上面，梁、柱在下面，在从上向下投影得到的平面图中，因梁、柱为不可见，要用虚线绘制，这样会给读图和尺寸标注带来不便。如果把 H 面当作一个镜面，在镜面中就能得到梁、柱为可见的反射图像，这种投影称为镜像投影法(属于正投影法)。镜像投影是形体在镜面中的反射图形的正投影，该镜面应平行于相应的投影面。

用镜像投影法绘图时，应在图名后加注"镜像"二字，如图 6-2(b)所示，必要时可画出镜像投影画法的识别标志，如图 6-2(c)所示。镜像投影图在室内设计中常用来表现吊顶(天花板)的平面布置。

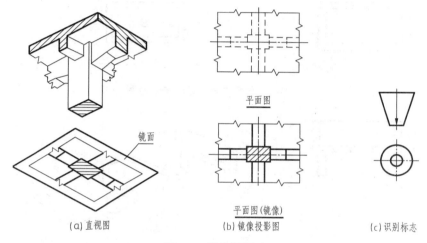

图 6-2 镜像投影法

6.2 剖 面 图

6.2.1 剖面图的形成

在形体的视图中，可见的轮廓线绘制成实线，不可见的轮廓线绘制成虚线。因此，对于内部形状或构造比较复杂的形体，势必会在投影图上出现较多的虚线，使得实线与虚线相互交错而混淆不清，不利于看图和标注尺寸。为了解决这一问题，工程上常采用剖切的方法，即假想用剖切面在形体的适当部位将形体剖开，移去剖切面与观察者之间的部分，将剩余的部分向投影面投射，使原来不可见的内部结构成为可见，这样得到的投影图称为剖面图，简称剖面。专业图(如水利工程图、机械图)中所提及的剖视图就是此处的剖面。

剖面图.docx

如图 6-3(a)所示为水槽的面投影图，其三面投影均出现了许多虚线，使图样不够清晰。假想用一个通过水槽排水孔轴线，且平行于 V 面的剖切面 P 将水槽剖开，移走前半部分，

将剩余的部分向 V 面投影，然后在水槽的断面内画上通用材料图例(如需指明材料，则画上具体材料图例)，即得水槽的正视方向的剖面图，如图 6-4 所示。这时水槽的槽壁厚度、槽深、排水孔大小等均被表达得很清楚，又便于标注尺寸。同理，可用一个通过水槽排水孔轴线，且平行于 W 面的剖切面 2 剖开水槽，移去 2 面的左边部分，然后将形体剩余的部分向 W 面投射，得到另一个方向的剖面图，如图 6-5 所示。由于水槽下的支座在两个剖面图中已表达清楚，故在平面图中省去了表达支座的虚线，如图 6-3(b)所示为水槽的剖面图，

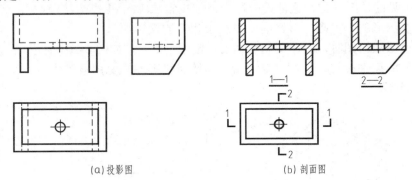

(a)投影图   (b)剖面图

图 6-3　水槽的面投影图与剖面图

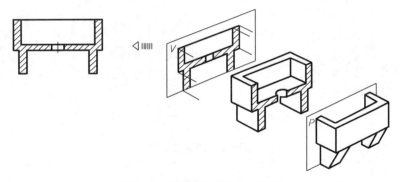

图 6-4　水槽正视方向的剖面图

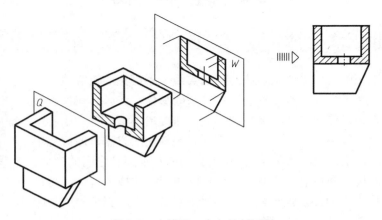

图 6-5　水槽另一方向的剖面图

6.2.2 剖面图的画法

1) 用一个剖切面剖切

如图 6-6 所示的建筑形体，用一个垂直剖切面和一个水平剖切面剖开形体后，分别得到 1—1 剖面图和 2—2 剖面图。

2) 用两个或两个以上平行的剖切面剖切

有的建筑形体内部结构层次较多，用一个剖切面剖开形体还不能将其内部全部表达清楚，可以采取用两个或两个以上平行剖切面剖切形体的方法，如图 6-7 所示。

音频.剖面图的画法.mp3

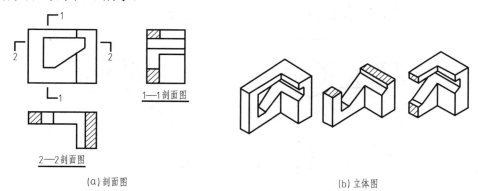

（a）剖面图   （b）立体图

图 6-6　用一个剖切面剖切

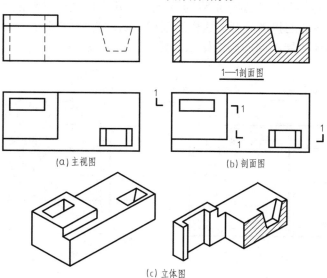

（a）主视图   （b）剖面图

（c）立体图

图 6-7　用两个或两个以上平行的剖切面剖切

采用两个或两个以上平行剖切面画剖面图应注意以下两点：

（1）画剖面图时，应把几个平行的剖切平面视为一个剖切平面。在剖面图中，不可画出两平行的剖切面所剖到的两断面在转折处的分界线。同时，剖切平面转折处不应与图形轮廓线重合。

(2) 在剖切平面起、讫、转折处都应画上剖切位置线，投射方向线与图形外的起、讫剖切位置线垂直，每个符号处应注上同样的编号，图名应为"×—×剖面图"。

3) 用两个相交的剖切面剖切

采用两个相交的剖切面(交线垂直于某一投影面)剖切建筑形体，剖切后应将倾斜于投影面的形体绕交线旋转到与基本投影面平行的位置后再投影，如图 6-8 所示。画图时，应先旋转，后投影。用此方法作图时，应在图名后注明"展开"字样。

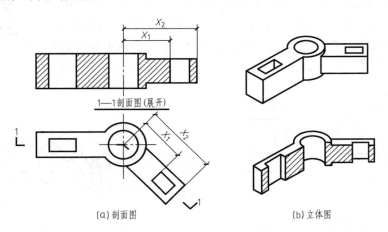

图 6-8 用两个相交的剖切面剖切

4) 分层剖切

用几个互相平行的剖切平面分别将物体局部剖开，把几个局部剖面图重叠画在一个视图上，用波浪线将各层的投影分开，这样的剖切方法称为分层剖切，如图 6-9 所示。分层剖切主要用来表达物体各层不同的构造做法。分层剖切一般不标注。

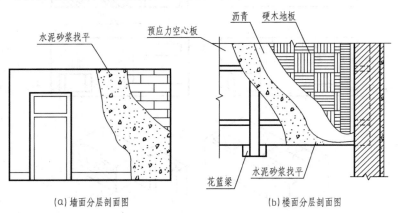

图 6-9 分层剖切的剖面图

6.2.3 剖面图的种类

1. 全剖面图

假想用一个单一平面将形体全部剖开后所得到的投影图，称为全剖面图，如图 6-10 所示。它多用于在某个方向视图形状不对称或外形虽对称，但形状却较简单的物体。

2. 半剖面图

当形体左右对称或前后对称，而外形比较复杂时，常把投影图一半画成正投影图，另一半画成剖面图，这样组合的投影图叫作半剖面图，如图 6-11 所示。这样作图不但可以同时表达形体的外形和内部结构，并且可以节省投影图的数量。

音频.剖面图的种类.mp3

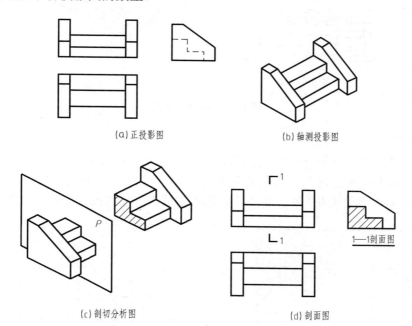

(a) 正投影图　　　　　　　　　(b) 轴测投影图

(c) 剖切分析图　　　　　　　　(d) 剖面图

图 6-10　全剖面图

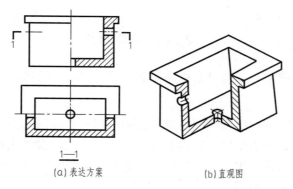

1—1　　　　　　　　　　　　　
(a) 表达方案　　　　　　　　　(b) 直观图

图 6-11　半剖面图

3. 阶梯剖面图

当物体内部结构层次较多时，用一个剖切平面不能将物体的内部结构全部表达出来，这时可以用几个相互平行的平面剖切物体，这几个相互平行的平面可以是一个剖切面转折

成几个相互平行的平面，这样得到的剖面图称为阶梯剖面图，如图6-12所示。

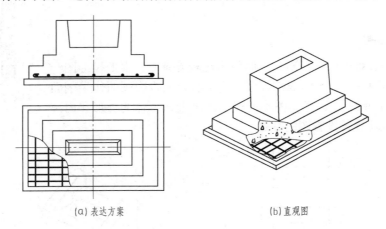

(a) 表达方案   (b) 直观图

图6-12   阶梯剖面图

4. 局部剖面图

在建筑工程和装饰工程中，常使用分层局部剖面图来表达屋面、楼面、地面、墙面等的构造和所用材料。分层局部剖面图是用几个相互平行的剖切平面分别将物体的局部剖开，把几个局部剖面图重叠画在一个投影图上，用波浪线将各层的投影分开，如图6-13所示。

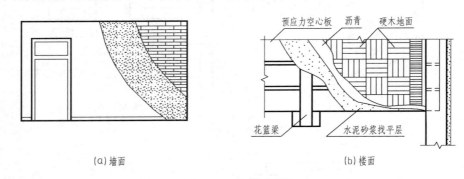

(a) 墙面   (b) 楼面

图6-13   局部剖面图

注意：在工程图样中，正面投影主要是表达钢筋的配置情况，所以图中未画钢筋混凝土图例。

作局部剖面图时，剖切平面图的位置与范围应根据物体的需要来定，剖面图与原投影图用波浪线分开，波浪线表示物体断裂痕迹的投影，因此波浪线应画在物体的实体部分。波浪线既不能超出轮廓线，也不能与图形中的其他图线重合。局部剖面图画在物体的视图内，所以通常无须标注。

5. 展开剖面图

用两个相交的剖切平面剖切形体，剖切后将剖切平面后的形体绕交线旋转到与基本投影面平行的位置后再投影，所得到的投影图称为展开剖面图，如图6-14所示。

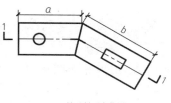

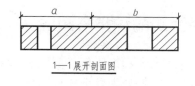

(a) 展开剖面线位置　　　　　　　　　　(b) 展开剖面

图 6-14　展开剖面图

6.3　断　面　图

6.3.1　断面图与剖面图的区别

断面图与剖面图的区别如下。

(1) 在画法上，断面图只画出物体被剖开后断面的投影，而剖面图除了要画出断面的投影外，还要画出物体被剖开剩余部分全部的投影。

(2) 断面图是断面的面的投影，剖面图是形体被剖开后剩余形体的投影。

(3) 剖切编号不同。剖面图用剖切位置线、投影方向线和编号表示，断面图只画剖切位置线与编号，用编号的注写位置来代表投射方向。

(4) 剖面图的剖切平面可以转折，断面图的剖切平面不能转折。

(5) 剖面图是为了表达物体的内部形状和结构，断面图常用来表达物体中某一局部的断面形状。

(6) 剖面图中包含断面图，断面图是剖面图的一部分。

(7) 在形体剖面图和断面图中，被剖切平面剖到的轮廓线都用粗实线绘制。剖面图与断面图的区别参见图 6-15。

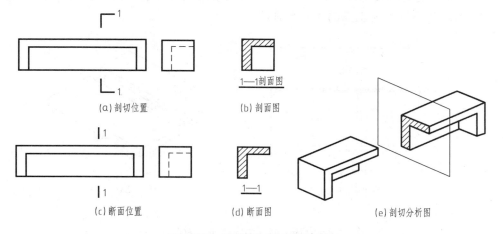

图 6-15　剖面图与断面图的区别

6.3.2 断面图的种类与画法

断面图主要用来表示物体某一部位的截断面形状。根据断面图在视图中的位置不同，主要分为以下 3 种情况：

(1) 杆件的断面图可绘制在靠近杆件的一侧或端部并按顺序依次排列。如图 6-16 所示为钢筋混凝土梁的断面图画法。

(2) 杆件的断面图也可绘制在杆件的中断处，此种断面图无须标注。如图 6-17 所示为钢筋混凝土梁的断面图画法。

断面图.docx

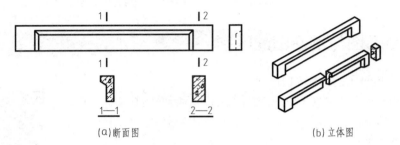

(a)断面图   (b)立体图

图 6-16　断面图按顺序排列

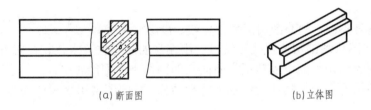

(a)断面图   (b)立体图

图 6-17　断面图画在杆件中断处

(3) 结构梁板的断面图可画在结构布置图上，此种断面图无须标注，其轮廓线用粗实线表示，当视图中的轮廓线与断面轮廓线重合时，视图的轮廓线仍应连续画出，不可间断。如图 6-18 所示为钢筋混凝土梁的断面图画法。

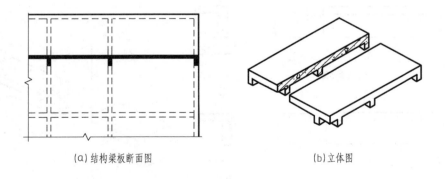

(a)结构梁板断面图   (b)立体图

图 6-18　断面图画在布置图上

6.4　其他表达方法

6.4.1　简化画法

1. 对称简化画法

对于对称形体的对称投影图,可只画出一半或1/4,此时应在对称线的两端画出对称符号,如图 6-19(a)所示。对称图形也可画成稍超出其对称线,此时可不画对称符号,而画出折断线表示,如图6-19(b)所示。

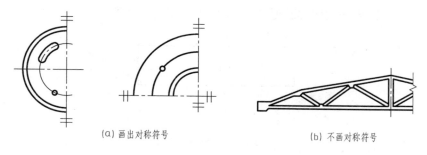

(a) 画出对称符号　　　　　　　　(b) 不画对称符号

图6-19　对称简化画法

采用对称简化画法画出的图形,其尺寸要按全尺寸标注;尺寸线的一端画起止符号,另一端要超过对称线(不画起止符号);尺寸数字的书写位置,应与对称符号对齐。

2. 相同要素省略画法

形体上多个完全相同而连续有规律排列的要素,可仅在两端或适当位置画出几个,其余部分以中心线或中心线交点表示,如图6-20(a)、(b)、(c)所示。

若相同构造要素少于中心线交点,则其余部分应在相同构造要素位置的中心线交点处用小圆点表示,如图6-20(d)所示。

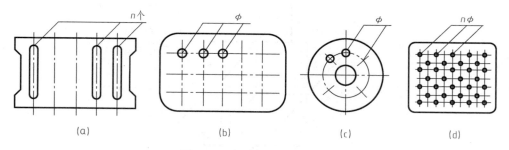

(a)　　　　　　　(b)　　　　　　　(c)　　　　　　　(d)

图6-20　相同要素简化画法

3. 断开画法

对较长的构件,如沿长度方向的形状一致或按一定规律变化时,可断开而省略中间部分,断开处以折断线表示,如图6-21所示。采用断开画法时,应按形体的真实长度标注尺寸。

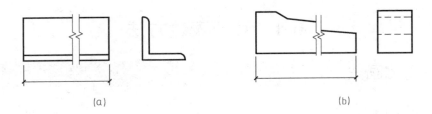

图 6-21　断开的画法 1

一个构配件，如绘制位置不够，可分成几个部分绘制，并应以连接符号表示相连。连接符号是以折断线表示需连接的部位，并在折断线的两端靠图样一侧用大写拉丁字母表示连接编号，且两个被连接的图样编号的字母相同，如图 6-22 所示。

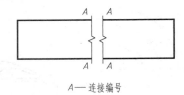

A—— 连接编号

图 6-22　断开的画法 2

6.4.2　第三角画法

技术图样应采用正投影法绘制，并优先采用第一角画法，必要时才允许使用第三角画法。而有些国家(如英、美等国)的图样是按正投影法并采用第三角画法绘制的，为了进行国际的技术交流和协作，应对第三角画法有所了解。

如图 6-23 所示，由三个互相垂直相交的投影面组成的投影体系，把空间分成了八个部分，每一部分为一个分角，依次为Ⅰ、Ⅱ、Ⅲ、…、Ⅷ分角。将物体放在第一分角进行投影，称为第一角画法；而将物体放在第三分角进行投影，称为第三角画法。

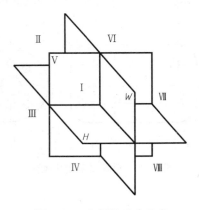

图 6-23　空间的八个分角

本章小结

本章主要介绍了工程图样绘制所涉及的中华人民共和国国家标准《技术制图》及《房屋建筑图统一标准》中有关图纸基本视图、辅助视图、剖面图、断面图等方面的基本规范，它是工程技术图样必须遵循的标准。同时，还介绍了常用投影图、剖面图、断面图的区别。使学生了解绘制工程图样的基本规范，并得到规范手工绘图的基本训练。

 实训练习

一、单选题

1. 下列投影图中正确的 1—1 剖面图是(   )。

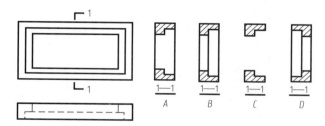

2. 有一栋房屋在图上量得长度为 50cm，用的是 1：100 比例，其实际长度是(   )。
   A. 5m   B. 50m   C. 500m   D. 5000m
3. 建筑工程图中的尺寸单位，总平面图和标高单位用(   )为单位。
   A. mm   B. cm   C. m   D. km
4. 施工平面图中标注的尺寸只有数量没有单位，按国家标准规定单位应该是(   )。
   A. mm   B. cm   C. m   D. km
5. 在建筑立面图中，表示建筑物的外轮廓用(   )。
   A. 特粗实线   B. 粗实线   C. 中实线   D. 细实线

二、多选题

1. 工程中所谓的三视图指的是(   )。
   A. 正视图   B. 侧视图   C. 俯视图
   D. 透视图   E. 轴测图
2. 在三个投影图之间还有"三等"关系，这个"三等"关系是指(   )。
   A. 正立面图的长与侧立面图的长相等   B. 正立面图的长与平面图的长相等
   C. 正立面图的宽与平面图的宽相等   D. 正立面图的高与侧立面图的高相等
   E. 平面图的宽与侧立面图的宽相等
3. 组合体尺寸根据其功能的不同可分为(   )。
   A. 定形尺寸   B. 标注尺寸   C. 定位尺寸
   D. 总体尺寸   E. 组合尺寸

4. 一个完整的尺寸一般应包括( )部分。

    A. 尺寸界线   B. 尺寸线   C. 尺寸标注

    D. 尺寸起止符号   E. 尺寸数字

5. 结构图中的断面图分为( )。

    A. 空间断面图   B. 移出断面图   C. 几何断面图

    D. 重合断面图   E. 立体断面图

三、简答题

1. 图纸规格有什么要求?

2. 制图有哪些步骤?

3. 什么叫断面图?

实训工作单

班级		姓名		日期	
教学项目		建筑形体的表达方法			
任务	建筑平面图：常用的表示方法		方法	基本视图、俯视图、剖面图、断面图	
相关知识			基础识图知识		
其他要求					

绘制流程记录

评语			指导老师	

第 7 章　透视与阴影

【教学目标】

- 了解透视投影的基本知识
- 掌握透视图的常用画法
- 掌握阴影的基本知识
- 掌握阴影的基本规律

第 7 章　透视与阴影课件.pptx

【教学要求】

本章要点	掌握层次	相关知识点
透视投影	1. 了解透视投影的形成 2. 掌握透视投影的常用术语 3. 掌握透视投影的分类	透视投影的基本知识
透视图	1. 掌握量点法的画法 2. 掌握 45°透视的画法 3. 掌握网格法的画法	量点的概念
建筑阴影	1. 阴影的概念 2. 阴影的作用 3. 常用光线	建筑阴影的做法

【引子】

　　投影原理部分，应弄清楚几何元素的空间关系及如何将三维的空间几何元素(点、直线、平面、形体)表达在一维平面上，熟练掌握三维空间形体与其二维平面图形之间的一一对应关系，并且会运用投影关系和投影规律，在投影图中解决空间几何元素的定位和度量问题。建筑形体表达方法部分，应掌握建筑形体的平立面画法、读法和剖面、断面图的画法、读法。建筑施工图部分，应着重掌握其读图和画图的基本知识和技能，而结构施工图部分应了解其图示内容和特点，这两部分内容的学习是为后续学习建筑结构施工图和建筑透视阴影而服务的。建筑透视阴影的基本理论是投影原理中的相交原理，学习这一重要内容的关键是多做题，多练习，以达到熟能生巧的目的。

7.1 透视投影图

7.1.1 透视投影的基本知识

1. 透视投影的形成

假设人们透过一个透明的画面来看物体，则观看者的视线与画面相交所形成的图形就称为物体的透视投影，如图 7-1 所示。

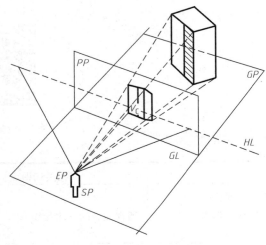

透视图的分类.doc

音频.透视投影的
常用术语.mp3

图 7-1 透视的形成

2. 透视投影的常用术语

在绘制透视投影时，时常会用到一些专门的术语，如图 7-2 所示，我们必须弄清含义，才有利于了解透视投影的形成过程和掌握透视投影的作图方法。

基面——放置建筑物的水平地面，以字母 G 表示。

画面——透视图所在的平面，以字母 P 表示。画面一般垂直于基面。

基线——基面 G 与画面 P 的交线。在画面上以 g-g 表示基面的位置，在基面上以 p-p 表示画面的位置。

视点——相当于人眼的位置，即投影中心，以字母 S 表示。

站点——视点 S 在基面 G 上的正投影，以字母 s 表示。

心点——视点 S 在画面 P 上的正投影，以字母 $s°$ 表示。

中心视线——引自视点 S 并垂直于画面 P 的视线，即视点和心点的连线 $Ss°$。

视高——视点 S 对基面 G 的距离，即 Ss。

视距——视点 S 对画面 P 的距离，即 $Ss°$。

视平面——过视点 S 所作的水平面，以字母 H 表示。

视平线——视平面 H 与画面 P 的交线，以 h-h 表示。

如图 7-2 所示，点 A 是空间任意一点。自视点 S 引向点 A 的直线 SA 就是通过点 A 的视线。视线 SA 与画面 P 的交点 $A°$ 就是空间点 A 的透视。点 a 是空间点 A 在基面 G 上的正投影，称为点 A 的基点(也可称为"基面投影")。基点 a 的透视 $a°$ 称为点 A 的基透视。

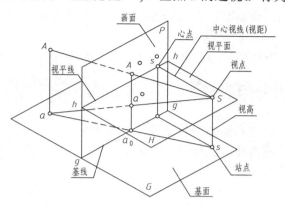

图 7-2　透视的常用术语

点 A 的透视 $A°$ 与其基透视的连线 $A°a°$ 垂直于基线 g-g 和视平线 h-h。

本书规定，点的透视用与空间点相同的字母并于其右上角加"。"号来标记。

3. 透视投影的分类

如图 7-3 所示，把物体的长、宽、高三个方向分别定为 X 轴、Y 轴、Z 轴。那么根据物体的坐标轴与画面关系的不同，可将透视图分为三类。

1) 一点透视

当三个轴向中的两个与画面平行，另一个与画面垂直时，作出的透视图只有一个消失点(灭点)F，称为一点透视(或平行透视)。此时建筑物的一个立面平行于画面。

一点透视可用来表现横向场面宽广、能显示纵向深度的建筑群和室内透视。一点透视能显示主要面的正确比例关系。为了显示室内家具或庭院布置情况，也常选用一点透视。

2) 两点透视

当三个轴向中的一个与画面平行，另两个与画面倾斜时，作出的透视图有两个消失点(灭点)F_x、F_y，称为两点透视(或成角透视)。两点透视是人们常用的一种透视图，透视效果真实自然，常用来表现建筑物的外形或室内等。

音频.透视投影的分类.mp3

两点透视图.mp4

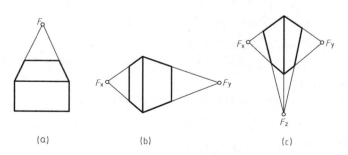

(a)　　　　　　(b)　　　　　　(c)

图 7-3　透视的分类

3) 三点透视

当三个轴向都与画面倾斜时，作出的透视图有三个消失点(灭点)，称为三点透视(或斜透视)。

三点透视主要用来表现高耸的建筑物，对鸟瞰图尤其适用。

7.1.2 透视图的常用画法

本节将分析当建筑物与画面的相对位置处于某种角度时，灭点、量点、心点之间的相互位置关系，以简化绘图程序，获得又快又好的效果。另外，再对网格法和灭点不可达时的辅助综合法作图作适当介绍。

1. 量点法

在上述所作透视图的例子中，对于建筑形体长度与宽度两个方向上的度量问题，是利用过站点，向建筑平面图画一系列视线与基线相交的方法(即视线法)来解决的。这个方法有直观性好、比较容易掌握等优点；但是作图费事费时，所得透视图的大小受建筑平面图大小的制约，不能随心所欲。为了寻求更简便的方法，下面引入量点的概念并介绍运用量点作透视图的方法。

1) 量点的概念

所谓量点，实质上是一组专门用来解决建筑形体长度和宽度方向上度量问题的辅助直线的灭点。利用这些辅助直线可比较方便地解决有关形体的长度和宽度方向上的度量问题；更有意义的是可进一步简化作透视图的程序。如图 7-4(a)所示，设在基面上有一个矩形 $abcd$，它与画面的相对位置及视点等条件已知，求出两灭点 F_1、F_2 后就不必再用视线法作图而避开视线法固有的缺点了。

图 7-4(a)为了解决矩形 ab 边在透视图中的度量问题，在基线上点 $A°$($A°$ 与 a 重合为一点)的左侧量 $A°b_1 = ab$ 得点 b_1，于是 b_1b 为截取 ab 长度用的辅助直线。过视点 S 作视线 $SM_1 /\!/ b_1b$ 与视平线 h-h 相交于点 M_1，点 M_1 即为辅助直线 b_1b 的灭点。由于它是专门起辅助测量用的，因此把它称为量点。连接 b_1M_1 得辅助直线 b_1b 的全透视，于是 b_1M_1 与 $A°F_1$ 的交点 $B°$ 便为点 b 的透视，解决了矩形 ab 边在透视图中的度量问题。同理在基线上点 A 的右侧取 $A°d_1 = ad$，连接 d_1d 并求出其量点 M_2，于是也可利用 M_2 解决矩形 ad 边的度量问题。最后再通过灭点 F_1、F_2 完成矩形的透视作图。

2) 量点法(即量点的应用)

如图 7-4 所示为在投影图中应用量点作透视图的过程：

(1) 在基面的基线 p-p 上量 $ab_1 = ab$ 得 b_1，连接 b_1b。

(2) 过站点 s 作视线 $sm_1 /\!/ b_1b$ 与基线 p-p 相交于 m_1。

(3) 过 b_1、m_1 向下作投影连线在画面基线 p-p 上得 b_1，在视平线上得 M_1，连接 b_1M_1，于是得辅助直线 b_1b 的全透视。

(4) b_1M_1 与 $A°F_1$ 相交于 $B°$，于是得矩形 ab 边的透视 $A°B°$。

(5) 同理作出矩形 ad 边的透视 $A°D°$，分别过 $B°$、$D°$ 向灭点 F_1、F_2 作透视 $B°F_1$、$D°F_1$，该两直线相交于 $C°$，于是 $A°B°C°D°$ 便为所求。

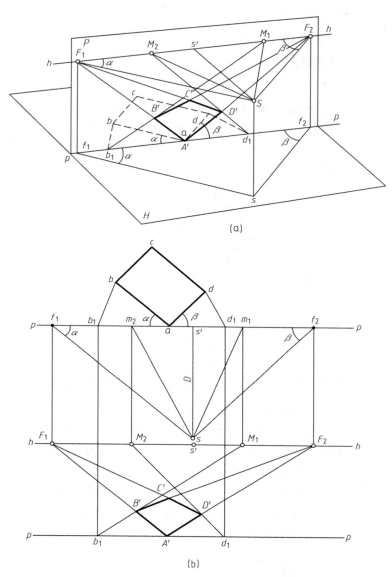

(a)

(b)

图 7-4 在投影图中应用量点作透视图的过程

3) 关于量点位置的几何关系

关于量点位置的几何关系，应注意以下几点。

(1) 从图 7-4(b)可以看出，因为 $ab_1=ab$，$\triangle ab_1b$ 为等腰三角形，故 $\triangle sf_1m_1$ 也是等腰三角形，即 $m_1f_1=sf_1$；同理，$m_2f_2=sf_2$。所以得出结论：量点到灭点的距离等于站点到同一灭点的距离。

(2) 设矩形的 ab 边对基线 p-p 的夹角为 α，ad 边对基线 p-p 的夹角为 β；由于 $\triangle f_1sf_2$ 为直角三角形，故得 $m_1f_1=sf_1=F_1F_2\cos\alpha$；$m_2f_2=sf_2=F_1F_2\cos\beta$。就是说：量点到灭点的距离是两灭点之间距离的函数。

(3) 又因 F_1、F_2 的距离与视距 D 之间也存在着函数关系，故当视距 D 及 α、β 角度大

小一定时，量点的位置也就相对确定。

上述量点位置的几何关系对简化作图过程很有帮助，读者对此务必要有一定的理解。

2. 几种特殊角度的透视图

1) 透视

令建筑物相邻两立面对画面的倾角 $\alpha=\beta=45°$ 时投影所得的两点透视，称为 45° 透视。

如图 7-5 所示，设视距 $D=(1.5\sim2.0)B$，站点 e 的位置大致在画幅宽度 B 的中垂线上；于是通过站点 e 便可在基线 GL(实际上是画面 P 的积聚投影，也是视平线 HL 的投影)上定出 F_1、F_2、M_1、M_2 和 V_C 五个点。

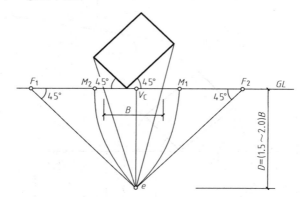

图 7-5　45° 透视中灭点、量点、心点之间的相互位置关系

如图 7-5 所示，上述五个点之间有如下的相互位置关系：

$$F_1F_2 = F_1V_C + V_CF_2 = 2\times(1.5\sim2.0)B\cdot\cot45° = (3\sim4)B \tag{7-1}$$

$$M_1F_1 = M_2F_2 = eF_1 = eF_2 = F_1F_2\cdot\cos45° \approx 0.7F_1F_2 \tag{7-2}$$

$$V_CM_1 : M_1F_2 = V_CM_2 : M_2F_1 = 2:3 \tag{7-3}$$

于是画建筑物的 45° 透视时，不需要再在建筑物的平面图中通过作图去逐一求取这些点在视平线上的位置，而只要选定图纸幅面，估算出拟画的透视图形大小即画幅宽度 B 之后，就可在图纸的适当位置着手画图了，如图 7-6 所示。

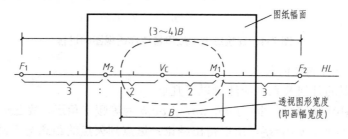

图 7-6　45° 透视视平线上五个点的定位

2) 网格法

凡遇平面图形不整齐、弯曲或分散等情况，可将它们纳入一个由正方形组成的网格中来定位。先作出这种方格网的透视；然后，按图形在方格网中的位置，在相应的透视网格中，定出图形的透视位置。这种利用方格来作出透视的方法，称为方格网法或网格法。

　　这里只介绍水平的平面图上的方格网法。同理，立面图和侧面图等上面均可应用方格网作透视。同理，也可在各种垂直和倾斜平面上用方格网作透视，本书略。

　　利用网格法，只要作出物体的主要轮廓的透视，细节可应用前述的各种辅助做法来加绘。

　　如图7-7所示为一组建筑群和道路等的平面图，现用网格法来绘制透视平面图。由于房屋互相歪斜，且有道路等，因此把它们纳入一个方格网中，且使得方格网的一组格线平行于画面，于是另一组垂直于画面。图中把表示画面位置的 OX 轴与格网的最前格线重叠。

　　作图过程如下。

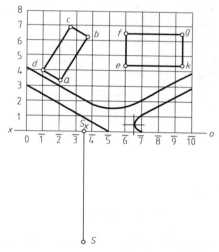

图 7-7　平面图加方格网

　　(1) 方格网的透视。

　　如图7-8所示，透视时要放大一倍画出。根据已定的视高，放大一倍后，作出 o'x' 和 h-h，主点为 s'。再根据图7-8 H 面上已定的视距 ss_x，放大一倍后的 Ss'，S 绕了 h-h 向下旋转入画面内 $\overline{S}$ 位置。

　　一组水平格线垂直画面，灭点为 s'。它们的迹点 0, $\overline{1}$, $\overline{2}$, …间的距离，反映了方格宽度，将图7-8 中比例放大一倍后，根据对视点 $S(s_x)$ 的左右相对位置，作于图中 o'x' 上 0, $\overline{1}$, $\overline{2}$, …等位置。连线 s'0，$s'\overline{1}$，$s'\overline{2}$，…为这组格线的全透视。图中并作出了成 45°方向的方格网对角线的灭点 $F_{45°}$(=D)。连线 $OF_{45°}$ 即对角线的全透视。$OF_{45°}$ 与 $s'\overline{1}$，$s'\overline{2}$，…等的交点交于 11, 12, …处，作 o'x' 的平行线，即为平行于画面的一组格线的透视。

　　如某处位置需要较小格子定位，则在透视格子中，利用对角线加一些小格子，如图中道路转弯处。

　　(2) 透视平面图。

　　根据图7-7中建筑物的平面图和道路等在方格网中的位置，在图7-8中，尽可能准确地先目估定出一些点的透视位置，再连成建筑物和道路等的透视平面图。

　　一点在格线上的位置，当定到透视网格上时，一点把格线分成的两段的长度之比：在平行于画面的格线上的点，这个比例在透视格线上不变；但在不平行于画面的格线上的点，定到透视格线时，应考虑"近长远短"的规律。例如，一点位于平面图上格线的中点，当在平行于画面的格线上时，仍在透视格线的中点；但在不平行于画面的格线上时，在透视中，近的一段要比远的一段长些。如一点不在格线上，则到附近格线的距离，也应考虑到这些性质。

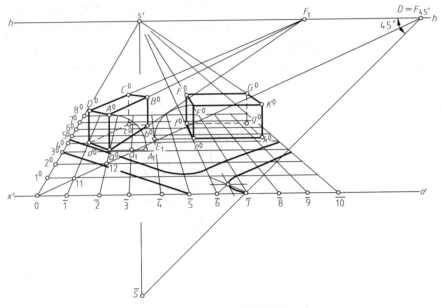

图 7-8　网格法作透视

另外，如物体上互相平行的轮廓线，当平行于画面时仍互相平行，当不平行于画面时，应考虑到它们的全透视，应相交于视平线 h-h 上一点，即灭点。

(3) 透视高度。

量取建筑物的透视高度，可用下述方法：因平行于画面的正方形，透视仍为一个正方形，即高度与宽度相等。所以在上图中，如墙角线 aA 的空间高度相当于网格 1.6 格宽度。则在透视中，$a^\circ A^\circ$ 的高度相当于该处水平的透视网格线上 1.6 格透视网格宽度 $a^\circ A_1$。作图时，由 a 作 o'x' 的平行线，与 $s'\overline{2}$，$s'\overline{3}$ 交得该处一格宽度 $a^\circ a_1$，于是取长度 $a^\circ A_1 = 1.6 \times a^\circ a_1$，即为 1.6 格透视宽度，再取 $a^\circ A^\circ = a^\circ A_1$，即得 A°。

同法，可作出屋顶的端点 B°，C°，D°，即可连得左方房屋的透视。如把 $a^\circ b^\circ$ 延长，与 h-h 交得灭点 F_1，则作图时可用 F_1 来简化作图，或作校核之用。

右方一座房屋的高度，相当于两个格线的长度，E° 做法如图所示。由于这座房屋的一组水平线平行于画面，因此透视平行于 o'x'；另一组垂直于画面，它们的灭点为 s'。

7.2　建　筑　阴　影

7.2.1　阴影的基本知识和基本规律

1. 阴影的概念

光线照射物体，在物体表面形成的不直接受光的阴暗部分称为阴，直接受光的明亮部分称为阳。由于物体遮断部分光线，而在自身或其他物体表面所形成的阴暗部分称为影。

阴与影合称为阴影。如图 7-9 所示为阴影的形成：一立方体置于 H 面上，由于受到光线照射，其表面形成受光的明亮部分(阳)和背光的阴暗部分(阴)，此明暗两部分的分界线称为阴线。由于立方体不透光，而遮挡了部分光线，故在 H 面上形成了阴暗部分，称为落影，简称为影。此落影的外轮廓线称为影线，影子所在的面如 H 面，称为承影面。

求作物体的阴影，主要是确定阴线和影线。我们把由光线所组成的面称为光面，则物体表面的阴线，实际为光面与物体表面的切线，其影线为通过阴线的光面与承影面的交线。

建筑阴影.doc

音频.阴影的基本知识
与作用.mp3

2. 阴影的作用

在建筑设计图上加画阴影，是为了更形象、更生动地表达所设计的对象，使之增加真实感。建筑物的正立面图(立面正投影)只表达了建筑物高度和长度两个方向的尺寸，缺乏立体感。如果画出建筑物在一定光线照射下产生的阴影，那么，建筑设计图便同时表达了建筑物前后方向的深度，即明确了各部分间的前后关系，使建筑物具有三维立体感，从而使建筑物显得形象、生动、逼真，增强了艺术表现力。

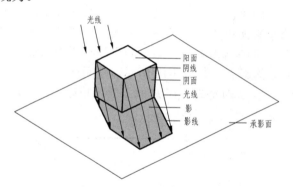

图 7-9 阴影的形成

建筑阴影主要用在建筑立面渲染或透视等建筑表现图中，增加其表现力。如图 7-10 所示为建筑物立面阴影示例。

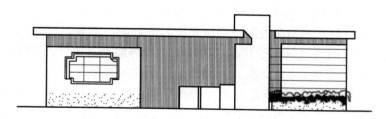

图 7-10 建筑物立面阴影示例

3. 常用光线

产生建筑阴影的光线，主要为阳光，而太阳距地球非常遥远，其光线可视为平行光线。

因此，在建筑物的投影图上作阴影，光源设定在无限远处，光线是相互平行的。为便于作图，对光线 L 的方向作如下规定：如图 7-11 所示为常用光线的方向，设一正方体置于三面投影体系中，其各侧面平行于相应的投影面，光线 L 由该正方体的前方左上角沿斜对角线射至后方右下角，此种方向的平行光线，被称为常用光线。这样，常用光线 L 的三面正投影 l、l' 和 l'' 对相应投影轴的夹角都为 45°，并且常用光线 L 与三投影面的真实倾角 a 都相等。在建筑物正投影中作阴影，一般都采用常用光线。

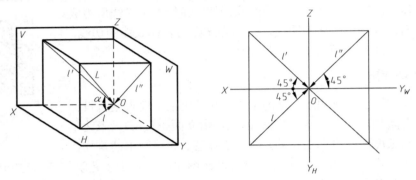

图 7-11　常用光线的方向

空间点在某承影面上的落影，实际为过该点的光线与该承影面的交点。过空间点的光线可看作一条直线，而承影面可以是处于特殊位置或一般位置的平面或曲面。因此，求一空间点的落影，实质上就可归结为求过空间点的直线与平面或曲面相交的问题，其交点即为该空间点在承影面上的落影点。如图 7-12 所示，空间点 A 在承影面 H 上的落影为过点 A 的光线 L 与 H 面的交点 A_H，l 为光线 L 在 H 面上的正投影，L 与 l 交于落影点 A_H。

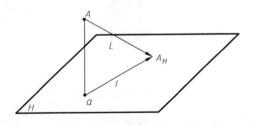

图 7-12　点的落影原理

若以投影面为承影面，则点在投影面上的落影，即为过该点的光线与投影面的交点。具体做法如下：过空间点的两面投影分别作光线的投影 45° 斜线，哪条 45° 斜线首先与相应投影轴相交，则空间点就落影于其相应的积聚性投影面上。如果此光线继续延伸，则与另一投影面相交，得另一交点。此交点不是落影，而称为假影。

如图 7-13 所示，过 A 的光线首先与 V 面相交得正面迹点（直线与投影面的交点）A_V，此即为 A 点在 V 面上的落影点，用 A_V 表示，即 A 点落影于承影面 V 上，后亦同。如将此过 A 的光线继续向前延伸，则与 H 面相交，得水平迹点 A_H，此点为假影。作图步骤如下：

过 A 的投影 a 和 a'，分别作 45° 斜线。过 a 的 45° 斜线首先与 OX 轴相交，表明 A 点落影于 V 面。由此交点向上作垂线，与过 a' 的 45° 斜线交于落影点 a_v'。

如求 A 点在 H 面上的假影，可将过 a 的 45° 斜线向前延长，与由 a_v' 引出的水平线交于

a_H 点，a_H 点即为 A 点在 H 面上的假影。后面求直线落影时，要用到假影。如果空间点落影于 H 面，情况亦然。

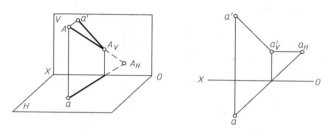

图 7-13　空间点在投影面上的落影

【案例 7-1】如图 7-14 所示，作出空间点 A 在一般位置平面 P 上的落影。

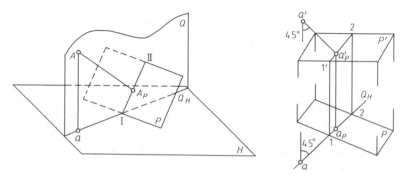

图 7-14　空间点在一般位置承影面上的落影

解： (1) 分析。

可看作一般位置直线与一般位置平面相交的问题。

(2) 作图。

① 过 A 点的两面投影 a 和 a' 分别作 45° 斜线。

② 过 a 的光线投影作一辅助铅垂光平面 Q_H，即过 a 作 45° 斜线 Q_H，再利用 Q_H 的积聚性，求得 P 与 Q 间交线的正面投影 1'2'。

③ 由 a' 作 45° 斜线与 1'2' 相交，得落影 A_p 的正面投影 a'_p。过 a'_p 向下引垂线与 Q_H 相交，得落影 A_p 的水平投影 a_p。

7.2.2　平面立体的阴影

1. 基本规律

求作平面立体的阴影，一般分为两个步骤。

1) 确定平面立体表面阴线的位置

平面立体在常用光线下，其受光部分为阳面，背光部分为阴面，阳面与阴面相交成的凸棱线，即为立体表面的阴线。

对于平面立体积聚性表面，可通过作光线 45° 角投影线的方法来判定其阴阳面。如图 7-15 所示，对六棱柱各积聚性表面作 45° 斜线，由此判定 H 面投影中，侧面 baf 为阳面，

cde 面为阴面。*V* 面投影中，*g'* 为阳面，*h'* 为阴面。从而确定平面立体的阴线。

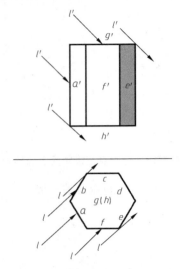

图 7-15　判定平面立体的阴阳面

2）作出平面立体的阴线在承影面上的落影

此落影所围成的面积，即为平面立体的影区范围。如果立体局部阴线起止较难确定，可先把此局部所有可能成为阴线的落影全部作出，所有影线相交而成的外轮廓线，即为立体局部阴线的落影，影线所围成的面积为影区范围。

2. 平面几何体的阴影

1）棱锥

【案例 7-2】如图 7-16 所示，求作一底面重合于 *H* 面的正四棱锥在 *H* 面上的落影。

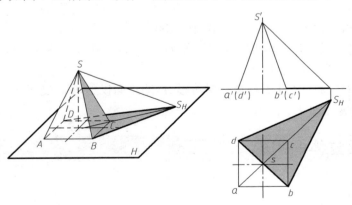

图 7-16　正四棱锥在 *H* 面上的落影

解：（1）分析：三角形 *SAD* 和 *SAB* 为阳面，三角形 *SDC* 和 *SBC* 为阴面，故阴线为 *SD* 和 *SB*，问题可转化为求两相交阴线在 *H* 面的落影。

（2）作图：求出锥顶 *S* 在 *H* 面上的落影 *S$_H$*，因阴线 *SD* 和 *SB* 均与 *H* 面相交，交点为 *D* 和 *B*，由直线与承影平面相交规律可知，其在 *H* 面上的落影必分别通过 *D* 和 *B* 两点。因此，

在 H 面投影中连 S_{Hd} 和 S_{Hb}，即为两阴线在 H 面上的落影，四边形 S_{Hdcb} 为影区范围。H 面中，三角形 bcd 为阴区。V 面中，阴影或积聚为直线，或被遮挡，故不表达出。

2）棱柱

【案例 7-3】如图 7-17 所示，在 H 面上有一四棱柱，作出其在两投影面上的落影。

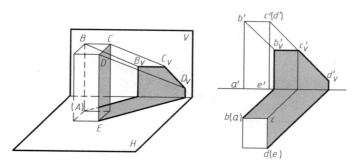

图 7-17　四棱柱在两投影面上的落影

解：（1）分析：由图中分析可知，四棱柱表面的阴线为 AB、BC、CD、DE。

（2）作图：先求阴线 DE 的落影。因 DE 为铅垂线，故其落影分两段，H 面上的落影为一段 45°角的斜线，转到 V 面的一段为 DE 的平行线。阴线 CD 为正垂线，其在 V 面上的落影为 45°角的斜线。BC 为侧垂线，落影为一段水平线。阴线 AB 为铅垂线，其在两投影面上的落影与 DE 的落影相似。至此，四棱柱的落影全部求出。

7.2.3　曲面立体的阴影

1. 圆柱的阴影

圆柱的阴影，即圆柱的阴线在承影面上的落影。而圆柱的阴线是由与圆柱相切的一系列光线所形成的光平面与圆柱面相切后的两根直素线，以及上下两个水平半圆弧组成的空间曲线。

如图 7-18 所示，求放在 H 面上的铅垂圆柱的阴线的落影。具体做法是：先作出上下两个半圆在 H 面的落影，由于两半圆均为水平半圆，因此在 H 面的落影仍为大小相等的半圆；再作两半圆落影的切线，即得铅垂圆柱在 H 面的阴影。

如图 7-19 所示为柱轴是铅垂线的圆柱，在 V 面中单面求作圆柱阴线有两种方法。一是在圆柱的上方或下方作半圆，过圆心向左上、右上引两条 45°线，与半圆交于两点，由该两点向圆柱的 V 投影引垂直于轴线的两根素线，即得所求阴线；二是在圆柱的下方或者上方自底圆半径的某端点及圆心，各作不同方向的 45°线，形成一个直角等腰三角形，其腰长就是 V 面投影中阴线对柱轴的距离，从而求得阴线。

2. 圆锥的阴影

单面作圆锥阴线的求法与圆柱类似，其阴线为直素线 SB、SC 以及水平圆的一部分弧 BC。如图 7-20 所示，具体做法为：

（1）过 s' 作 45°线，与 OX 相交，过交点向 H 面作投影连线，与过 s 的 45°线交于 s_H，为锥顶在 H 面的落影。

(2) 过 S_H 作底圆的切线，即为素线阴线在 H 面的落影。

(3) 根据归属性求出两切线的 V 投影，即为直素阴线的 V 投影。

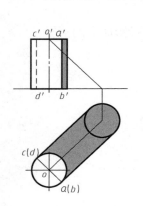
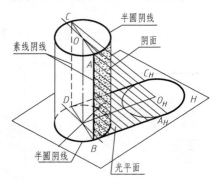
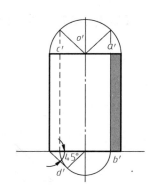

图 7-18　圆柱的阴影　　　　　　　　　　　图 7-19　圆柱的阴影的柱轴
　　　　　　　　　　　　　　　　　　　　　　　　　　为铅垂线的圆柱

如图 7-21 所示为锥轴是铅垂线的圆锥，通过 V 投影单面作阴线及阴影的方法。其具体做法是在圆锥的下方作半圆，半圆与轴线交于 $3'$，过 $3'$ 作 $3'4'$ 平行于 $s'1'$，过 $4'$ 向左下方、右下方作两条 45° 线，与半圆交于两点，过该两点向上作垂直于 X 轴的直线，与 $1'2'$ 交于 $6'$、$7'$，分别将该两点与锥顶相连，即得阴线。

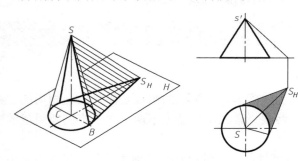
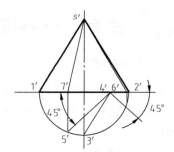

图 7-20　圆锥的阴影　　　　　　　　　　图 7-21　圆锥的阴影单面作图

3. 带方盖圆柱的阴影

如图 7-22 所示，带方盖圆柱的阴影由两部分组成，一是方盖落在圆柱面上的阴影，二是圆柱面自身的阴影。其作图步骤如下：

(1) 方盖的阴影。方盖上的阴线为 $ABCDE$，其中侧垂线 BC 有一部分落影在柱面上，根据直线的落影规律，这部分影线的 V 投影与承影面即柱面的 H 投影相对称，即为一段圆弧，其半径与圆柱的半径相等，圆弧的中心 o' 与 $b'e'$ 的距离等于该阴线 BC 到圆柱轴线间的距离，所以，在 V 投影中，从 $b'e'$ 线向下在中心线上量取距离 m，得点 o'。以 o' 为圆心，以圆柱的半径为半径画圆弧，弧线上的一段就是 BC 在圆柱面上的落影。方盖的阴影的其余作图，不再赘述。

(2) 圆柱的阴影，包括圆柱在墙面上的落影及圆柱面本身可见的阴面，如图 7-22 所示。

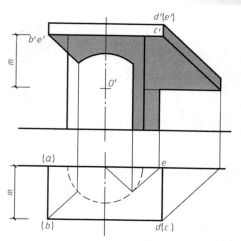

图 7-22　正方体柱帽在圆柱上的阴影

7.2.4　建筑形体阴影举例

建筑形体(细部)阴影的画法举例如下。

1. 门洞雨篷

求建筑细部的阴影一般使用下列两种方法。

(1) 将阴线分段，连续求其阴影。

【案例 7-4】如图 7-23 所示，作出带有挑檐板门洞的正面阴影。

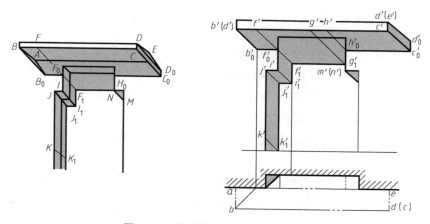

图 7-23　带挑檐板门洞的正面阴影

解：分两步作图。

① 先求挑檐的阴影。挑檐的阴线由折线 *ABCDE* 组成，按顺序求其阴影。阴线 *AB* 为正垂线，其落影$(a')b_0'$为 45°斜线。阴线 *BC* 在正墙面上的落影平行于$b'c'$，由b_0'向右作$b'c'$的平行线$b_0'f_0'$为过渡点，作f_0在门面上的落影f_1'，因阴线 *BC* 也平行于门面，故由f_1'向右作$b'c'$的平行线$f_1'g_1'$即为其落影。作$b_0'f_0'$在门右侧墙面上的延长线$b_0'c_0'$，即为阴线 *BC*

在墙面上的另一段落影。分别由 f_1'、g_1'、h_0' 作反射光线交 $b'c$ 于 f、g、h 三点，可知阴线 BC 分四段落影：第一段 $b'f$ 落影为 $b_0'f_0'$，第二段 fg 落影为 $f_1'g_1'$，第三段 $g'h'$ 落影于门的右侧墙面，其 V 面投影为 $h_0'g_1'$，最后一段 $h'c'$ 落影为 $h_0'c_0'$，以后可用此法分析阴线落影情况。铅垂阴线 CD 的落影 $c_0'd_0'$ 平行于 $c'd'$，正垂阴线 DE 的落影 $d_0'(e')$ 为 $45°$ 斜线。

②再求门的阴影。门的左侧阴线为折线 F_0IJK，由于此折线与门面平行，其落影 $f_1'i_1'j_1'k_1'$ 与 $f_0'i'j'k'$ 平行。门右侧只有正垂阴线 MN 在门面上落影，为 $45°$ 斜线。

(2) 将各立体阴线(包括可能存在的阴线)的落影全部作出，所有影线的最外轮廓线围成的面积即表示落影区范围。

2. 台阶

【案例 7-5】如图 7-24 所示，作出台阶的阴影。

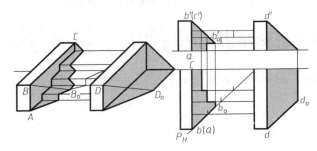

图 7-24　台阶的阴影

解：(1) 分析：此种情况下，所有阴线都处于特殊位置——铅垂线和正垂线。

(2) 作图：

① 先求出右侧台阶栏板在地面和墙面上的落影。

② 左侧栏板阴线 ABC 在台阶上的落影，为确定其交点 B 落影于台阶上何处，可过阴线 BA 作一铅垂光平面 P_H，求得 P_H 与台阶截交线的 V 面投影，此投影截交线与过 b' 点所作 $45°$ 光线投影交于落影点 b_0'，再作出 b_0' 的 H 面投影 b_0。

正垂阴线 BC 按下面的规律落影，在台阶水平面上的落影平行于 bc，在台阶正平面上的落影为 $45°$ 斜线。

铅垂阴线 AB 按如下规律落影：在台阶正平面上的落影平行于 $a'b'$，在台阶水平面上的落影为 $45°$ 斜线，落影线在台阶棱线处发生转折。

3. 两坡屋面

两坡屋面分以下两种情况(此处只讨论同坡屋面)：

(1) 如图 7-25 所示，两坡屋面对地面 H 的倾角均小于 $45°$，故两坡面 Ⅰ 和 Ⅱ 均受光，屋顶阴线为 $ABCDE$，屋身阴线为 FG 和 JK。阴线 AB 在前墙面上的落影 $a_0'b_0'$ 平行于 $a'b'$，由 b_0' 作 $b'c'$ 的平行线，得阴线 BC 在前墙面上的落影 $b_0'f$，f' 为过渡点。作 f' 在后墙面上的落影 f_0'，过 f_0' 作 $b'c'$ 的平行线交过 c' 的 $45°$ 斜线于 c_0' 点，$f_0'c_0'$ 即为阴线 BC 在后墙面上的落影。因 f' 点在阴线 FG 上，故由 f' 向下作 fg' 的平行线，即为屋檐阴线 FG 在后墙面上的落影。求出 D 点在后墙面上的落影 d_0'，则 $45°$ 斜线 $c_0'd_0'$，即为正垂阴线 CD 在后墙面上的落影。由 d_0' 向右作 $(d')e'$ 的平行线 $d_0'j'$，即为屋檐阴线 DE 在后墙面上的落影，H 面上的落影如图 7-25 所示。

(2) 如图 7-26 所示，两坡屋面对地面 H 的倾角均大于 $45°$，此时 I 面受光，II 面背光，阴线为 AB、BC、BD、DE、FG 及 JK 和 MN。B 点在后坡屋面上的落影用辅助面法(PH)作出，落影情况如图 7-26 所示。

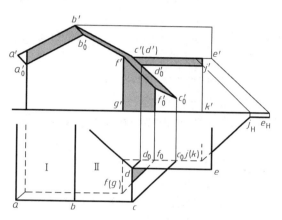

图 7-25　倾角小于 $45°$ 时两坡屋面的阴影

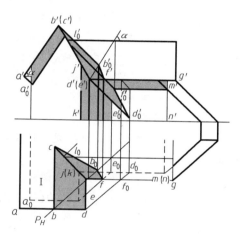

图 7-26　倾角大于 $45°$ 时两坡屋面的阴影

 本章小结

本项目所述阴影的内容是以投影原理为基础，来阐明各种形体的阴和影产生的规律，以及在正投影图中绘制阴影的方法。在作图中，着重绘出阴影的几何轮廓，而不去表现它们的明暗强弱的变化。

在正投影图中加绘形体的阴影，实际上是画出阴和影的正投影。一般简称画出形体的阴和影。

在建筑设计的表现图中画出阴影，不仅可以丰富图形的表现力，增加画面的美感，而且可以增强立体感，更好地反映建筑物的体型组合。

在光线的照射下，形体表面上直接受光的部分，称为形体的阳面，背光的部分称为形体的阴面，阳面和阴面的分界线称为阴线。由于光线受到阻挡，而在该形体自身或其他形体原来迎光的表面出现阴暗的部分，称为影或落影。影的轮廓线称为影线。影所在的面称为承影面，阴和影合并称为阴影。

影线即是阴线的影。

形体都是由面围成的，而面都是由线围成的，所以直线的落影对求形体的影有直接的影响，而直线的影又是由其两个端点决定的，所以应当熟练地掌握点、直线的影的求法和作用。

实训练习

一、单选题

1. 透视投影图是根据( )绘制的。
   A. 斜投影法　　　　B. 平行投影法　　　　C. 中心投影法　　　　D. 正投影法

2. 透视投影中的一点透视、两点透视、三点透视是根据( )划分的。
   A. 与投影平面相交的坐标轴的个数　　　B. 与坐标轴平行的图形线段的缩小比例
   C. 投影射线与平面形成的角度　　　　　D. 投影中心与投影平面的距离

3. 一些小空间的室内透视，为了显示室内家具或庭院的正确比例关系，一般也适合
( )。
   A. 不用透视　　　　　　　　　　　　B. 采用三点透视
   C. 采用两点透视　　　　　　　　　　D. 采用一点透视

4. ( )、物体、画面是透视作图的三要素，它们之间的相对位置关系确定了透视图
的形象。
   A. 视线　　　　　　B. 视点　　　　　　C. 视高　　　　　　D. 视距

5. 特定方向的平行光线称为( )。
   A. 斜光线　　　　　B. 正光线　　　　　C. 垂直光线　　　　D. 习用光线

二、多选题

1. 若平面内的两相交直线对应地平行于另一平面内的两相交直线，则这两个平面不
会成什么状态? ( )
   A. 垂直　　　　　　B. 交叉　　　　　　C. 平行　　　　　　D. 相交

2. 广场、街景、庭院及一般建筑等一般不会采用( )。
   A. 不用透视　　　　B. 三点透视　　　　C. 两点透视　　　　D. 一点透视

3. 求点的影，不是求通过空间某点的( )交点。
   A. 光线与承影面　　B. 光线与正面　　　C. 光线与水平面　　D. 光线与侧面

4. 若两点位于同一条垂直于某投影面的投射线上，则这两点在该投影面上的投影重
合，这两点不被称为该投影面的( )。
   A. 心点　　　　　　B. 重影点　　　　　C. 重合点　　　　　D. 垂直点

5. 若平面外的一条直线与平面内的一条直线平行，则该直线不与该( )平行。
   A. 平面　　　　　　B. 投影面点　　　　C. X 坐标轴　　　　D. Y 坐标轴

三、简答题

1. 请写出一点透视和两点透视的异同点。
2. 什么叫中心投影法?
3. 什么是点的透视?

实训工作单

班级		姓名		日期	
教学项目		透视与阴影			
任务	透视图的常用画法		要点	透视投影、透视图、建筑阴影	
相关知识			量点的概念		
其他要求					

绘制流程记录

评语			指导老师	

第8章 建筑施工图的识读

【教学目标】

- 了解建筑物的基本组成和作用
- 掌握建筑施工图的内容
- 了解建筑施工图首页及总平面图
- 掌握建筑平面图、立面图、剖面图及建筑局部详图的识图方法
- 掌握基础施工图中的基础、基础平面图及基础详图的相关知识点

第8章 建筑施工图的识读课件.pptx

【教学要求】

本章要点	掌握层次	相关知识点
建筑物的基本组成和作用	1. 了解建筑物的基本组成 2. 了解建筑物的作用	建筑物的组成和作用
建筑施工图的内容	1. 了解建筑施工图的分类 2. 掌握建筑施工图的识图方法	建筑施工图
建筑施工图首页及总平面图	1. 掌握建筑施工图首页及总平面图基本内容 2. 掌握识图方法	施工图首页及总平面图
建筑平面图、立面图、剖面图及建筑局部详图	1. 了解建筑平面图、立面图、剖面图及建筑局部详图的基本内容 2. 掌握建筑平面图、立面图、剖面图及建筑局部详图基本识图方法	建筑平面图、立面图、剖面图及建筑局部详图
楼层结构平面图	1. 了解楼层结构平面图概念及表示方法 2. 掌握识图步骤及注意事项	楼层结构平面图

【引子】

随着我国经济的稳步发展，建筑业已成为当今最具有活力的一个行业。建筑施工图的识读是建筑工程施工的基础，也是建筑工程施工的依据。建筑施工图是用来表示房屋的规划位置、外部造型、内部布置、内外装修、细部构造、固定设施及施工要求等的图纸。它包括施工图首页、总平面图、平面图、立面图、剖面图和详图，建筑工程的识读是从事建筑行业的基础。

8.1 概 述

8.1.1 房屋的组成

众多类型的建筑物，虽然外貌、体形各不相同，但其一般都由基础、墙(或柱)、楼板层、楼梯、屋顶、门窗等六大部分组成，如图8-1所示。

(1) 基础：它是墙或柱下部的承重部分，承受房屋的全部荷载，并传给基础下面的地基。

(2) 墙(或柱)：是竖向承重构件。外墙还起围护作用，内墙还起分隔空间的作用。

音频.建筑物的基本组成和作用.mp3

(3) 楼板层：是水平方向的承重构件，并在垂直方向将建筑空间分隔成层。楼板层的面层是上层房间的楼面，它的底面又是下层房间的顶棚。

(4) 楼梯：是楼层间的垂直交通设施，供人们上下行走和紧急疏散用。

(5) 屋顶：处于建筑物的最顶部，它和外墙组成建筑物的外部结构，起围护作用，又起承重作用。

(6) 门窗：门是出入建筑物或房间的通道，窗则是建筑物采光通风的配件。门窗安装在墙上，因此，又起着分隔空间和围护的作用。

除以上六大部分外，还有台阶(或坡道)、雨篷、阳台等，它们也在建筑中起着各自的作用。

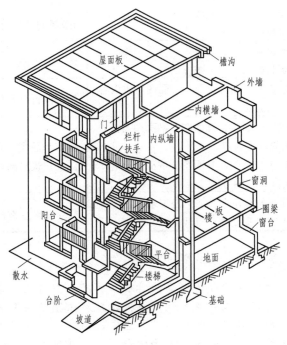

图 8-1 房屋的组成

房屋的组成.mp4

8.1.2 房屋施工图的分类

施工图由于专业分工的不同，可分为建筑施工图、结构施工图和设备施工图。

一套简单的房屋施工图有几十张图纸，一套大型复杂的建筑物甚至有几百张图纸。为便于看图，根据专业内容或作用的不同，一般将这些图纸进行排序。

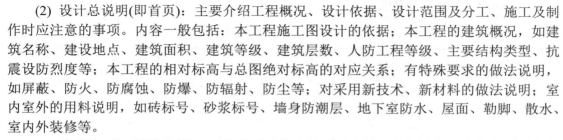

工程图的种类.docx

(1) 图纸目录：又称标题页或首页图，说明该套图纸有几类，各类图纸分别有几张，每张图纸的图号、图名、图幅大小；如采用标准图，应写出所使用标准图的名称、所在的标准图集和图号或页次。编制图纸目录的目的，是便于查找图纸，图纸目录中应先列新绘制图纸，后列选用的标准图或重复利用的图纸。

(2) 设计总说明(即首页)：主要介绍工程概况、设计依据、设计范围及分工、施工及制作时应注意的事项。内容一般包括：本工程施工图设计的依据；本工程的建筑概况，如建筑名称、建设地点、建筑面积、建筑等级、建筑层数、人防工程等级、主要结构类型、抗震设防烈度等；本工程的相对标高与总图绝对标高的对应关系；有特殊要求的做法说明，如屏蔽、防火、防腐蚀、防爆、防辐射、防尘等；对采用新技术、新材料的做法说明；室内室外的用料说明，如砖标号、砂浆标号、墙身防潮层、地下室防水、屋面、勒脚、散水、室内外装修等。

(3) 建筑施工图(简称建施)：主要表示建筑物的总体布局、外部造型、内部布置、细部构造、内外装饰、固定设施和施工要求的图样。一般包括总平面图、建筑平面图、建筑立面图、建筑剖面图、门窗表和建筑详图等。

(4) 结构施工图(简称结施)：主要表示房屋的结构设计内容，如房屋承重构件的布置，构件的形状、大小、材料等。该图一般包括结构平面布置图、各构件的结构详图等。

(5) 设备施工图(简称设施)：包括给水排水、采暖通风、电气照明等设备的布置平面图、系统图和详图。表示上、下水及暖气管道管线布置，卫生设备及通风设备等的布置，电气线路的走向和安装要求等。

图纸目录.mp4

设计总说明.mp4

建筑施工图.mp4

设备施工图.mp4

8.1.3 建筑施工图的有关规定

建筑施工图除了要符合一般的投影原理，以及视图、剖面和断面等的基本图示方法外，为了保证制图质量、提高效率、表达统一和便于识读，我国制定了《房屋建筑制图统一标准》(GB 50001—2017)，在绘制施工图时，还应严格遵守国家标准中的规定。

绘制施工图时，除应符合第 1 章中的制图基本规格外，现再从下列几项要点来说明它

的规定内容和表示方法。

1. 比例

建筑物是庞大和复杂的形体，必须采用各种不同的比例来绘制，对整幢建筑物、建筑物的局部和细部都分别予以缩小画出，特殊细小的线脚等有时不缩小，甚至需要放大画出。参见本书第 1 章中的常用比例及可用比例。

2. 图线

在房屋图中，为了表明不同的内容，可采用不同线型和宽度的图线来表达。

房屋施工图的图线线型、线宽仍须按照第 1 章基本规格中的表 1-3 以及有关说明来选用。绘图时，首先应按照需要绘制图样的具体情况，选定粗实线的宽度"b"，于是其他线型的宽度也就随之确定。粗实线的宽度"b"一般与所绘图形的比例和图形的复杂程度有关，建议如表 8-1 所示选择图线宽度。

表 8-1　建筑制图图线

名　　称	线　　型	线宽	用　　途
粗实线	——————	b	1.平剖面图中被剖切的主要建筑构造包括构配件的轮廓线 2.建筑立面图或室内立面图的外轮廓线 3.建筑构造详图中被剖切的主要部分的轮廓线 4.建筑构配件详图中的外轮廓线 5.平立剖面图的剖切符号
中实线	——————	$0.5b$	1.平剖面图中被剖切的次要建筑构造包括构配件的轮廓线 2.建筑平立剖面图中建筑构配件的轮廓线 3.建筑构造详图及建筑构配件详图中的一般轮廓线
细实线	——————	$0.25b$	小于 $0.5b$ 的图形尺寸线，尺寸界线，图例线、索引符号、标高符号、详图教材做法引出线等
中虚线	－ － － － －	$0.5b$	1.建筑构造详图及建筑构配件不可见的轮廓线 2.平面图中的起重机、吊车轮廓线 3.拟扩建的建筑物轮廓线
细虚线	－ － － － －	$0.25b$	图例线小于 $0.5b$ 的不可见轮廓线
粗单点长画线	— · — · —	B	起重机、吊车轨道线
细单点长画线	— · — · —	$0.25b$	中心线、对称线、定位轴线
折断线	——∿——	$0.25b$	不需画全的断开界线
波浪线	∿∿∿	$0.25b$	不需画全的断开界线 构造层次的断开界线

3. 定位轴线及其编号

建筑施工图中的定位轴线是施工定位、放线的重要依据。凡是承重墙、柱子等主要承重构件都应画上轴线来确定其位置。对于非承重的分隔墙、次要的局部的承重构件等，则有时用分轴线，有时也可由注明其与附近轴线的有关尺寸来确定。

定位轴线采用细单点长画线表示，并予编号。轴线的端部画细实线圆圈(直径为 8～10mm)。平面图上定位轴线的编号，宜标注在下方与左侧，横向编号采用阿拉伯数字，从左向右编写，竖向编号采用大写拉丁字母，自下而上编写。

在两个轴线之间如需附加分轴线时，则编号可用分数表示。分母表示前一轴线的编号，分子表示附加轴线的编号(用阿拉伯数字顺序编写)。大写拉丁字母的I、O及Z三个字母不得用于轴线编号，以免与阿拉伯数字混淆。图 8-2 所示为某住宅楼底层平面图。

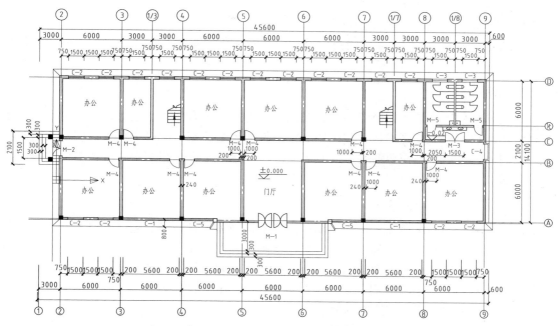

图 8-2 某住宅楼底层平面图

4. 尺寸和标高

尺寸单位在建筑总平面图中以 m(米)为单位表示，标高的尺寸单位同样以 m(米)表示，其余一律以 mm(毫米)为单位。尺寸的基本注法见第 1 章。

标高是标注建筑物高度的一种尺寸形式。标高符号有 ▽ ▽ ▽▔ 和▼等几种形式，前面三种符号用细实线画出，短的横线为需注高度的界线，长的横线之上或之下标注标高数字，标高符号的三角形为一等腰直角三角形，接触短横线的角为 90°，三角形高约为 3mm。在同一图纸上的标高符号应大小相等、整齐划一、对齐画出。

总平面图和底层平面图中的室外整平地面标高用符号"▼"，标高数字注写在涂黑三角形的右上方，例如▼$^{-0.450}$，也可以注写在黑三角形的右面或上方。黑三角形亦为一直角等腰三角形，高约 3mm。

标高数字以 m(米)为单位，单体建筑工程的施工图中注写到小数点后第三位，在总平面图中则注写到小数点后两位。在单体建筑工程中，零点标高注写成上±0.000；负数标高数字前必须加注"–"，正数标高数字前不写"+"；标高数字不到 1m 时，小数点前应加写"0"。

在总平面图中，标高数字注写形式与上述相同。

标高有绝对标高和相对标高两种。

(1) 绝对标高：我国把青岛附近某处黄海的平均海平面定为绝对标高的零点，其他各地标高都以它作为基准。

(2) 相对标高：在建筑物的施工图上要注明许多标高，如果全用绝对标高，不但数字烦琐，而且不容易得出各部分的高差。因此除总平面图外，一般都采用相对标高，即把底层室内主要地坪标高定为相对标高的零点，并在建筑工程的总说明中说明相对标高和绝对标高的关系。再由当地附近的水准点(绝对标高)来测定拟建工程的底层地面标高。

5. 字体

图纸上的字体，不论汉字、阿拉伯数字、汉语拼音字母或罗马数字，都应按照第 1 章中的规定。

6. 图例及代号

建筑物和构筑物是按比例缩小绘制在图纸上的，对于有些建筑细部、构件形状以及建筑材料等往往不能如实画出，也难于用文字注释来表达清楚，所以都按统一规定的图例和代号来表示，可以得到简单而明了的效果。因此，建筑工程制图规定有各种各样的图例，详见附录。

7. 索引符号和详图符号

图样中的某一局部或某一构件和构件间的构造如需另见详图，应以索引符号索引，即在需要另画详图的部位编上索引符号，并在所画的详图上编上详图符号，二者必须对应一致，以便看图时查找相互有关的图纸。索引符号的圆和水平直径均以细实线绘制，圆的直径一般为 8～10mm。详图符号的圆圈应画成直径为 14mm 的粗实线圆。有关索引符号和详图符号的上述规定和编号方法均见附录。

由于本章所有图样未附有图纸标题栏，因此图纸的编号无法注明，这对索引符号和详图符号的完整表达造成了困难。为了便于学习，图中出现的索引符号和详图符号，其编号数字都是根据本书中图的编号顺序来注明的，特此加以说明。图 8-3 所示为某住宅楼标准层平面图。

8. 指北针及风向频率玫瑰图

根据图纸中所绘制的指北针可知新建建筑物的朝向，根据风玫瑰图可了解新建房屋地区常年的盛行风向(主导风向)以及夏季风主导风方向。有的总平面图中绘出风玫瑰图后就不绘指北针。

(1) 指北针：用来确定新建房屋的朝向，其符号应按国标规定绘制。如图 8-4 所示，细实线圆的直径为 24mm，箭尾宽度为圆直径的 1/8，即 3mm。圆内指针涂黑并指向正北，在指北针的尖端部写上"北"，或"N"。

(2) 风向玫瑰图：根据某一地区多年统计，各个方向平均吹风次数的百分数值，按一定比例绘制的。是新建房屋所在地区风向情况的示意图。如图 8-5 所示，一般多用 8 个或 16 个罗盘方位表示；玫瑰图上表示风的吹向是从外面吹向地区中心；图中实线为全年风向玫瑰图，虚线为夏季风向玫瑰图。

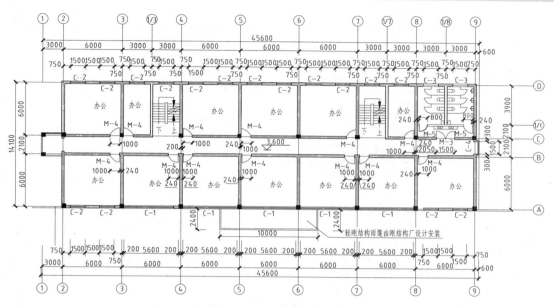

图 8-3　某住宅楼标准层平面图

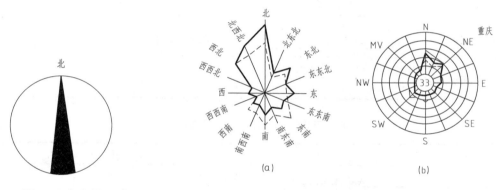

图 8-4　指北针　　　　　图 8-5　风向玫瑰图

8.1.4　建筑施工图常用图例

由于房屋建筑图需要将建筑物或构筑物按比例缩小绘制在图纸上，许多物体不能按原状画出，为了便于制图和识图，制图标准中规定了各种各样的图样图例。表 8-2 至表 8-4 分别列出了总平面图图例、常用建筑材料图例、建筑施工图图例。

表 8-2　总平面图图例

名　称	图　例	说　明
新建建筑物	8 ▲	(1) 用粗实线表示，需要时，用 ▲ 表示出入口 (2) 需要时可在图形内右上角用点数或数字表示层数

名　称	图　例	说　明
原有建筑物	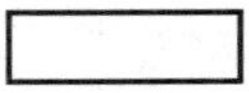	用细实线表示
计划扩建的预留地或建筑物		用中粗虚线表示
其他材料露天堆场或露天作业场	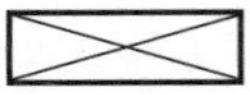	
指北针	 北	圆圈直径为24mm，指北针尾部宽度为直径的1/8
围墙及大门	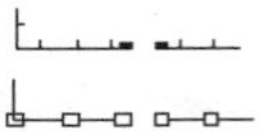	上图为实体性质的围墙 下图为通透性质的围墙 （若仅表示围墙时不画大门）
坐标	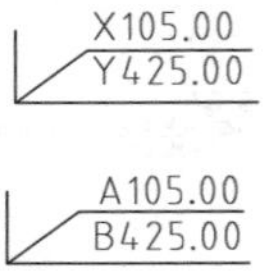 X105.00 Y425.00 A105.00 B425.00	上图表示测量坐标 下图表示建筑坐标
拆除的建筑物		用细实线表示
建筑物下面的通道	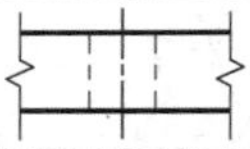	

表 8-3　常用建筑材料图例

名　称	图　例	说　明
自然土壤		包括各种自然土壤
夯实土壤		
砂、灰土	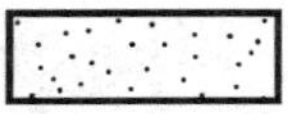	靠近轮廓线绘较密的点
砂砾石、碎砖三合土	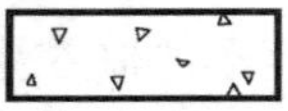	
石材	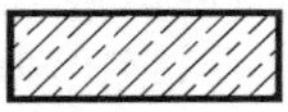	
毛石	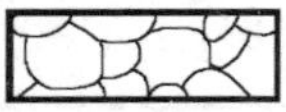	
混凝土	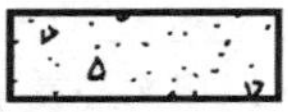	(1) 本图例指能承重的混凝土及钢筋混凝土 (2) 包括各种强度等级、骨料添加剂的混凝土 (3) 在剖面图上画出钢筋时，不画图例线 (4) 断面图形小，不易画出图例线时，可涂黑
钢筋混凝土		

续表

名　称	图　例	说　明
多孔材料		包括水泥珍珠岩、沥青珍珠岩、泡沫混凝土、非承重加气混凝土、软木、蛭石制品等
木材		(1) 上图为横断面，上左图为垫木、木砖或木龙骨 (2) 下图为纵断面
玻璃		包括平板玻璃、磨砂玻璃、夹丝玻璃、钢化玻璃、中空玻璃、加层玻璃、镀膜玻璃等
普通砖	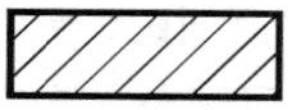	包括实心砖、多孔砖、砌块等砌体

表 8-4　建筑施工图图例

名　称	图　例	说　明
楼梯	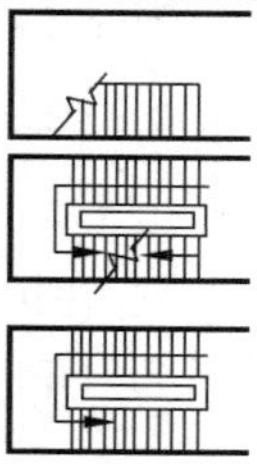	(1) 上图为底层楼梯平面，中图为中间层楼梯平面，下图为顶层楼梯平面 (2) 楼梯的形式及步数应按实际情况绘制
坡道	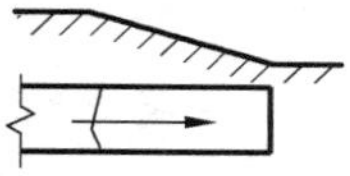	
空门洞	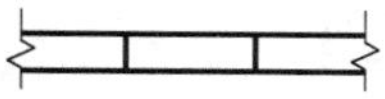	用于平面图中
单扇门(平开或单面弹簧)	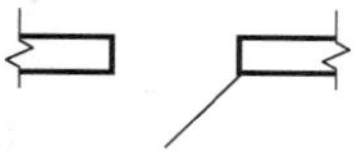	用于平面图中
单扇双面弹簧门	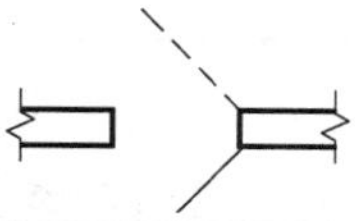	用于平面图中
双扇门(包括平开或单面弹簧)	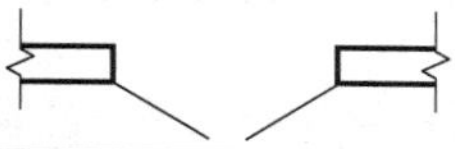	用于平面图中
对开折叠门		用于平面图中
双扇双面弹簧门	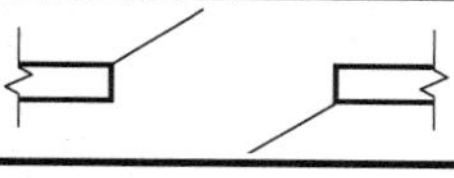	用于平面图中

名　称	图　例	说　明
检查孔	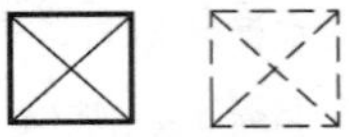	左图为可见检查孔，右图为不可见检查孔
单层固定窗	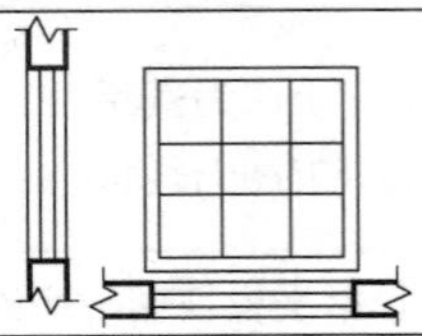	窗的立面形式应按实际情况绘制
单层外开上悬窗	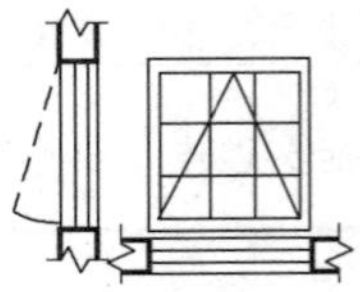	立面图中的斜线表示窗的开关方向，实线为外开，虚线为内开
中悬窗	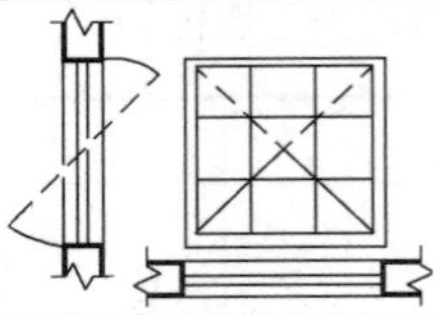	立面图中的斜线表示窗的开关方向，实线为外开，虚线为内开
单层外开平开窗	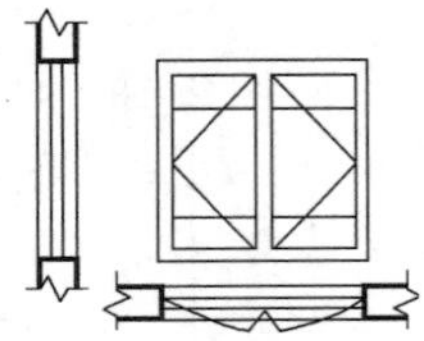	立面图中的斜线表示窗的开关方向，实线为外开，虚线为内开
高窗	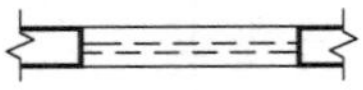	用于平面图中
墙上预留孔	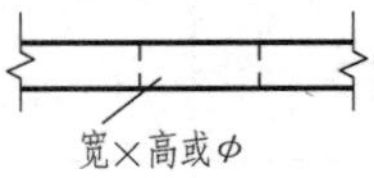 宽×高或φ	用于平面图中
墙上预留槽	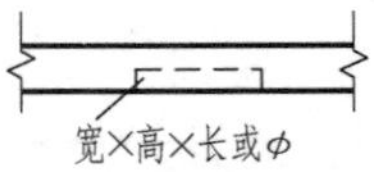 宽×高×长或φ	用于平面图中

8.2　施工图首页及建筑总平面图

8.2.1　施工图首页

施工图首页一般由图纸目录、设计总说明、构造做法表及门窗表组成。

1. 图纸目录

图纸目录放在一套图纸的最前面，说明本工程的图纸类别、图号编排及图纸名称和备注等，以方便图纸的查阅。表 8-5 是某住宅楼的施工图图纸目录，该住宅楼共有建筑施工图 12 张，结构施工图 4 张，电气施工图 2 张。

2. 设计总说明

设计总说明主要说明工程的概况和总的要求。内容包括工程设计依据(如工程地质、水文、气象资料)、设计标准(建筑标准、结构荷载等级、抗震要求、耐火等级、防水等级)、建设规模(占地面积、建筑面积)、工程做法(墙体、地面、楼面、屋面等的做法)及材料要求。

音频.建筑施工图首页及总平面图的构成.mp3

表 8-5　图纸目录

图别	图号	图纸名称	备注	图别	图号	图纸名称	备注
建施	01	设计说明、门窗表		建施	10	1-1 剖面图	
建施	02	车库平面图		建施	11	大样图一	
建施	03	第一至五层平面图		建施	12	大样图二	
建施	04	六层平面图		结施	01	基础结构平面布置图	
建施	05	阁楼层平面图		结施	02	标准层结构平面布置图	
建施	06	屋顶平面图		结施	03	屋顶结构平面布置图	
建施	07	①～⑩轴立面图		结施	04	柱配筋图	
建施	08	⑩～①轴立面图		电施	01	一层电气平面布置图	
建施	09	侧立面图		电施	02	二层电气平面布置图	

下面是某住宅楼设计说明举例。

(1) 本建筑为某房地产公司生活住宅小区工程 9 栋，共 6 层，住宅楼底层为车库，总建筑面积 3263.36m²，基底面积 538.33m²。

(2) 本工程为二类建筑，耐火等级二级，抗震设防烈度六度。

(3) 本建筑定位见总图；相对标高±0 相对于绝对标高值见总图。

(4) 本工程合理使用 50 年；屋面防水等级 II 级。

(5) 本设计各图除注明外，标高以米计，平面尺寸以毫米计。

(6) 本图未尽事宜，请按现行相关规范规程施工。

(7) 墙体材料及做法：砌体结构选用材料除满足本设计外，还必须配合当地建设行政部门政策要求。地面以下或防潮层以下的砌体，潮湿房间的墙，采用 MU10 黏土多孔砖和 M7.5 水泥砂浆砌筑，其余按要求选用。

骨架结构中的填充砌体均不作承重用，其材料选用方法见表 8-6。

表 8-6　填充墙材料选用表

砌体部分	适用砌块名称	墙　厚	砌块强度等级	砂浆强度等级	备　注
外围护墙	黏土多孔砖	240	MU10	M5	砌块容量 16kN/m³
卫生间墙	黏土多孔砖	120	MU10	M5	砌块容量 16kN/m³
楼梯间墙	砼空心砌块	240	MU5	M5	砌块容量 10kN/m³

所用混合砂浆均为石灰水泥混合砂浆。

外墙做法：烧结多孔砖墙面，40 厚聚苯颗粒保温砂浆，5.0 厚耐碱玻纤网布抗裂砂浆，外墙涂料见立面图。

3. 构造做法表

构造做法表是以表格的形式对建筑物各部位构造、做法、层次、选材、尺寸、施工要求等的详细说明。某住宅楼工程做法见表 8-7。

表 8-7　构造做法表

名　称	构造做法	施工范围
水泥砂浆地面	素土夯实	一层地面
	30 厚 C10 砼垫层随捣随抹	
	干铺一层塑料膜	
	20 厚 1:2 水泥砂浆面层	
卫生间楼地面	钢筋砼结构板上 15 厚 1:2 水泥砂浆找平	卫生间
	刷基层处理剂一遍，上做 20 厚一布四涂氯丁沥青防水涂料，四周沿墙上翻 150mm 高	
	15 厚 1:3 水泥砂浆保护层	
	1:6 水泥炉渣填充层，最薄处 20 厚 C20 细石砼找坡 1%	
	15 厚 1:3 水泥砂浆抹平	

4. 门窗表

门窗表反映门窗的类型、编号、数量、尺寸规格、采用标准图集等相应内容，以便工程施工、结算所需。表 8-8 所示为某住宅楼门窗表。

表 8-8　门窗表

类别	门窗编号	标准图号	图集编号	洞口尺寸 宽	洞口尺寸 高	数量	备　注
门	M1	98ZJ681	GJM301	900	2100	78	木门
	M2	98ZJ681	GJM301	800	2100	52	铝合金推拉门
	MC1	见大样图	无	3000	2100	6	铝合金推拉门
	JM1	甲方自定	无	3000	2000	20	铝合金推拉门
窗	C1	见大样图	无	4260	1500	6	断桥铝合金中空玻璃窗
	C2	见大样图	无	1800	1500	24	断桥铝合金中空玻璃窗
	C3	98ZJ721	PLC70-44	1800	1500	7	断桥铝合金中空玻璃窗
	C4	98ZJ721	PLC70-44	1500	1500	10	断桥铝合金中空玻璃窗
	C5	98ZJ721	PLC70-44	1500	1500	20	断桥铝合金中空玻璃窗
	C6	98ZJ721	PLC70-44	1200	1500	24	断桥铝合金中空玻璃窗
	C7	98ZJ721	PLC70-44	900	1500	48	断桥铝合金中空玻璃窗

8.2.2　建筑总平面图

1. 建筑总平面图的图示内容

建筑总平面图的图示内容具体如下。

(1) 总平面图有图名和比例，因总平面图所反映的范围较大，比例通常为 1∶500、1∶1000。

(2) 场地边界、道路红线、建筑红线等用地界线。

(3) 新建建筑物所处的地形，若地形变化较大，应画出相应等高线。

音频.建筑平面图的基本
内容以及识图方法.mp3

(4) 新建建筑的具体位置，在总平面图中应详细地表达出新建建筑的位置。在总平面图中新建建筑的定位方式包括以下三种：

① 利用新建建筑物和原有建筑物之间的距离定位；

② 利用施工坐标确定新建建筑物的位置；

③ 利用新建建筑物与周围道路之间的距离确定位置。

当新建筑区域所在地形较为复杂时，为了保证施工放线的准确，常用坐标定位。坐标定位分为测量坐标和建筑坐标两种。

① 测量坐标。在地形图上用细实线画成交叉十字线的坐标网，南北方向的轴线为 X，东西方向的轴线为 Y，这样的坐标为测量坐标。坐标网常采用 100m×100m 或 50m×50m 的方格网。一般建筑物的定位宜注写其三个角的坐标，若建筑物与坐标轴平行，可注写其对角坐标，如图 8-6 所示。

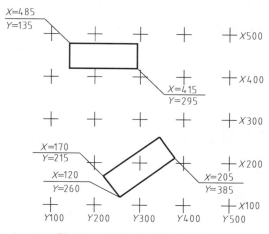

图 8-6　测量坐标定位示意图

② 建筑坐标。建筑坐标就是将建设地区的某一点定为"0"，采用 100m×100m 或 50m×50m 的方格网，沿建筑物主轴方向用细实线画成方格网。垂直方向为 A 轴，水平方向为 B 轴，如图 8-7 所示。

(5) 注明新建建筑物室内地面绝对标高、层数和室外整平地面的绝对标高。

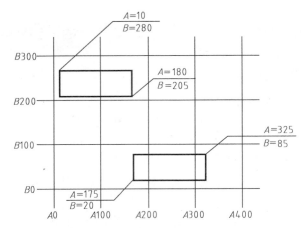

图 8-7　建筑坐标定位示意图

（6）与新建建筑物相邻有关建筑、拆除建筑的位置或范围。

（7）新建建筑物附近的地形、地物等，例如道路、河流、水沟、池塘和土坡等。应注明道路的起点、变坡、转折点、终点以及道路中心线的标高、坡向等。

（8）指北针或风向频率玫瑰图，在总平面图中通常画有带指北针或风向频率玫瑰图表示该地区常年的风向频率和建筑的朝向。

（9）用地范围内的广场、停车场、道路、绿化用地等。

2. 建筑总平面图的图示方法

总平面图是用正投影的原理绘制的，图形主要是以图例的形式来表示的，总平面图应采用《总图制图标准》(GB/T 50103—2010)规定的图例，绘图时严格执行该图例符号。若图中采用的图例不是标准中的图例，应在总平面图适当位置绘制新增加的图例。总平面图的坐标、标高、距离以"m"为单位，精确到小数点后两位。

8.3　建筑平面图

8.3.1　建筑平面图概述

1. 建筑平面图的概念

建筑平面图，又可简称平面图，是一种假想在房屋的窗台以上作水平剖切后，移去上面部分后作剩余部分的正投影而得到的水平剖面图。是将新建建筑物或构筑物的墙、门窗、楼梯、地面及内部功能布局等建筑情况，以水平投影方法和相应的图例所组成的图纸。

建筑平面图.docx　　　　建筑平面图.mp4

对多层楼房，原则上每一楼层均要绘制一个平面图，并在平面图下方注写图名(如底层平面图、二层平面图等)；若房屋某几层平面布置相同，可将其作为标准层，并在图样下方注写适用的楼层图名(如三、四、五层平面图)。若房屋对称，可利用其对称性，在对称符号的两侧各画半个不同楼层平面图。

建筑平面图实质上是房屋各层的水平剖面图。平面图虽然是房屋的水平剖面图，但按习惯不必标注其剖切位置，也不称为剖面图，如图8-8所示。

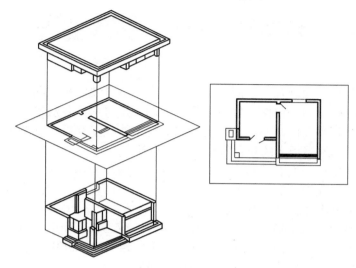

图8-8　建筑平面图

2. 建筑平面图的图示内容

建筑平面图的图示内容具体如下。

(1) 表示墙、柱、内外门窗位置及编号，房间的名称、轴线编号。

(2) 注出室内外各项尺寸及室内楼地面的标高。

(3) 表示楼梯的位置及楼梯上下行方向。

(4) 表示阳台、雨篷、台阶、雨水管、散水、明沟、花池等的位置及尺寸。

(5) 画出室内设备，例如卫生器具、水池、橱柜、隔断及重要设备的位置、形状。

(6) 表示地下室布局、墙上留洞、高窗等位置、尺寸。

(7) 画出剖面图的剖切符号及编号(在底层平面图上画出，其他平面图上省略不画)。

(8) 标注详图索引符号。

(9) 在底层平面图上画出指北针。

(10) 屋顶平面图一般包括：屋顶檐口、檐沟、屋面坡度、分水线与落水口的投影，屋顶水箱间、上人孔、消防梯及其他构筑物、索引符号等。

3. 建筑平面图的作用

建筑平面图能反映出房屋的平面形状、大小和布置，墙、柱的位置，尺寸和材料，门窗的类型和位置等。建筑平面图可作为施工放线，砌筑墙、柱，门窗安装和室内装修及编制预算的重要依据。

4. 建筑平面图的意义

建筑平面图作为建筑设计、施工图纸中的重要组成部分，它反映建筑物的功能需要、平面布局及其平面的构成关系，是决定建筑立面及内部结构的关键环节。其主要反映建筑的平面形状、大小、内部布局、地面、门窗的具体位置和占地面积等情况。所以说，建筑平面图是新建建筑物的施工及施工现场布置的重要依据，也是设计及规划给排水、强弱电、暖通设备等专业工程平面图和绘制管线综合图的依据。

8.3.2 图示方法和识读要点

1. 图示方法

一般房屋有几层就应画几个平面图，并且在图的下方注明相应的图名，例如底层平面图、二层平面图……顶层平面图，以及屋顶平面图。反映房屋各层情况的建筑平面图实际是水平剖面图，屋顶平面图则不同，它是从建筑物上方往下观看得到的屋顶的水平直接正投影图，主要表明建筑屋顶上的布置及屋顶排水设计。

若建筑物的各楼层平面布置相同，则可用两个平面图表达，即只画底层平面图和楼层平面图。这时楼层平面图代表了中间各层相同的平面，所以又称中间层或标准层平面图。顶层平面图有时也可用楼层平面图代表。

由于建筑平面图是水平剖面图，因此在绘图时，应当按剖面图的方法绘制，被剖切到的墙、柱轮廓用粗实线(b)，门的开启方向线可以用中粗实线($0.5b$)或细实线($0.25b$)，窗的轮廓线以及其他可见轮廓和尺寸线等均用细实线($0.25b$)表示。

建筑平面图常用的比例是 1∶50、1∶100、1∶150，而实际工程中使用 1∶100 最多。在建筑施工图中，比例不大于 1∶50 的图样，可不画材料图例和墙柱面抹灰线。为有效加以区分，墙、柱体画出轮廓后，在描图纸上砖砌体断面用红铅笔涂红，而钢筋混凝土则是用涂黑的方法表示，晒出蓝图后分别变为浅蓝和深蓝色，即可识别其材料。

2. 识读要点

建筑平面图识读要点具体如下。

(1) 看清图名和绘图比例，了解该平面图属于哪一层。

(2) 阅读平面图时，应由低向高逐层阅读。首先从定位轴线开始，根据所注尺寸看房间的开间和进深，再看墙的厚度或柱子的尺寸，看清楚定位轴线是处于墙体的中央位置还是偏心位置，看清楚门窗的位置和尺寸。尤其应注意各层平面图变化之处。

(3) 在平面图中，被剖切到的砖墙断面上，按规定应绘制砖墙材料图例，若绘图比例小于等于 1∶50，则不绘制砖墙材料图例。

(4) 平面图中的剖切位置与详图索引标志也是不可忽视的问题，它涉及朝向与所表达的详尽内容。

(5) 房屋的朝向可通过底层平面图中的指北针来了解。

8.4 建筑立面图

8.4.1 图示内容

建筑立面图的图示内容具体如下。

(1) 画出从建筑物外可看见的室外地面线、房屋的勒脚、台阶、花池、门、窗、雨篷、阳台、室外楼梯、墙体外边线、檐口、屋顶、雨水管、墙面分格线等内容。

(2) 标出建筑物立面上的主要标高。通常需要标注的标高尺寸如下：

① 室外地坪的标高；

② 台阶顶面的标高；

③ 各层门窗洞口的标高；

④ 阳台扶手、雨篷上下皮的标高；

⑤ 外墙面上突出的装饰物的标高；

⑥ 檐口部位的标高；

⑦ 屋顶上水箱、电梯机房、楼梯间的标高。

(3) 注出建筑物两端的定位轴线及其编号。

(4) 注出需详图表示的索引符号。

(5) 用文字说明外墙面装修的材料及其做法。

建筑立面图.docx

8.4.2 图示方法

为了使建筑立面图主次分明、表达清晰，通常将建筑物外轮廓和有较大转折处的投影线用粗实线(b)表示；外墙上突出凹进的部位，例如壁柱、窗台、楣线、挑檐、阳台、门窗洞等轮廓线用中粗实线(0.5b)表示；而门窗细部分格、雨水管、尺寸标高和外墙装饰线用细实线(0.25b)表示；室外地坪线用加粗实线(1.2b)表示。门窗形式及开启符号、阳台栏杆花饰及墙面复杂的装修等细部，往往难以详细表示清楚，习惯上对相同的细部分别画出其中一个或者两个作为代表，其他均简化画出，即只需画出它们的轮廓及主要分格。

房屋立面若一部分不平行于投影面，例如成圆弧形、折线形、曲线形等，可将该部分展开到与投影面平行，再用正投影法画出其立面图，但是应在图名后注写"展开"两字。

1. 立面图的命名方式

立面图的命名方式有三种。

(1) 可用朝向命名，立面朝向哪个方向就称为某向立面图，例如朝南，则称南立面图；朝北，称北立面图。

(2) 可用外貌特征命名，其中反映主要出入口或者比较显著地反映房屋外貌特征的那一面的立面图，称为正立面图，其余立面图可称为背立面图和侧立面图等。

(3) 可用立面图上首尾轴线命名。一般立面图的比例与平面图比例一致。

2. 建筑立面图注意事项

画建筑立面图时应注意以下事项。

(1) 画出室外地面线及房屋的勒脚、台阶、花台、门、窗、雨篷、阳台、室外楼梯、墙、柱、外墙的预留孔洞、檐口、屋顶(女儿墙或隔热层)、雨水管、墙面分格线或其他装饰构件等。

(2) 注出外墙各主要部位的标高，如室外地面、台阶、窗台、门窗顶、阳台、雨篷、檐

口标高，屋顶等处完成面的标高。

(3) 一般立面图上可不注高度方向尺寸，但对于外墙留洞除注出标高外，还应注出其大小尺寸及定位尺寸。

(4) 标出建筑物两端或分段的轴线及编号。

(5) 标出各部分构造、装饰节点详图的索引符号。

(6) 用图例、文字或列表说明外墙面的装修材料及做法。

(7) 从图上可看到该房屋的整个外貌形状，也可了解该房屋的屋顶、门窗、雨篷、阳台、台阶、花池及勒脚等细部的形式和位置。

(8) 从图中所标注的标高，知此房屋最低(室外地面)处比室内 0.000 低或高多少。一般标高注在图形外，并做到符号排列整齐、大小一致。若房屋立面左右对称，一般注在左侧。不对称时，左右两侧均应标注。为了更清楚起见，必要时可标注在图内(如正门上方的雨篷底面标高)。

(9) 从图上的文字说明，了解到房屋外墙面装修的做法。

3. 识读图纸的要点

识读建筑立面图图纸的要点具体如下。

(1) 了解图名和比例。

(2) 了解首尾轴线及编号。

(3) 了解各部分的标高。

(4) 了解外墙做法。

(5) 了解各构配件。

8.5 建筑剖面图

8.5.1 图示内容

建筑剖面图图示内容如下。

(1) 表示被剖切到的墙、柱、门窗洞口及其所属定位轴线。剖面图的比例应与平面图、立面图的比例一致，所以在 1∶100 的剖面图中一般也不画材料图例，而用粗实线表示被剖切到的墙、梁、板等轮廓线，被剖断的钢筋混凝土梁板等应当涂黑表示。

建筑剖面图.docx

(2) 表示室内底层地面、各层楼面及楼层面、屋顶、门窗、楼梯、阳台、雨篷、防潮层、踢脚板、室外地面、散水、明沟以及室内外装修等剖到或者能见到的内容。

(3) 标出尺寸和标高。在剖面图中要标注相应的标高及尺寸。

① 标高：应当标注被剖切到的所有外墙门窗口的上下标高，室外地面标高，檐口、女儿墙顶以及各层楼地面的标高。

② 尺寸：应当标注门窗洞口高度、层间高度及总高度，室内还应注出内墙上门窗洞口的高度以及内部设施的定位、定形尺寸。

(4) 楼地面、屋顶各层的构造。一般可以用多层共用引出线说明楼地面、屋顶的构造层次和做法。若另画详图或已有构造说明(例如工程做法表),则在剖面图中用索引符号引出说明。

8.5.2 图示方法

1. 建筑剖面图的基本内容

建筑剖面图的基本内容具体如下。

(1) 与平面图相对应的轴线编号。

(2) 各层楼地面、休息平台及有关构件的标高。

(3) 房屋内部构件的高度、尺寸、大小。

(4) 房屋内部的构造特征。

(5) 如有详图之处以详图符号标出。

2. 建筑剖面图的表示方法

建筑剖面图的表示方法具体如下。

(1) 线型的要求、材料的图例均与平面图相同。

(2) 除了用标高符号表示各构件部位的高度外,同时在外墙的外侧标注一道尺寸线来说明构件的大小尺寸。

(3) 图面如果允许可以用引出线来说明楼地面及屋顶的构造层次,否则以索引符号示意。

3. 建筑剖面图的绘制步骤

建筑剖面图的绘制一般可按下列步骤进行。

(1) 确定图幅,选择比例,布置图面。

(2) 画出相关的定位轴线及楼地面、屋顶线。

(3) 画出墙身的轮廓线及楼板、屋面板的厚度。

(4) 画出楼梯间的位置及其细部。

(5) 画出门窗的高度及雨篷、台阶等细部。

(6) 检查无错后,根据图纸的内容按《建筑制图统一标准》(GB/T 50104—2010)的规定加深图形线。

(7) 注写轴线编号、尺寸数字、索引符号、文字说明。

8.5.3 识读要点

建筑剖面图的识读要点具体如下。

(1) 在底层剖面图中找到相应的剖切位置与投影方向,再结合各层建筑平面图,根据对应的投影关系,找到剖面图中建筑物各部分的平面位置,建立建筑物内部的空间形状。

(2) 查阅建筑物各部位的高度,包括建筑物的层高、剖切到的门窗高度、楼梯平台高度、屋檐部位的高度等,再结合立面图检查是否一致。

(3) 结合屋顶平面图查阅屋顶的形状、做法、排水情况等。

(4) 结合建筑设计说明查阅地面、楼面、墙面、顶棚的材料和装修做法。

(5) 房屋各层顶棚的装饰做法为吊顶，详细做法需查阅建筑设计说明。阅读建筑剖面图也要与建筑平面图、立面图结合起来阅读。

8.5.4 识图举例

如图 8-9 所示为某别墅的 1—1 剖面图，一般建筑平面图的剖切位置选择通过门窗洞和内部结构比较复杂或有变化的部位，如果一个剖切平面不能满足要求时，可采用阶梯剖面。

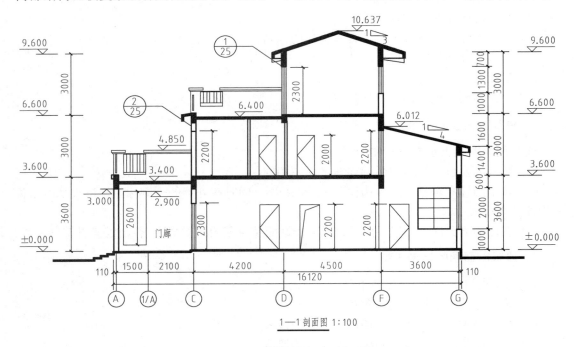

图 8-9　某别墅的 1—1 剖面图

将剖面图的图名和轴线编号与一层平面图上的剖切位置和轴线编号相对照，可知 1—1 剖面图是一个剖切平面由南向北，先从 C1820 窗处进入室内然后向南穿过餐厅、客厅和玄关处将房屋剖开的 1—1 全剖面图。1—1 剖面图中画出房屋地面到屋顶的结构形式和材料符号，结合平面图中各轴线相交处的涂黑标记可以看出，这幢砖混结构别墅的构造柱和水平方向承重构件(圈梁板等)均用钢筋混凝土材料制成。

按《建筑制图统一标准》(GB/T 50104—2010)的规定，在 1∶100 的剖面图中抹面层可不画，剖切到的构配件轮廓线，如本图的室外地坪线用加粗线绘制，被剖切到的墙、梁和楼板断面的轮廓线用粗实线绘制，并且这些部分的材料符号可简化为砖墙涂红、钢筋混凝土的梁和板涂黑表示。剖切平面后的可见轮廓线，如门、窗洞、露台栏杆等，以及剖切到的门、窗户图例用中实线绘制。一层主要部位层高为 3.6m，二层为 3m，三层檐口高度为 3m。

同时，由于这栋房屋的构造比较复杂，还有一个由西向东，从窗 C0920 穿过中厨、西厨、餐厅和客厅的 2—2 全剖面图，如图 8-10 所示。1—1、2—2 两剖面图的绘制比例均为 1∶100。

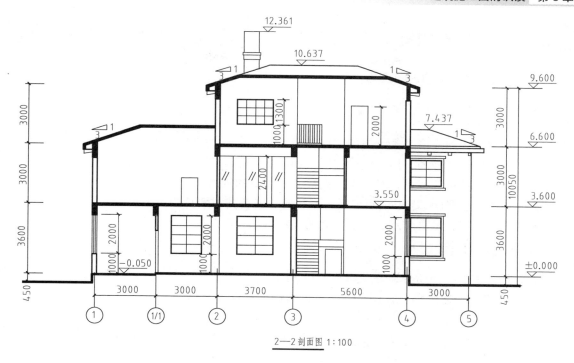

2—2 剖面图 1:100

图 8-10　某别墅的 2—2 剖面图

8.6　建 筑 详 图

8.6.1　建筑详图的作用

　　由于建筑平、立、剖面图一般采用较小比例绘制，许多细部构造、材料和做法等内容很难表达清楚。为了能够指导施工，常把这些局部构造用较大比例绘制详细的图样，这种图样称为建筑详图(也称为大样图或节点图)。常用比例包括 1:2、1:5、1:10、1:20、1:50。

　　建筑详图可以是平、立、剖面图中局部的放大

建筑详图.docx　　　建筑详图.mp4

图。对于某些建筑构造或构件的通用做法，可直接引用国家或地方制定的标准图集(册)或通用图集(册)中的大样图，不必另画详图。常见建筑详图包括墙身剖面图和楼梯、阳台、雨篷、台阶、门窗、卫生间、厨房、内外装饰等详图。

　　(1) 墙身剖面详图主要用以详细表达地面、楼面、屋面和檐口等处的构造，楼板与墙体的连接形式，以及门窗洞口、窗台、勒脚、防潮层、散水和雨水口等细部构造做法。平面图与墙身剖面详图配合，作为砌墙、室内外装饰、门窗立口的重要依据。

　　(2) 楼梯详图表示楼梯的结构形式、构造做法，各部分的详细尺寸、材料和做法，是楼梯施工放样的主要依据。楼梯详图包括楼梯平面图和楼梯剖面图。

8.6.2 外墙节点详图

1. 外墙节点详图的识图技巧

外墙节点详图的识图技巧具体如下。

(1) 了解图名、比例。

(2) 了解墙体的厚度及其所属的定位轴线。

(3) 了解屋面、楼面、地面的构造层次和做法。

(4) 了解各部位的标高、高度方向的尺寸和墙身的细部尺寸。

(5) 了解各层梁(过梁或圈梁)、板、窗台的位置及其与墙身的关系。

(6) 了解檐口、墙身防水、防潮层处的构造做法。

2. 外墙节点详图实例

(1) 某住宅小区外墙身详图,如图 8-11 所示。

看完某住宅小区外墙身详图以后,我们可以得到以下信息。

① 该图为某住宅小区外墙身的详图,比例为 1：20。

② 图中表示出正门处台阶的形式、台阶下部的处理方法,台阶顶面向外侧设置了 1% 的排水坡,防止雨水进入大厅。

③ 正门顶部有雨篷,雨篷的排水坡为 1%,雨篷上用防水砂浆抹面。

④ 正门门顶部位用聚苯板条塞实。

⑤ 一层楼面为现浇混凝土结构,做法见工程做法。

⑥ 从图中可知该楼房二、三楼楼面也为现浇混凝土结构,楼面做法见工程做法。

⑦ 外墙面最外层设置隔热层,窗台下外墙部分为加气混凝土墙,此部分墙厚 200mm, 窗台顶部设置矩形窗过梁,楼面下设 250mm 厚混凝土梁,窗过梁上面至混凝土梁之间用加气混凝土墙,外墙内面用厚 1：2 水泥砂浆做 20mm 厚的抹面。

⑧ 窗框和窗扇的形状和尺寸需另用详图表示,窗顶窗底施工时均用聚苯板条塞实,窗顶设有滴水,室内窗帘盒做法需查找通用图 05J7-1 第 68 页 5 详图。

⑨ 檐口部分,从①～⑥立面图可知屋顶侧墙铺设屋面瓦,具体施工方法见通用图 05J1 第 102 页 20 详图。檐口外挑宽度为 600mm,雨水管处另有详图①,雨水沿雨水管集中流到地面。

⑩ 雨水管的位置和数量可从立面图或平面图中查到。

(2) 某办公楼外墙身详图,如图 8-12 所示。

看完某办公楼外墙身详图以后,从中可以得到以下信息。

① 该图图名为 A-A,比例为 1：20。

② 适用于 A 轴线上的墙身剖面,砖墙的厚度为 240mm,居中布置(以定位轴线为中心, 其外侧为 120mm,内侧也为 120mm)。

③ 楼面、屋面均为现浇钢筋混凝土楼板构造。各构造层次的厚度、材料及做法,详见构造引出线上的文字说明。

④ 墙身详图应标注室内外地面、各层楼面、屋面、窗台、圈梁或过梁以及檐口等处的

标高。同时，还应标注窗台、檐口等部位的高度尺寸和细部尺寸。在详图中，应画出抹灰和装饰构造线，并画出相应的材料图例。

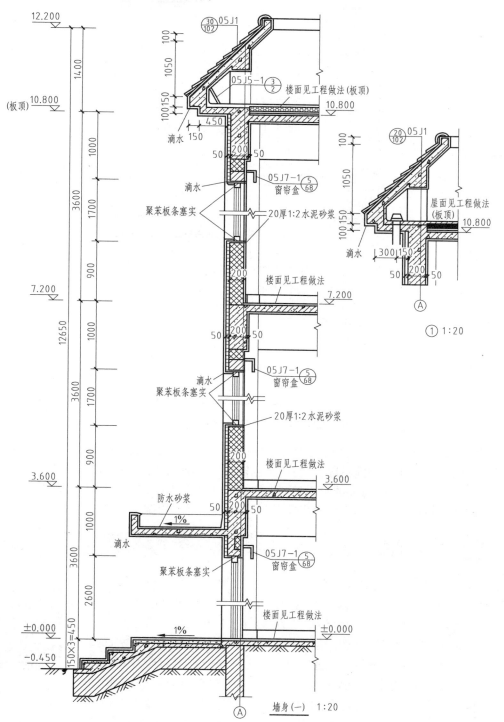

图 8-11 某住宅小区外墙身详图

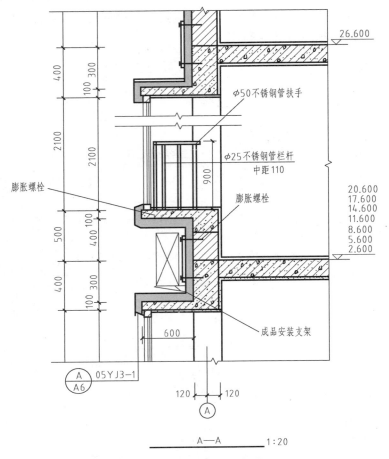

图 8-12　某办公楼外墙身详图

　　⑤ 由墙身详图可知，窗过梁为现浇的钢筋混凝土梁，门过梁由圈梁(沿房屋四周的外墙水平设置的连续封闭的钢筋混凝土梁)代替，楼板为现浇板，窗框位置在定位轴线处。

　　⑥ 从墙身详图中檐口处的索引符号，可以查出檐口的细部构造做法，把握好墙角防潮层处的做法、材料和女儿墙上防水卷材与墙身交接处泛水的做法。

8.6.3　楼梯详图

　　楼梯详图的绘制是建筑详图绘制的重点。楼梯由楼梯段(包括踏步和斜梁)、平台和栏杆扶手等组成。楼梯详图主要表达楼梯的类型、结构形式、各部位的尺寸及装修尺寸，它是楼梯放样施工的主要依据。

　　楼梯详图一般包括平面图、剖面图及踏步、栏杆详图等，通常都绘制在同一张图纸中单独出图。平面和剖面的比例要一致，以便对照阅读。踏步和栏杆扶手的详图的比例应该大一些，以便详细表达该部分的构造情况。楼梯详图包含建筑详图和结构详图，分别绘制在建筑施工图和结构施工图中。对一些比较简单的楼梯，可以考虑将楼梯的建筑详图和结构详图绘制在同一张图纸上。

楼梯详图.mp4

楼梯平面图和房屋平面图一样，要绘制出首层平面图、中间层平面图(标准层平面图)和顶层平面图。楼梯平面图的剖切位置在该层往上走的第一梯段的休息平台下的任意位置。各层被剖切的梯段按照制图标准要求，用一条 45° 折断线表示，并用上、下行线表示楼梯的行走方向。

楼梯平面图要注明楼梯间的开间和进深尺寸、楼地面的标高、休息平台的标高和尺寸，以及各细部的详细尺寸。通常将梯段长度和踏面数、踏面宽度尺寸合并写在一起。如 11×260=2860，表示该梯段有 11 个踏面，踏面宽度为 260，梯段总长为 2860。

楼梯剖面图是用假想的铅垂面将各层通过某一梯段和门窗洞切开向未被切到的梯段投影。剖面图能够完整清晰地表达各梯段、平台、栏板的构造及相互间的空间关系。一般来说，楼梯间的屋面无特别之处，就无须绘制出来。在多层或高层房屋中，若中间各层楼梯的构造相同，则楼梯剖面图只需要绘制出首层、中间层和顶层剖面图，中间用 45° 折断线分开。楼梯剖面图还应表达出房屋的层数、楼梯梯段数、踏面数及楼梯类型和结构形式。剖面图中应注明地面、平台面、楼面等的标高和梯段、栏板的高度尺寸。楼梯剖面图的图层设置与建筑剖面图的设置类似。但值得注意的是，当绘图比例大于或等于 1：50 时，规范规定要绘制出材料图例。楼梯剖面图中除了断面轮廓线用粗实线外，其余的图形绘制均用细实线，如图 8-13 所示。

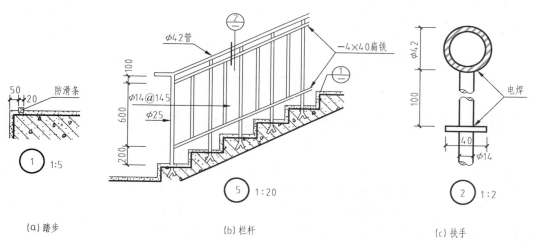

图 8-13 楼梯踏步、栏杆与扶手详图

8.6.4 阳台详图

阳台详图主要反映阳台的构造、尺寸和做法。如图 8-14 所示就是一幅阳台详图，该详图由 1-1 剖面图、阳台栏杆构件平面布置图和阳台局部平面图组成。

从图中可以看出，该阳台为两个连在一起，中间用镀锌管栏杆分开。从 1-1 剖面图中可知，阳台底面为预制板，伸出墙面 1100mm，外表面的上半段用深绿色瓷砖贴面，下半段用白色瓷砖贴面。从平面布置图中可知阳台的平面尺寸和布置情况，局部平面图用较大的比例画出，主要反映阳台两个侧面的做法。

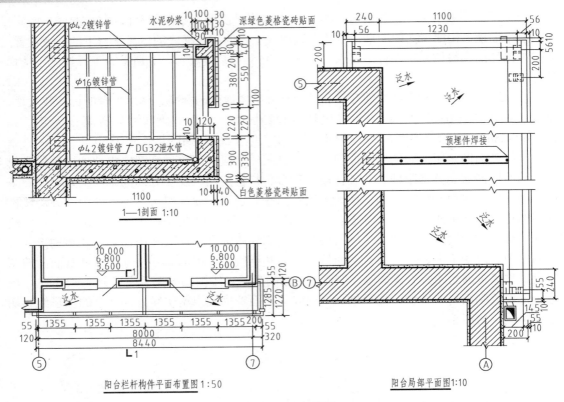

图 8-14　阳台详图

 本章小结

通过本章的学习，学生主要学习了解建筑物的基本组成和作用，掌握建筑施工图的内容、建筑施工图首页及总平面图基本概念及识图技巧，掌握建筑平面图、立面图、剖面图及建筑局部详图的图中所包含的内容及识图方法，并能熟练地识图、读图。了解结构施工图概述、基础施工图中的基础、基础平面图及基础详图的相关知识点，掌握楼层结构平面图、屋面结构平面图及其他结构平面图基础知识。

实训练习

一、单选题

1. 国标中规定施工图中水平方向定位轴线的编号应是(　　)。
   A. 大写拉丁字母　　B. 英文字母　　　C. 阿拉伯字母　　　D. 罗马字母

2. 附加定位轴线 2/4 是指(　　)。
   A. 4 号轴线之前附加的第二根定位轴线　　B. 4 号轴线之后附加的第二根定位轴线
   C. 2 号轴线之后的第四根定位轴线　　　　D. 2 号轴线之前附加的第 4 根定位轴线

3. 索引符号图中的分子表示的是(　　)。

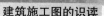

A. 详图所在图纸编号   B. 被索引的详图所在图纸编号

C. 详图编号   D. 详图在第几页上

4. 有一图纸量得某线段长度为 5.34cm，当图纸比例为 1：30 时，该线段实际长度是 ( )m。

     A. 160.2   B. 17.8   C. 1.062   D. 16.02

5. 门窗图例中平面图上和剖面图上的开启方向是指( )。

     A. 朝下，朝左为外开   B. 朝上，朝右为外开

     C. 朝下，朝右为外开   D. 朝上，朝左为外开

二、多选题

1. 建筑剖面图应标注( )等内容。

     A. 门窗洞口高度   B. 层间高度   C. 建筑总高度

     D. 楼板与梁的断面高度   E. 室内门窗洞口的高度

2. 下面属于建筑施工图的有( )。

     A. 首页   B. 总平面图   C. 基础平面布置图

     D. 建筑立面图   E. 建筑详图

3. 建筑平面图的组成为( )。

     A. 一层平面图   B. 中间标准层平面图

     C. 顶层平面图   D. 屋顶平面图   E. 局部平面图

4. 楼梯详图一般包括( )。

     A. 楼梯平面图   B. 楼梯立面图   C. 楼梯剖面图

     D. 楼梯节点详图   E. 楼梯首页

5. 建筑立面图要标注( )等内容。

     A. 详图索引符号   B. 入口大门的高度和宽度

     C. 外墙各主要部位的标高   D. 建筑物两端的定位轴线及其编号

     E. 以上答案都不对

三、简答题

1. 简答建筑施工图的概念。

2. 简答建筑平面图的分类。

3. 建筑详图包括哪些？

实训工作单

班级		姓名		日期	
教学项目		建筑施工图识读			
任务	解读一套完整的建筑施工图		图纸类型	多层框架结构建筑施工图	
相关知识			建筑施工图的识读知识点		
其他要求					

读图过程记录

评语			指导老师	

第9章 结构施工图的识读

【教学目标】

- 了解结构施工图的组成、识读方法与步骤
- 了解钢筋混凝土结构施工图的基本组成和内容
- 掌握平法施工图的图示特点、制图规则及主要内容
- 掌握柱平法施工图的制图要求和识图要点
- 掌握梁平法施工图的制图要求和识图要点
- 掌握典型工程的平法施工图的识读

第9章 结构施工图的识读课件.pptx

【教学要求】

本章要点	掌握层次	相关知识点
结构施工图的基本组成和作用	1. 了解结构的基本组成 2. 了解结构的作用	结构施工图的组成和作用
钢筋混凝土结构施工图的内容	1. 了解钢筋的基本知识 2. 了解混凝土的基本知识	钢筋混凝土结构图
基础图	1. 了解基础平面图的基本组成 2. 了解基础详图的基本组成	基础图
楼层结构布置图	1. 了解楼层结构布置图的图示内容 2. 掌握楼层结构布置图的图示方法	楼层结构布置图
平法施工图	1. 了解"平法"施工的注写方式 2. 掌握梁平法的标注规则	平法施工图

【引子】

　　结构施工图是根据房屋建筑中的承重构件进行结构设计后绘制成的图样。结构设计时根据建筑要求选择结构类型，并进行合理布置，再通过力学计算确定构件的断面形状、大小、材料及构造等，并将设计结果绘成图样，以指导施工，这种图样有时简称为"结施"。结构施工图与建筑施工图一样，是施工的依据，主要用于放灰线、挖基槽、基础施工、支承模板、配钢筋、浇灌混凝土等施工过程，也用作计算工程量、编制预算和施工进度计划的依据。

9.1 概 述

9.1.1 建筑工程施工图的作用、设计和种类

1. 建筑工程施工图的作用

工程图纸是工程界的技术语言，是表达工程设计和指导工程施工必不可少的重要依据，是具有法律效力的正式文件，也是重要的技术档案文件。

2. 建筑工程施工图的设计

建筑工程图纸的设计，一般是由业主通过招标投标选择具有相应资格的设计单位，并与之签订设计合同，进行委托设计的(按有关规定可以不招标投标的设计项目，可以直接委托)。

建设项目的设计工作一般分为初步设计、技术设计和施工图设计三个阶段。

技术上不太复杂的项目，可以按扩大的初步设计(扩初设计)和施工图设计两个阶段进行。大型的和重要的民用建筑工程，在初步设计前增加方案设计阶段(进行设计方案的优选)。

3. 建筑工程施工图的种类

建筑工程施工图通常包括建筑施工图、结构施工图和设备施工图。

9.1.2 结构施工图的内容

不同类型的结构，其施工图的具体内容与表达也各有不同，但一般包括下列三个方面的内容。

1) 结构设计说明

(1) 本工程结构设计的主要依据；

(2) 设计标高所对应的绝对标高值；

(3) 建筑结构的安全等级和设计使用年限；

(4) 建筑场地的地震基本烈度、场地类别、地基土的液化等级、建筑抗震设防类别、抗震设防烈度和混凝土结构的抗震等级；

音频.结构平面图的构成.mp3

(5) 所选用结构材料的品种、规格、型号、性能、强度等级、受力钢筋保护层厚度，钢筋的锚固长度、搭接长度及接长方法；

(6) 所采用的通用做法的标准图图集；

(7) 施工应遵循的施工规范和注意事项。

2) 结构平面布置图

(1) 基础平面图，采用桩基础时还应包括桩位平面图，工业建筑还包括设备基础布置图；

(2) 楼层结构平面布置图，工业建筑还包括柱网、吊车梁、柱间支撑、连系梁布置等；

(3) 屋顶结构布置图，工业建筑还应包括屋面板、天沟板、屋架、天窗架及支撑系统布置等。

3) 构件详图

(1) 梁、板、柱及基础结构详图；

(2) 楼梯、电梯结构详图；

(3) 屋架结构详图；

(4) 其他详图，如支撑、预埋件、连接件等的详图。

9.1.3 结构施工图的有关规定

1. 建筑工程结构制图规定

建筑工程结构制图规定如下。

(1) 一般规定。

(2) 钢筋的一般表示方法。

(3) 钢筋的简化表示方法。

(4) 混凝土结构中预埋件、预留孔洞的表示方法。

(5) 常用型钢的标注方法。

(6) 螺栓、孔、电焊铆钉的表示方法。

(7) 常用焊缝的表示方法。

(8) 钢结构中的尺寸标注。

(9) 常用木构件断面的表示方法。

(10) 木构件连接的表示方法。

(11) 常用构件代号。

内容详见《建筑结构制图标准》(GB/T 50105—2010)。

2. 比例

绘图时根据图样的用途、被绘物体的复杂程度，可选用合适的绘图比例，见表9-1。

表9-1　比例

图　名	常用比例	可用比例
结构平面图	1：50，1：100	1：60
基础平面图	1：150，1：200	1：60
圈梁平面图、总图中管沟、地下设施等	1：200，1：500	1：300
详图	1：10，1：20	1：5，1：25，1：4

3. 图线

建筑结构专业制图，应选用如表9-2所示的图线。

表9-2　图线

名　称		线　型	线　宽	一般用途
实线	粗	——————	b	螺栓、主钢筋线，结构平面图中单线结构构件线，钢木支撑及系杆线，图名下横线，剖切线

名 称		线 型	线 宽	一般用途
实线	中	——————	0.5b	结构平面图及详图中剖到或可见的墙身轮廓线，基础轮廓线，钢、木结构轮廓线，箍筋线，板钢筋线
	细	——————	0.25b	可见的钢筋混凝土构件的轮廓线、尺寸线、标注引出线，标高符号及索引符号
虚线	粗	- - - - - - -	b	不可见的钢筋、螺栓线，结构平面图中的不可见的单线结构构件线及钢、木支撑线
	中	- - - - - -	0.5b	结构平面图中的不可见构件、墙身轮廓线，钢、木结构轮廓线
	细	- - - - - -	0.25b	基础平面图中的管沟轮廓线、不可见的钢筋混凝土构件轮廓线
单点画线	粗	—— · —— · ——	b	柱间支撑、垂直支撑、设备基础轴线图中的中心线
	细	—— · —— · ——	0.25b	定位轴线、对称线、中心线
双点画线	粗	—— ·· —— ·· ——	b	预应力钢筋线
	细	—— ·· —— ·· ——	0.25b	原有结构轮廓线
折断线		———/\———	0.25b	断开界线
波浪线		∿∿∿	0.25b	断开界线

9.2 钢筋混凝土结构图

9.2.1 钢筋混凝土的基本知识

1. 钢筋的基本知识

用于混凝土结构的钢筋，应具有较高的强度和良好的塑性，便于加工和焊接，并应与混凝土之间具有足够的黏结力。特别是用于预应力混凝土结构的预应力钢筋应具有很高的强度，只有如此，才能建立起较高的张拉应力，从而获得较好的预压效果。

钢筋混凝土的基本知识.doc　音频.钢筋的分类.mp3

按加工方法不同，我国用于混凝土结构的钢筋主要有热轧钢筋、中强度预应力钢丝、预应力螺纹钢筋、消除应力钢丝、钢绞线等几类；按在结构中是否施加预应力，可分为普通钢筋和预应力钢筋。

1）普通钢筋

普通钢筋是指用于钢筋混凝土结构中的钢筋和预应力混凝土结构中的非预应力钢筋，主要采用热轧钢筋。

热轧钢筋由低碳钢或低合金钢热轧而成。按屈服强度标准值的大小，用于钢筋混凝土结构的热轧钢筋分为 HPB300、HRB335、HRBF335、HRB400、HRBF400、RRB400、HRB500、HRBF500 几个级别。其中 HPB300 钢筋公称直径范围为 6～22mm；其余热轧钢筋公称直径范围为 6～50mm。《混凝土结构设计规范》(GB 50010—2010)(以下简称《混凝土规范》)规定，纵向受力普通钢筋宜采用 HRB400、HRB500、HRBF400、HRBF500 级钢筋，也可采用 HPB300、HRB335、HRBF335、RRB400 级钢筋；梁、柱纵向受力普通钢筋应采用 HRB400、HRB500、HRBF400、HRBF500 级钢筋；箍筋宜采用 HRB400、HRBF400、HPB300、HRB500、HRBF500 级钢筋，也可采用 HRB335、HRBF335 级钢筋。

钢筋的外形分为光圆钢筋和变形钢筋(人字纹、螺旋纹、月牙纹)两种。其中 HPB300 钢筋为光圆钢筋，HRB335 钢筋、HRB400 钢筋和 RRB400 钢筋均为变形钢筋。

2) 预应力钢筋

《混凝土规范》规定，预应力钢筋宜采用预应力钢丝、钢绞线和预应力螺纹钢筋。钢绞线是由多根高强钢丝绞在一起而形成的，有 3 股和 7 股两种，多用于后张法大型构件。预应力钢丝主要是消除应力钢丝，其外形有光面、螺旋肋、三面刻痕三种。

3) 钢筋的强度标准值和强度设计值

钢材的强度具有变异性。即使同一炉钢轧制的钢材，其强度也会有差异。因此，在结构设计中采用其强度标准值作为基本代表值。所谓强度标准值，是指正常情况下可能出现的最小材料强度值。强度标准值除以材料分项系数即为材料强度设计值。钢筋的材料分项系数为：热轧钢筋 1.10，预应力钢筋 1.20。

《混凝土规范》规定，钢筋的强度标准值应具有不小于 95% 的保证率。热轧钢筋的强度标准值系根据屈服强度确定；预应力钢绞线、钢丝和热处理钢筋的强度标准值系根据极限抗拉强度确定。普通钢筋的强度标准值、强度设计值见表 9-3 和表 9-4，预应力钢筋的强度标准值、强度设计值见《混凝土规范》。

表 9-3　普通钢筋强度标准值

牌　　号	符　　号	公称直径(d) /(mm)	屈服强度标准值(f_{yk}) /(N/mm^2)	极限强度标准值($f_{cu,k}$) /(N/mm^2)
HPB300	Φ	6～22	300	420
HRB335 HRBF335	Φ Φ$_F$	6～50	335	455
HRB400 HRBF400 RRB400	Φ Φ$_F$ Φ$_R$	6～50	400	540
HRB500 HRBF500	Φ Φ$_F$	6～50	500	630

2. 混凝土的基本知识

混凝土强度是混凝土受力性能的一个基本标志。在工程中常用的混凝土强度有立方抗压强度、轴心抗压强度、轴心抗拉强度等。

表 9-4　普通钢筋强度设计值　　　　　　　　　　　单位：N/mm²

牌　号	抗拉强度设计值 f_y	抗压强度设计值 f_y^*
HPB300	270	270
HRB335、HRBF335	300	300
HRB400、HRBF400、RRB400	360	360
HRB500、HRBF500	435	435

(1) 混凝土的立方抗压强度 f_{cu} 及强度等级。

立方抗压强度是衡量混凝土强度大小的基本指标，是评价混凝土等级的标准。《混凝土规范》规定，用边长为 150mm 的标准立方体试件，在标准养护条件下(温度 20±2℃，相对湿度为 95%以上的标准养护室内)养护 28 天后，按照标准试验方法测定其抗压强度值称为混凝土立方体抗压强度，简称立方体抗压强度，以 f_{cu} 表示。立方体抗压强度(f_{cu})只是一组试件抗压强度的算术平均值，并未涉及数理统计和保证率的概念。立方体抗压强度标准值($f_{cu,k}$)是按数理方法统计确定，具有不低于 95%保证率的立方体抗压强度。根据立方体抗压强度标准值 $f_{cu,k}$ 的大小，混凝土强度等级分 C15、C20、C25、C30、C35、C40、C45、C50、C55、C60、C65、C70、C75、C80 共 14 级。

《混凝土规范》规定，素混凝土结构的混凝土强度等级不应低于 C15；钢筋混凝土强度等级不应低于 C20；当采用 400MPa 及以上的钢筋时，混凝土强度等级不应低于 C25。预应力混凝土结构的混凝土强度等级不宜低于 C40，且不应低于 C30。

(2) 混凝土的轴心抗压强度 f_c。

实际工程中，受压构件并非立方体而是棱柱体，工作条件与立方体试块的工作条件也有很大差别，采用棱柱体试件更能反映混凝土的实际抗压能力。所以，我国采用根据 150mm×150mm×300mm 棱柱体试件测得的强度作为混凝土的轴心抗压强度。轴心抗压强度是构件承载力计算的强度指标。

(3) 混凝土的轴心抗拉强度 f_t。

轴心抗拉强度，即采用尺寸为 100mm×100mm×500mm 的柱体试件进行直接轴心受拉试验，但其准确性较差。故国内外多采用圆柱体或立方体的劈裂试验来间接测定。混凝土的抗拉强度远小于抗压强度，只有抗压强度的 1/17～1/8。混凝土强度同钢筋相比，具有更大的变异性，混凝土的强度标准值应具有不小于 95%的保证率。

混凝土强度设计值等于混凝土强度标准值除以混凝土材料分项系数 1.4。各种强度等级的混凝土强度标准值、强度设计值见表 9-5 和表 9-6。

表 9-5　混凝土强度标准值　　　　　　　　　　　单位：N/mm²

强度	混凝土强度等级													
	C15	C20	C25	C30	C35	C40	C45	C50	C55	C60	C65	C70	C75	C80
f_{ck}	10.0	13.4	16.7	20.1	23.4	26.8	29.6	32.4	35.5	38.5	41.5	44.5	47.4	50.2
f_{tk}	1.27	1.54	1.78	2.01	1.20	2.40	2.51	2.64	2.74	2.85	2.99	3.00	3.05	3.11

表 9-6　混凝土强度设计值　　　　　　　　　　　　　　　单位：N/mm²

强度	混凝土强度等级												
	C15	C20	C25	C30	C35	C40	C45	C50	C55	C60	C65	C70	C75	C80
f_{ck}	7.2	9.6	11.9	14.3	16.7	19.1	21.2	23.1	25.3	27.5	29.7	31.8	33.8	35.9
f_{tk}	0.91	1.1	1.27	1.43	1.57	1.71	1.80	1.89	1.96	2.04	2.09	2.14	2.18	2.22

3. 混凝土结构耐久性

关于混凝土结构耐久性应注意以下几点。

(1) 在一类、二类和三类环境中，对于设计使用年限为 50 年的结构混凝土耐久性的基本要求见表 9-7。

表 9-7　设计使用年限为 50 年的结构混凝土耐久性的基本要求

环境类别		最大水灰比	最小水泥用量/(kg·m⁻³)		最低混凝土强度等级	最大氯离子含量/%	最大碱含量/(kg·m⁻³)
			素混凝土	钢筋混凝土			
一		0.65	200	225	C20	1.00	不限制
二	a	0.60	225	250	C25	0.30	3.0
	b	0.55	250	275	C30	0.20	3.0
三		0.50	275	300	C30	0.10	3.0

注：①氯离子含量系指其占水泥用量的百分率。

②预应力构件混凝土中的氯离子含量分数不得超过 0.06%；水泥用量不应少于 300kg/m³；最低混凝土强度等级应按表中规定提高两个等级。

③当混凝土中加入活性掺和料或能提高耐久性的外加剂时可酌情降低水泥用量。

④当有工程经验时，处于一类和二类环境中的混凝土强度等级可降低一级。

⑤当使用非碱活性骨料时，对混凝土中的碱含量可不进行限制。

(2) 在一类环境中，对于设计使用年限为 100 年且处于一类环境中的混凝土结构应符合以下规定。

① 结构混凝土强度等级不应低于 C30，预应力混凝土结构混凝土强度等级应不低于 C40。

② 混凝土中的最大氯离子含量为 0.06%。

③ 宜使用非碱活性骨料；当使用碱活性骨料时，混凝土中的碱含量不得超过 3.0kg/m³。

④ 混凝土保护层厚度宜增加 40%，在使用过程中宜采取表面防护、定期维护等有效措施。

(3) 处于严寒及寒冷地区潮湿环境中的结构混凝土应满足抗冻要求，混凝土抗冻等级应符合有关标准的要求。

(4) 有抗渗要求的混凝土结构，混凝土的抗渗等级应符合有关标准的要求。

(5) 三类环境中的结构或构件，其受力钢筋宜采用环氧涂层带肋钢筋，预应力钢筋应有防护措施，且宜采用有利于提高耐久性的高性能混凝土，混凝土强度等级不得低于 C30。

(6) 四类和五类环境中的混凝土结构，其耐久性要求应符合有关标准的规定。

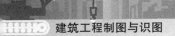

(7) 对临时性混凝土结构，可不考虑耐久性要求。

(8) 未经技术鉴定或设计许可，不得改变结构的使用环境和用途。

9.2.2 识图举例

1. 钢筋混凝土结构图图样

钢筋混凝土结构图包括两类图样，一类是一般构造图(又叫模板图)，另一类是钢筋结构图。构造图，即表示构件的形状和大小，不涉及内部钢筋的布置情况，而钢筋结构图主要表示构件内部钢筋的配置情况。如图 9-1 和图 9-2 所示为钢筋混凝土板和梁的钢筋结构图。

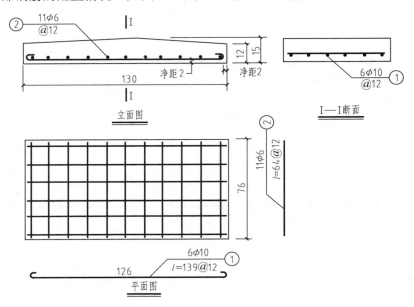

图 9-1　钢筋混凝土板的钢筋结构图

2. 钢筋结构图的图示特点

钢筋结构图的图示特点具体如下。

(1) 钢筋图主要是表示构件内部钢筋的布置情况，所以为了突出结构物中钢筋的配置情况，一般把混凝土假设为透明体，将结构外形轮廓画出细实线。

(2) 钢筋纵向画成粗实线，其中箍筋较细，可画为中实线，钢筋断面用黑圆点表示，钢筋重叠时可用小圆圈表示。

(3) 当钢筋密集，难以按比例画出时，可允许采用夸张画法；当钢筋并在一起时，注意中间应留有一定的空隙。

(4) 在钢筋结构图中，对指向阅图者弯折的钢筋，采用黑圆点表示；对背向阅图者弯折的钢筋，采用"X"表示。

(5) 钢筋的弯钩和净距的尺寸都比较小，画图时不能严格按照比例画，以免线条重叠，要考虑适当放宽尺寸，以清楚为度，此称为夸张画法。同理，在立面图中遇到钢筋重叠时，亦要放宽尺寸使图面清晰。

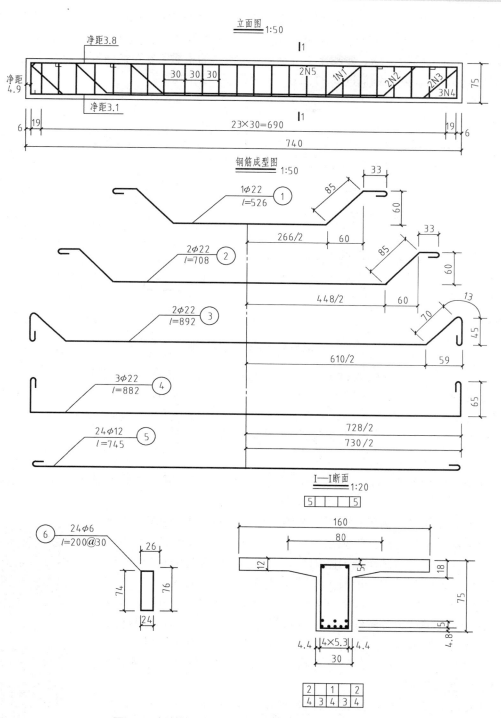

图 9-2　钢筋混凝土 T 形梁结构示意图(单位：cm)

　　(6) 画钢筋结构图时，三面投影图不一定都画出来，而是根据需要来决定，例如画钢筋混凝土梁的钢筋结构图，一般不画平面图，只用立面图和断面图表示。

(7) 钢筋的标注。钢筋的标注应包括钢筋的编号、数量、长度、直径、间距，通常应沿钢筋的长度标注或标注在有关钢筋的引出线上。钢筋编号时，宜先编主、次部位的主筋，后编主、次部位的构造筋。如图 9-3 所示，n 为钢筋的根数，ϕ 为钢筋直径及种类的符号，d 为钢筋直径数值，@为钢筋间距的代号，s 为钢筋间距的数值。

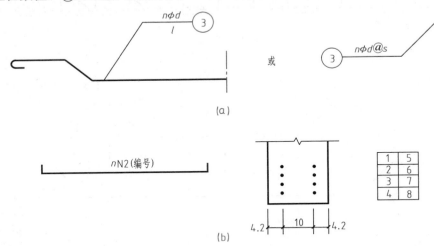

图 9-3 钢筋尺寸标注形式

在纵断面图中，预应力钢筋除了标注钢筋的编号、数量、长度、直径、间距外，还用表格形式每隔 0.5～1m 的间距，标出纵、横、竖三维坐标值。

9.3 基 础 图

基础是房屋在地面以下的部分，它承受房屋全部荷载，并将其传递给地基(房屋下的土层)。

根据上部承重结构形式的不同及地基承载力的强弱，房屋的基础形式通常有以下几种：柱下独立基础、墙(或柱)下条形基础、柱下十字交叉基础、筏形基础及箱形基础等。根据基础所采用的材料不同，基础又可分为砖石基础、混凝土基础及钢筋混凝土基础等。

现以条形基础为例，如图 9-4 所示，介绍基础的一些知识。房屋建造前，首先根据定位轴线在施工现场挖一长条形的土坑，称基坑。基础底下的土层或岩石层称为地基；基础与地基之间设有垫层；基础墙呈台阶形放宽，俗称大放脚；基础墙的上部设有防潮层；防潮层的上面是房屋的墙体。

基础图就是要表达建筑物室内地面以下基础部分的平面布置和详细构造的图样，它是施工放线、开挖基坑及施工基础的依据。基础图通常包括基础平面图和基础详图。基础平面图主要表达基础的平面布置，一般只画出基础墙、构造柱、承重柱和断面以下基础底面的轮廓线。至于基础的细部投影(如基础及基础梁的基本形状、材料和构

基础图.doc

音频.基础图的构成
与内容.mp3

造等)将反映在基础详图中。如图 9-5 所示为某联排别墅的基础平面图,如图 9-6 所示为其基础详图。

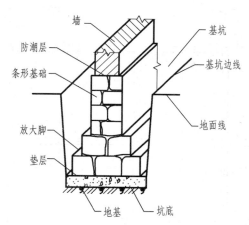

图 9-4　基础组成示意图

9.3.1　基础平面图

1. 图示方法

基础平面图是假想用一水平面沿地面将房屋剖开,移去上面部分和周围土层,向下投影所得的全剖面图。

2. 画法特点及要求

基础平面图的画法特点及要求具体如下。

(1) 图线。

剖切到的墙画中粗实线(0.7b),可见的基础轮廓画中粗实线(0.7b)或者中实线(0.5b),可见的基础梁画中实线(0.5b)。

(2) 比例。

基础平面图的比例一般与建筑平面图的比例相同。

(3) 定位轴线。

基础平面图上的定位轴线及编号应与建筑平面图一致,以便对照阅读。

(4) 基础梁、柱。

基础梁、柱用代号表示,剖切的钢筋混凝土柱涂黑。

(5) 剖切符号。

凡尺寸和构造不同的条形基础都需加画断面图,基础平面图上剖切符号要依次编号。

(6) 尺寸标注。

基础平面图上需标出定位轴线间的尺寸以及条形基础底面和独立基础底面的尺寸。整板基础的底面尺寸是标注在基础垫层示意图上的。

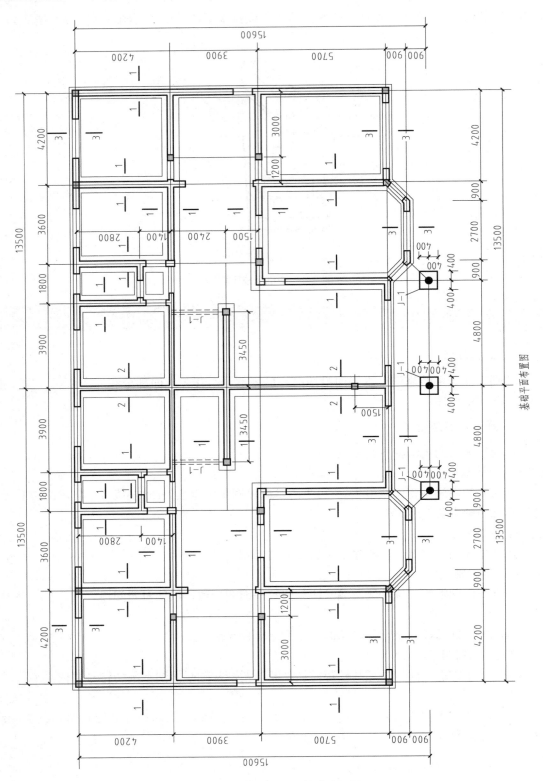

图 9-5　某联排别墅的基础平面图

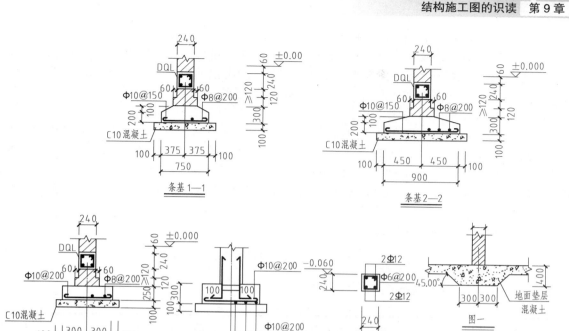

图 9-6 某联排别墅的基础详图

9.3.2 基础详图

　　基础平面图仅表示基础的平面布置，而基础各部分的形状、大小、材料、构造及埋置深度需要画详图来表示。基础详图是用来详尽表示基础的截面形状、尺寸、材料和做法的图样。根据基础平面布置图的不同编号，分别绘制各基础详图。由于各条形基础、各独立基础的断面形式及配筋形式是类似的，因此一般只需画出一个通用的断面图，再附上一个表加以辅助说明即可。

基础详图.mp4

　　条形基础详图通常用垂直断面图表示，独立基础详图通常用垂直断面图和平面图表示。平面图主要表示基础的平面形状，垂直断面图表示了基础断面形式及基础底板内的配筋。在平面图中，为了明显地表示基础底板内双向网状配筋情况，可在平面图中一角用局部剖面表示，见图 9-6。

9.3.3 识图举例

　　基础平面图的绘图比例一般应与建筑平面图的比例相同。基础平面图上的定位轴线及编号也应与建筑平面图一致。建筑平面图上剖切到的墙体边线画成粗实线，基础梁柱用代号表示，剖切到的钢筋混凝土柱涂黑，基础轮廓线用中实线或者中粗实线表示，基础下面不可见的小洞与其过梁分别用细、粗虚线表示。

　　基础平面图上应注出房屋轴线间的开间、进深与总长、总宽尺寸等。凡构造与尺寸不

同的基础都要加画断面图，剖切符号要依次标注。

在图 9-5 中可见该联排别墅大部分采用柱下独立基础的形式，基础之间由基础梁连接，沿⑧轴线和⑪轴线局部有条形基础。每个独立基础均进行了编号 J－1～J－10，在平面图中只标出了每个独立基础的外观尺寸，具体内部配筋见基础详图。在基础平面图中，基础梁的表示采用平法的集中注法，其表达方法同梁的平法施工图制图规则。在图中由于左右对称，只在右侧标注。以沿Ⓐ轴线的基础梁为例进行详细识读。图中标出 JCL1(8)240×400，C8@100/200(2)，3C16；3C16，表示该梁为基础梁，编号为 1，有 8 跨，截面尺寸为 240mm×400mm，梁箍筋配置为Ⅲ级钢筋，加密区中心距为 200mm，非加密区中心距为 100mm，均为两肢箍，梁内通长纵筋上下部均为 3 根Ⅲ级钢筋，直径为 16mm。其余的识读方法相同。

具体独立基础内配筋见表 9-8。

表 9-8　独立柱基础参数表

基础编号	基础尺寸(mm)	柱截面(mm)	X 向钢筋	Y 向钢筋	基础高(mm)		基底标高	备注
	$A×B$	$a×b$	A_s^b	A_s^a	h_1	h_2		
J－1	1100×1100	柱定位及尺寸见柱结构图	C12@150	C12@150	250	250	−1.500	独基定位见基础平面图
J－2	1300×1300		C12@150	C12@150	300	200	−1.500	
J－3	1800×1800		C14@150	C12@150	300	200	−1.500	
J－4	1400×1400		C12@150	C12@150	300	200	−1.500	
J－5	900×900		C12@200	C12@200	250	200	−1.500	
J－6	1600×1600		C12@125	C12@125	300	200	−1.500	
J－7	700×700		C10@100	C10@100	250	200	−1.500	
J－8	2200×2200		C14@150	C14@150	300	200	−1.500	
J－9	1000×1000		C12@150	C12@150	250	150	−1.500	
J－10	1500×1500		C12@150	C12@150	300	200	−1.500	

独立柱基础常应用于框架结构的基础。如图 9-6 左图是一个独立基础的详图，它由平面图和剖面图组成。由图可知，独立柱基础下面有垫层，基础与上面的柱连为一体。本图所示的垫层是厚度为 100mm 的 C15 混凝土，基础为 C25 混凝土，因在施工总说明中说明，故未在图中注出。由于该详图为通用详图，平面尺寸标注为 $A×B$ 的矩形，未标明具体大小，结合独立柱基础参数表可得出详细大小尺寸。基础形状为四棱柱和四棱台的组合体，其底部尺寸为 $A×B$，上部尺寸为 $(a+100)×(b+100)$，高度为 h_1+h_2。基础底部配有 $A_s^a A_s^b$ 双向钢筋网。柱的断面尺寸为 $a×b$，具体数值见独立柱基础参数表。基础内插筋同柱内纵筋，标高±0.000以下，基础内箍筋同柱内箍筋@100 加密表示。由于上部有异形柱，故基础内因为构造要求增加钢筋。图 9-6 左图中，由于上部为 L 形柱，故增加了 3C10 的构造筋以及 2C8 的箍筋。

图 9-6 是条形基础详图，条形基础包括垫层和基础墙两部分，垫层采用 C15 混凝土，基础采用 C25 混凝土，同独立基础。基础墙采用强度等级为 MU15 的 240mm×115mm×53mm蒸压粉煤灰砖、M10 水泥砂浆砌筑。由于在施工总说明中注出，故未在图中注出。基础内

配置 C8@200 和 C8@200(C15@500)钢筋网。基础高度为 300(500)mm。基础详图按实际形状、尺寸绘制，画出材料图例，并表示出基础上的墙体、防潮层、室内外地坪位置，女儿墙、室内地坪以下的墙体。

9.4　楼层结构布置图

9.4.1　图示内容

楼层结构布置图是用平面图的形式来表示每层楼房的承重构件如楼板、梁柱、墙的布置情况。楼层结构平面图是沿每层楼板上表面水平剖切后并向下投影的全剖面视图。

9.4.2　图示方法

1. 比例

一般楼层结构平面图比例同建筑平面图，以便查阅对照。

2. 定位轴线

楼层结构平面图的轴线编号应与建筑平面图一致。

3. 图线

楼层结构布置图图线的选用可参阅表 9-2。

4. 预制楼板和现浇楼板

房屋内铺设的楼板有预制和现浇两种，一般应分房间按区域表示。预制楼板按投影位置绘制，或在铺楼板的区域内画一条对角线，并注写其代号、数量及有关规格。各地标准不同，代号也不一样，现以江苏地区的标准说明预制楼板的代号含义：

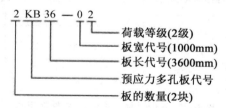

板宽代号 0，9，8，6，5，4 分别表示板的宽度为 1000mm，900mm，800mm，600mm，500mm，400mm。

5. 梁、柱等承重构件

剖切到的柱子涂黑，并注上相应的代号。板下不可见梁画虚线加注代号表示，或在梁中心位置画粗点画线并加注代号表示。

6. 尺寸标注

一般楼层结构平面图只需要标注轴线之间的尺寸。

9.4.3 识图举例

图 9-7 是培训楼二层结构布置平面图，绘图比例 1∶100。图上被剖切到的钢筋混凝土柱断面涂黑表示，并注出其相应代号和编号如 Z2、Z3。框架梁 KL-1、KL-2 等，在楼板下的不可见轮廓画虚线表示。有些梁如 L-4、GL-2 等，在其中心位置用粗点画线表示。楼板是分区表示的，如位于⑥～⑦和①和 G 之间的区域，按投影画出了所铺设的各块预制楼板，并标注 5KB36-03 和 1KB36-53，表示该区共铺设 6 块板长为 3600mm 的空心板，其中 5 块板宽为 1000mm，1 块板宽为 500mm。将该铺板区编号为①，其他区的铺板规格与此相同时，就不必再重复详细绘图与标注，只需要注写相同编号①即可。

局部现浇楼板，可以直接在布板区绘出钢筋详图(如果图面大小允许)，也可在该区画一条对角线，注写出相应代号如 B-1，另画详图表示。

①～②和①～⑧之间是楼梯位置，习惯上需另画详图，所以仅画一条对角线并沿线用文字说明，甲楼梯详见结施-23。

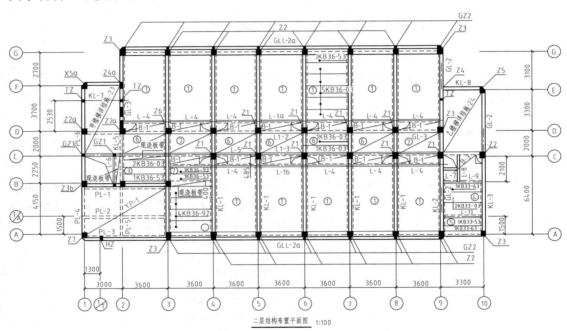

图 9-7　某培训楼二层结构布置平面图

9.5　平法施工图

9.5.1 平法设计的注写方式

按平法设计绘制的结构施工图，必须根据具体工程设计，按照各类构件的平法制图规则，在按结构层绘制的平面布置图上直接标示各构件的尺寸、配筋和所选用的标准构造详图。

在平面布置图上标示各构件尺寸和配筋的方式,分平面注写方式、列表注写方式和截面注写方式三种。

按平法设计绘制结构施工图时,应将所有柱、墙、梁构件进行编号,并用表格或其他方式注明各结构层楼(地)面标高、结构层高及相应的结构层号。

平法设计的注写方式.doc

9.5.2 梁平法标注规则

平面注写方式参见图9-8。

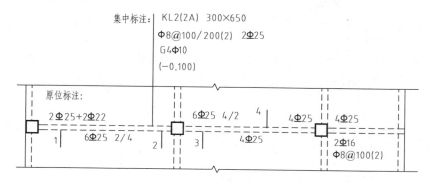

图9-8 平面注写方式

如图9-9所示为采用传统表示方法绘制的四个梁截面配筋图。

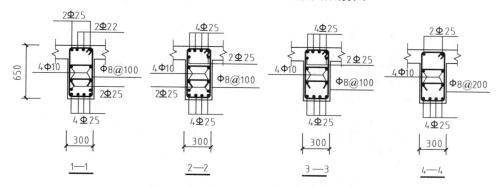

图9-9 采用传统方法绘制的梁截面配筋图

1. 梁集中标注规则

梁集中标注的内容,有五项必注值及一项选注值,具体规定如下。

第一项:梁编号。如图9-8所示中的KL2(2A),2号框架梁,2跨一端有悬挑。

第二项:梁截面尺寸 $b×h$(宽×高)。如图9-8所示中的300×650。

第三项:梁箍筋,包括钢筋级别、直径、加密区与非加密区间距及肢数。如图9-8所示中的φ8@100/200(2),一级钢筋2肢箍,加密区间距100mm,非加密区间距200mm。

第四项:梁上部贯通筋或架立筋。如图9-8所示中的2φ25,2根直径25的一级构造钢筋。

第五项：梁侧面纵向构造钢筋或受扭钢筋。如图 9-8 所示中的 G4φ10，4 根φ10 侧面构造筋。

第六项：梁顶面标高高差。如图 9-8 所示中的-0.100 表示梁顶面的高差为-0.1m。

2. 梁原位标注方法规则

梁原位标注方法规则具体如下。

(1) 梁支座上部纵筋。

① 当上部纵筋多于一排时，用斜线"/"将各排纵筋自上而下分开，如图 9-8 中 6φ25 4/2。

② 当同排纵筋有两种直径时，用加号"+"将两种直径相连，注写时将角部纵筋写在前面，如图 9-8 中 2φ25+2φ22。

③ 当梁中间支座两边的上部纵筋不同时，须在支座两边分别标注。

(2) 附加箍筋或吊筋。

附加箍筋或吊筋可直接画在平面图中的主梁上，用线引注总配筋值，如图 9-8 所示。当多数附加箍筋或吊筋相同时，可在梁平法施工图上统一注明，少数与统一注明值不同时，再原位引注。

注意：当在梁上集中标注的内容不适用于某跨或某悬挑部分时，则将其不同数值原位标注在该跨或该悬挑部位，施工时应按原位标注数值取用。

梁集中标注和原位标注的注写位置及内容，如图 9-10 所示。

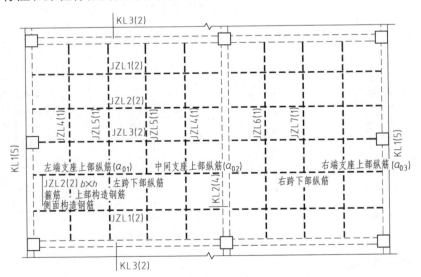

图 9-10 梁平法集中标注和原位标注的位置和内容

图 9-11 所示为梁平法施工图平面注写实例。

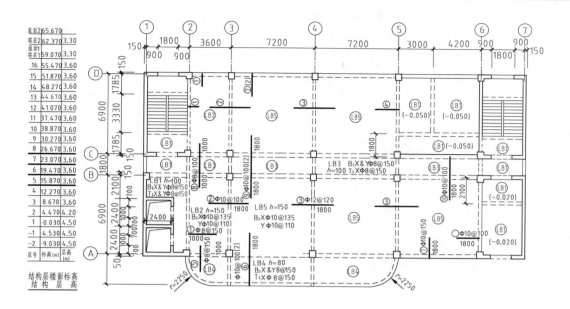

15.870—26.670 梁平法施工图

图 9-11　梁平法施工图平面注写实例

　本章小结

　　通过本章的学习，主要介绍了结构的基本组成和作用，了解了钢筋的基本知识，了解了混凝土的基本知识，了解了基础平面图的基本组成，了解了基础详图的基本组成，了解了楼层结构布置图的图示内容，掌握楼层结构布置图的图示方法，掌握平法施工图的图示特点、制图规则及主要内容，掌握柱平法施工图的制图要求和识图要点，掌握梁平法施工图的制图要求和识图要点，掌握典型工程的平法施工图的识读，了解平法施工的注写方式，掌握梁平法的标注规则。

　实训练习

一、单选题

1.　标注φ6@200 中，以下说法错误的是(　　)。
　　A. 6 代表钢筋根数　　　　　　　　　B. φ为直径符号，且表示该钢筋为Ⅰ级
　　C. @为间距符号　　　　　　　　　　D. 200 代表钢筋间距为 200mm
2.　砖混结构房屋结构平面图一般没有(　　)。
　　A. 基础平面图　　　　　　　　　　　B. 楼层结构平面布置图
　　C. 底层结构平面布置图　　　　　　　D. 屋面结构平面布置图
3.　钢筋混凝土结构中承受力学计算中拉、压应力的钢筋称为(　　)。
　　A. 箍筋　　　　　　B. 架立筋　　　　　　C. 受力钢筋　　　　　　D. 分布筋

4. 关于基础平面图画法规定的表述中，以下正确的是( )。

    A. 不可见的基础梁用细虚线表示　　　　B. 剖到的钢筋混凝土柱用涂黑表示

    C. 穿过基础的管道洞口可用粗实线表示　D. 地沟用粗实线表示

5. 钢筋的种类代号"φ"表示的钢筋种类是( )。

    A. HRB335 钢筋　　　B. HPB235 钢筋　　　C. HRB400 钢筋　　　D. RRB400 钢筋

二、多选题

1. 柱平法施工图注写方式有( )注写方式。

    A. 平面　　　　　B. 立面　　　　　C. 剖面　　　　　D. 截面　　　E. 列表

2. 平面注写包括( )标注方式。

    A. 集中　　　　　B. 个别　　　　　C. 原位　　　　　D. 部分　　　E. 分别

3. 结构平面图有( )。

    A. 基础平面图　　　　　　　　　　　　B. 底层结构平面布置图

    C. 楼层结构平面布置图　　　　　　　　D. 屋顶结构平面布置图

    E. 楼梯结构平面图

4. 配筋图画法规定有( )等内容。

    A. 构件外形尺寸由粗实线表示　　　　　B. 用细实线绘制钢筋

    C. 钢筋断面由黑圆点表示　　　　　　　D. 要注出钢筋根数、级别、直径

    E. 箍筋可不注出根数，但要标出间距

5. 结构平面图的画法规定有( )等内容。

    A. 可见梁、柱用粗实线表示　　　　　　B. 用中虚线绘制不可见构件轮廓线

    C. 用中实线表示剖到的构件轮廓线　　　D. 要注出现浇楼板的配筋情况

    E. 分布筋不必画出

三、读图问答题

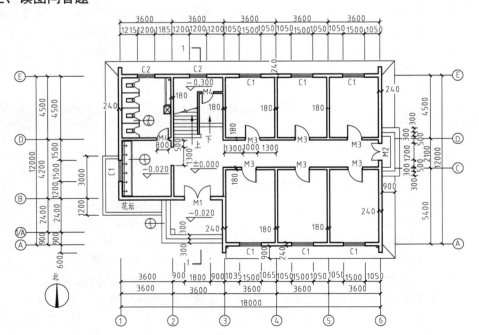

1. 首层平面图

(1) 本层总长_____，总宽为_____mm。

(2) 图中被剖切到的墙(柱)用_____线表示。

(3) C3 宽为_____mm，M2 宽为_____mm。

(4) 承重外墙厚为_____mm。

(5) 阳台挑出墙外_____mm。

(6) 标高 3.600 表示高出底层地面_____mm。

(7) 首层平面图中 C4 数量为_____樘。

(8) 1-1 剖面图投射方向为_____。

2. 看下图回答问题

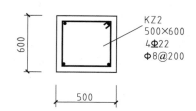

(1) 该柱的编号是_____。

(2) 该柱的截面尺寸是_____。

(3) 4Φ22 表示_____。

(4) φ8@200 表示_____。

3. 看下图回答问题

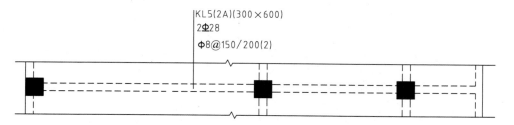

(1) KL5(2A)表示_____。

(2) 梁截面尺寸是_____。

(3) 2Φ28 表示_____。

(4) φ8@150/200(2)表示_____。

实训工作单

班级		姓名		日期	
教学项目		结构施工图识读			
任务	解读一套完整的结构施工图		建筑结构类型	多层框架结构	
相关知识			结构施工图基础知识		
其他要求					

读图识图流程记录

评语				指导老师	

第 10 章　给水排水施工图的识读

![教学目标] **【教学目标】**

- 了解建筑物给排水的基本组成与分类
- 掌握建筑给排水施工图的内容
- 了解建筑室内外给排水施工图
- 掌握建筑给排水详图的识图方法

第 10 章　给水排水施工图的识读课件.pptx

【教学要求】

本章要点	掌握层次	相关知识点
给排水施工图的分类	1. 给排水施工图常用图例 2. 室内给水排水施工图 3. 室外给水排水施工图	给排水施工图
给水排水施工图的有关规定	1. 室内给水排水平面图规定 2. 室外给水排水平面图规定	给排水施工图有关规定
室内给水排水施工图	1. 室内给水施工图 2. 室外排水施工图 3. 室内给水排水详图	室内给排水施工
室外给水排水管道施工图	1. 系统的组成与分类 2. 掌握识图方法	室外给排水管道施工

【引子】

　　工作任务分析: 如图 10-1 和图 10-2 所示是某住宅楼的室内给水系统图和室内排水系统图, 图上的符号、线条和数据代表的是什么含义? 它们是如何安装的? 安装时有什么技术要求? 这一系列的问题将通过对本章内容的学习逐一解答。

　　实践操作(步骤/技能/方法/态度): 为了能完成前面提出的工作任务, 我们需从解读建筑给排水系统的组成开始, 然后到系统的构成方式、设备、材料认识、施工工艺与下料, 进而学会用工程语言来表示施工做法, 学会施工图读图方法最重要。

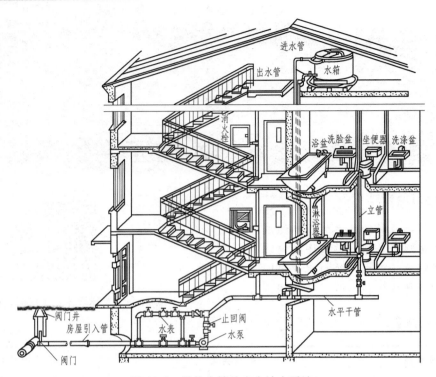

图 10-1　某住宅楼的室内给水系统

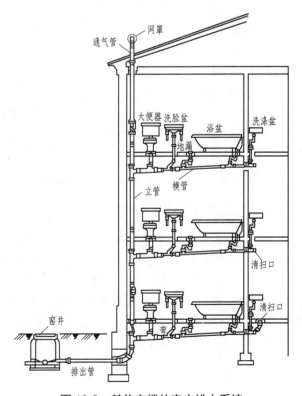

图 10-2　某住宅楼的室内排水系统

10.1 概　　述

房屋工程图包括建筑施工图、结构施工图和设备施工图。给水排水施工图属于设备施工图的一部分。

10.1.1 室内给水排水工程的基本知识

1. 给水排水工程概述

给水排水工程包括给水工程和排水工程两部分。给水是为居民生活和工业生产提供合格的用水，给水工程包括水源取水、水质净化、净水输送、配水使用等工程。排水是将生产、生活污水尽快排出室外。排水工程包括污水排除、污水汇集、污水处理、污水循环利用或污水排放等工程。

音频.室内给水排水管道
施工图的基本组成.mp3

整个给排水工程由各种管道及其配件和水的处理、储存设备等组成。给水排水工程分为室内给水排水工程和室外给水排水工程两部分。本章仅介绍室内给水排水施工图。室内给水排水施工图主要包括室内给水排水平面图和室内给水排水系统图。

给水排水施工图应遵守《给水排水制图标准》(GB/T 50106—2010)和《房屋建筑制图统一标准》(GB/T 50001—2017)中的规定。

2. 室内给水工程的基本知识

1) 室内给水工程的任务

室内给水工程的任务是：将自来水从室外引入室内，且输送到各用户水龙头、卫生器具、生产设备和消防装置处，并保证水质合格、水量充裕、水压足够。

2) 室内给水系统的组成

室内给水系统的组成如图 10-3 所示，实线为给水管。

民用建筑室内给水系统按供水对象可分为生活用水系统和消防用水系统。对于一般的民用建筑，如宿舍、住宅、办公楼等，两系统可合并设置，其组成部分如下：

(1) 给水引入管——由室外给水系统引入室内给水系统的一段水平管道，又称为进户管。

(2) 水表节点——引入管上设置的水表及前后设置的闸门、泄水装置等的总称。所有装置一般均设置在水表井内。

(3) 管道系统——包括给水立管(将水垂直输送到楼房的各层)、给水横管(将水从引入管输送到房间的各相关地段)和支管(将水从给水横管输送到用水房间的各个配水点)等。

(4) 给水附件及设备——管路上各种阀门、接头、水表、水嘴、淋浴喷头等。

(5) 升压和储水设备——当用水量大、水压不足时，应设置水箱和水泵等设备。

(6) 消防设备——按照建筑物的防火等级要求设置。消防给水时，一般应设置消防栓、消防喷头等消防设备，有特殊要求时另装设自动喷洒消防设备或水幕设备。

3) 给水方式

房屋常用的给水方式有：下行上给式(适用于建筑物不太高，管网内水压能满足要求的情况，这时水平干管敷设在底层地面下，通过立管依次从下层向上层输水)；上行下给式(管网水压不足时可在屋顶设置水箱，用水泵向水箱充水，然后通过立管从上层向下层输水)；混合式(有些多层建筑在下面几层利用管网水压采用下行上给式供水，上面几层采用上行下给式供水)。

4) 布置室内管网的原则

布置室内管网应遵循以下原则：

(1) 给水进户管在房屋用水量集中的地段引入，管系选择应使管道最短，并便于检修。

(2) 给水立管应靠近用水量大的房间。

(3) 根据室外供水情况(水量和水压)用水对象，以及消防对给水的要求，室内管网可以布置成环形和树枝形两种。

(4) 对于居住建筑，每一用户单独安装水表。

3. 室内排水工程的基本知识

1) 室内排水工程的任务

室内排水工程的任务是：将室内的生活污水、生产废水尽快畅通无阻地排至室外管渠中去，保证室内不停集和漫漏污水、不逸入臭气以及不污染环境。

2) 室内排水管网的组成

室内排水管网的组成如图 10-3 所示，虚线为排水管。

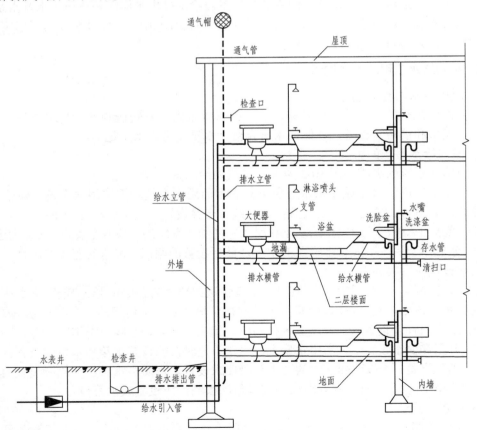

图 10-3　室内给水排水系统的组成

民用建筑室内排水系统通常用来排除生活用水。雨水管和空调凝水管应单独设置，不与生活用水合流。室内排水系统的组成部分如下：

(1) 排水设备——浴盆、大便器、洗脸盆、洗涤盆、地漏等。

(2) 排水横管——连接卫生器具的水平管道。连接大便器的水平横管的管径不小于 100mm，且流向立管方向有 2%的坡度。当大便器多于 1 个或卫生器具多于 2 个时，排水横管应有清扫口。

(3) 排水立管——连接排水横管和排出管之间的竖向管道。管径一般为 100mm，但不能小于 50mm 或所连接的横管管径。立管在底层和顶层应设置检查口，多层房屋应每隔一层设置一个检查口，检查口距楼、地面高度为 1m。

(4) 排水排出管——把室内排水立管的污水排入检查井的水平管段，称为排出管。其管径应大于或等于 100mm，向检查井方向应有 1%～2%的坡度，管径为 150mm 时坡度取 1%。

(5) 通气管——设置在顶层检查口上的一段立管，用来排出臭气，平衡气压，防止卫生器具存水弯的水封破坏，通气管顶端应装置通气帽。通气管平屋面应高出屋面 0.3m，坡屋面应高出屋面 0.7m，并大于积雪厚度。在寒冷地区，通气管管径应比立管管径大 50mm，以备冬季时因结冰而管径减少；在南方，通气管管径等于立管管径。

(6) 检查井或化粪池——生活污水由排出管引向室外排水系统之前，应设置检查井或化粪池，以便将污水进行初步处理。

3) 室内排水管网的布置原则

布置室内排水管网应遵循以下原则。

(1) 立管要便于安装和检修。

(2) 立管要靠近污物、杂物多的卫生设备，横管要有坡度。

(3) 排出管应选择最短途径与室外连接，连接处应设检查井。

10.1.2　给水排水施工图的分类

给水排水施工图分为室内给水排水施工图和室外给水排水施工图。

室内给水排水施工图表示一幢建筑物内部的给水排水工程设施情况，主要画出房屋内的浴厕、厨房等房间或工业厂房中的锅炉间、澡堂、化验室以及需要用水的车间的用水部门的管道布置，一般包括平面图、系统图、屋面排水平面图、剖面图和详图。

给水排水施工图的分类.doc　给水排水施工图的分类.mp4

室外给水排水施工图表达的范围比较广，它可以表示一个城市的给排水工程，也可以表示工矿企业内的厂区或一幢建筑物外部的给水排水工程设施。其内容包括平面图、高程图、纵剖面图和横剖面图以及详图。

此外，对水质净化和污水处理设施来说，还有工艺流程图、水处理构筑物工艺图等。对于一般建筑给水排水工程而言，主要包括室内给水排水平面图、系统图，室外给水排水平面图及有关详图。

10.1.3 给水排水施工图的有关规定

1. 给排水施工图常用图例

1) 图线

给水排水施工图常用的各种线型宜符合表 10-1 的规定。图线的宽度 b，应根据图纸的类型比例和复杂程度，按现行国家标准《房屋建筑制图统一标准》(GB 50001—2017)中的规定选用。线宽 b 宜为 0.7mm 或 1.0mm。

表 10-1　线型

名称	线　型	线宽	用　途
中实线		0.5b	给排水设备、零(附)件的可见轮廓线，总图中新建建筑物和构筑物的可见轮物线，原有的各种给水和其他压力流管线
中虚线		0.5b	给排水设备、零(附)件的不可见轮廓线，总图中新建建筑物和构筑物的不可见轮廓线，原有的各种给水和其他压力流管线的不可见轮廓线
细实线		0.25b	建筑物的可见轮廓线,总图中原有的建筑物和构筑物的可见轮廓线，制图中的各种标注线
细虚线		0.25b	建筑物的不可见轮廓线，总图中原有的建筑物和构筑物的不可见轮廓线
单点长画线		0.25b	中心线，定位轴线
折断线		0.25b	断开界线
波浪线		0.25b	平面图中水而线、局部构进层次范周线、保温范围示意线等
粗实线		b	新设计的各种排水利其他重力流管线
粗虚线		b	新设计的各种排水和其他重力流管线的不可见轮廓线
中粗实线		0.7b	新设计的各种给水和其他压力流管线，原有的各种排水和其他重力流管线
中粗虚线		0.7b	新设计的各种给水和其他压力流管线及原有的各种排水和其他重力流管线的不可见轮廓线

2) 比例

给水排水施工图常用的比例宜符合表 10-2 的规定。

表 10-2　比例

名　称	比　例	备　注
区域规划图、区域平面图	1∶50000、1∶25000、1∶100000 1∶5000、1∶2000	宜与总图专业一致
总平面图	1∶1000、1∶500、1∶300	宜与总图专业一致
管道纵断面图	竖向 1∶200、1∶100、1∶50 纵向 1∶1000、1∶500、1∶300	—
水处理构筑物、设备间、 卫生间、泵房平、剖面图	1∶100、1∶50、1∶40、1∶30	
建筑给水排水平面图	1∶200、1∶150、1∶100	宜与建筑专业一致
建筑给排水轴测图	1∶150、1∶100、1∶50	宜与相应图纸一致
详图	1∶50、1∶30、1∶20、1∶10、1∶5、 1∶2、2∶1	—

3) 标高

标高符号及一般标注方法应符合现行国家标准《房屋建筑制图统一标准》的规定。室内工程应标注相对标高；室外工程宜标注绝对标高，当无绝对标高资料时，可标注相对标高，但应与总图专业一致。标高的标注方法应符合下列规定：

(1) 平面图中，管道标高应按如图 10-4(a)、图 10-4(b)所示的方式标注，沟渠标高应按图 10-4(c)所示的方式标注。

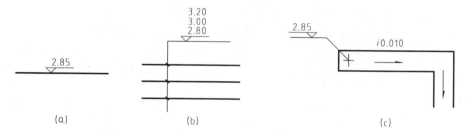

图 10-4　平面图中管道和沟渠标高注法

(2) 剖面图中，管道及水位的标高应按如图 10-5 所示的方式标注。

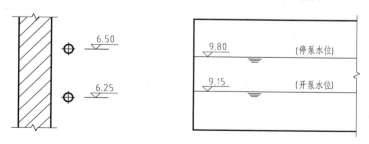

图 10-5　剖面图中管道及水位标高注法

(3) 轴测图中，管道标高应按如图 10-6 所示的方式标注。

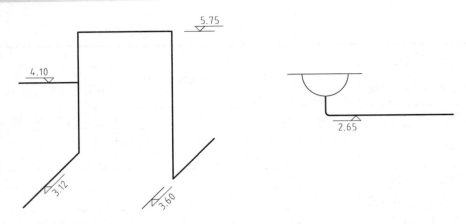

图 10-6　轴测图中管道标高注法

(4) 建筑物内的管道也可按本层建筑地面的标高加管道安装高度的方式标注管道标高,标注方法应为 H＋X.XX,H 表示本层建筑地面标高。

4) 管径

管径应以 mm 为单位。不同材料的管材管径的表达方法不同。管径的表达应符合以下规定:

(1) 水煤气输送钢管(镀锌或非镀锌)、铸铁管等管材,管径宜以公称直径 DN 表示。

(2) 无缝钢管、焊接钢管(直缝或螺旋缝)等管材,管径宜以外径×壁厚表示。

(3) 铜管、薄壁不锈钢等管材,管径宜以公称外径 Dw 表示。

(4) 建筑给排水塑料管材,管径宜以公称外径 dn 表示。

(5) 钢筋混凝土(或混凝土)管,管径宜以内径 d 表示。

(6) 复合管、结构壁塑料管等管材,管径应按产品标准的方法表示。

(7) 当设计中均采用公称直径 DN 表示管径时,应有公称直径 DN 与相应产品规格对照表。

单根管道时,管径应按图 10-7(a)所示的方式标注;多根管道时,管径应按图 10-7(b)所示的方式标注。

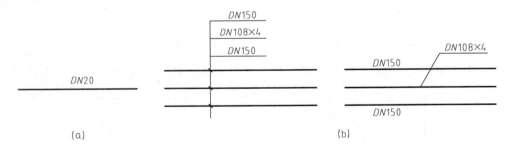

图 10-7　管径表示法

5) 编号

当建筑物的给水引入管或排水排出管的数量超过 1 根时应进行编号,编号宜按图 10-8(a)所示的方法表示。建筑物内穿越楼层的立管,其数量超过 1 根时应进行编号,编号宜按图 10-8(b)所示的方法表示。

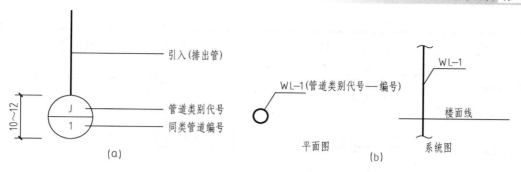

图 10-8 编号表示法

6）图例

管道类别应以汉语拼音字母表示，如用 J 作为给水管的代号，用 W 作为污水管的代号。为了保持图纸整洁，方便认读，给水排水施工图的管道、附件、卫生器具等，均不画出其真实的投影图，采用统一的图例符号来表示，见表 10-3。表中图例摘自《建筑给水排水制图标准》。

表 10-3 给水排水施工图中常用的图例

名　称	图　例	备　注
给水管	——— J ——— 冷水给水管 ——— R ——— 热水给水管	
排水管	——— W ——— 污水管 ——— F ——— 废水管 ——— Y ——— 雨水管 ——— K ——— 空调凝水管	废水管可与中水原水管合用
管道立管	XL-1 平面　　XL-1 系统	X 为管道类别 L 为立管 1 为编号
排水明沟	坡向 ——→	
立管检查口		
通气帽	成品　　蘑菇形	

名　称	图　例	备　注
圆形地漏	平面　　系统	通用，如无水封，地漏应加存水弯
管道连接	（折弯管）　　（管道交叉） 高　低　低　高　　低　高	管道交叉在下面和后面的管道应断开
存水弯	S形　　　　P形	
正三通		
斜三通		
正四通		
侧阀		
角阀		
截止阀		
止回阀		
自动排气阀	平面　　　系统	
水嘴	平面　　　系统	
浴盆带喷头混合水嘴		

名　称	图　例	备　注
台式洗脸盆	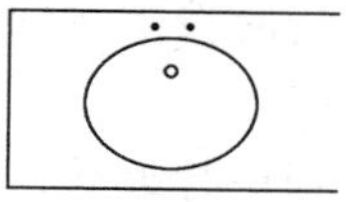	
浴盆	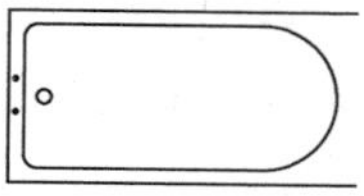	
厨房洗涤盆	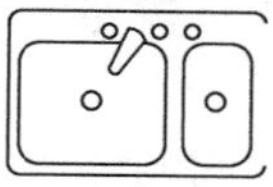	不锈钢制品
污水池	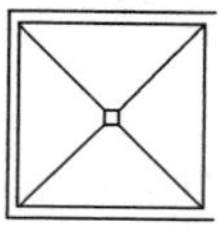	
淋浴喷头		
坐式大便器	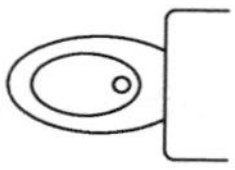	
阀门井及检查井	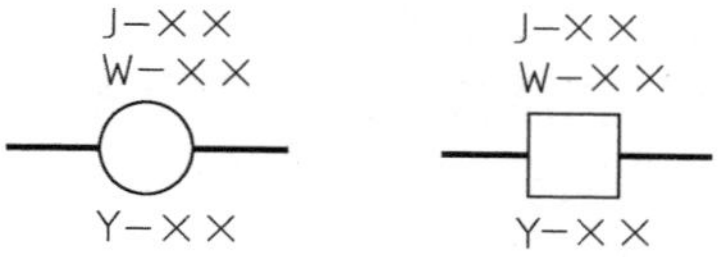 J—×× W—×× Y—×× 　　J—×× W—×× Y—××	以代号区别管道
水表井		
水表		

2. 室内给水排水平面图

室内给水排水平面图是表示给水排水管道及设备平面布置的图样，是按照正投影法绘制的。给水平面图包括给水引入管、给水立管、给水横管、给水支管、卫生器具、管道附件等的平面布置；排水平面图包括排水横管、排水立管、排水排出管等的平面布置。

当给水系统和排水系统不是很复杂时，可将给水管道和排水管道绘制在同一平面图中，管道通常用单粗线表示，可以将不同类型的管道用不同的图例或线型来区别。管道种类较多，在同一张平面图内表达不清楚时，可将各类管道的平面图分开绘制。立管的小圆圈用细实线绘制。

室内给水排水平面图应按下列规定绘制：

(1) 建筑物轮廓线、定位轴线和编号、房间名称、楼层标高、门、窗、梁柱、平台、绘图比例等，均应与建筑专业一致，但图线应用细实线绘制。

(2) 各类管道、用水器具和设备、主要阀门以及附件等，均应按图例(见表 10-3)，以正投影法绘制在平面图上。

(3) 管道立管应按不同管道代号在图面上自左至右按图分别进行编号，且不同楼层的同一立管编号应一致。

(4) 敷设在该层的各种管道和敷设在下一层而为本层器具和设备服务的管道均应绘制在本层平面图上。

(5) 卫生间、厨房、洗衣房等另绘大样图时，应在这些房间内按规定绘制引出线，并注明"详见水施——××字样"。

(6) 管道布置不相同的楼层应分别绘制其平面图；管道布置相同的楼层可绘制一个楼层的平面图，并按规定标注楼层地面标高。

(7) 底层平面图(±0.000)应在图幅的右上方按规定绘制指北针。

(8) 建筑各楼层地面标高应标注相对标高，且与建筑施工图一致。

3. 室内给水排水系统图

室内给水排水系统图是管道给水排水管道和设备的正面斜等测图，它反映了给水排水系统的全貌。室内给水排水系统图表明了各管道的空间走向，各管段的管径、坡度、标高，以及各种设备在管道上的位置，还表明了管道穿过楼板的情况。

给水系统图和排水系统图应分别绘制。系统图中所有管道均用粗实线绘制。

室内给水排水系统图应按下列规定绘制：

(1) 应根据 45° 正面斜等测的投影规则绘制。

(2) 系统图应采用与相对应的平面图相同的比例绘制，当局部管道密集或重叠处不容易表达清楚时，应采用断开画法绘制。

(3) 应绘出楼层地面线，并应标注出楼层地面标高。

(4) 应绘出横管水平转弯方向、标高变化、接入管或接出管以及末端装置等。

(5) 应将平面图中对应管道上的各类阀门、附件、仪表等给水排水要素按数量、位置、比例一一绘出。

(6) 应标注管径、控制点标高或距楼层面垂直尺寸、立管和系统编号，并应与平面图一致。

(7) 引入管和排出管均应标出所穿建筑外墙的轴线号、引入管和排出管编号、室内地面线与室外地面线，并应标出相应标高。

10.2 室内给水排水施工图

10.2.1 室内给水施工图

1. 平面布置图

平面布置图主要表明用水设备的类型、定位，各给水管道(干管、支管、立管、横管)及配件的布置情况，如图 10-9 所示。

室内给水施工图.doc

平面布置图.mp4

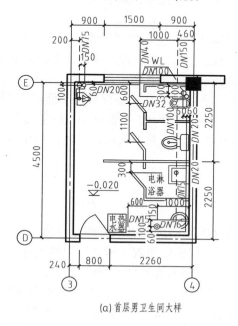

(a) 首层男卫生间大样　　　　　　　　(b) 二、三层男卫生间大样

图 10-9　室内给水排水平面图

1) 平面布置图的内容

平面布置图的内容见表 10-4。

表 10-4　平面布置图的内容

项　目	内　容
底层平面图	给水从室外到室内，需要从首层或地下室引入，所以通常应画出用水房间的底层给水管网平面图，如图 10-9 所示，可见给水是从室外管网经 E 轴北侧穿过 E 轴墙体之后进入室内并经过立管及各支管向各层输水
楼层平面图	如果各楼层的盥洗用房和卫生设备及管道布置完全相同，则只需画出一个相同楼层的平面布置图，但在图中必须注明各楼层的层次和标高，如图 10-9 所示
屋顶平面布置图	当屋顶设有水箱及管道布置时，可单独画出屋顶平面图，但如管道布置不太复杂，屋顶平面图中又有空余图面，与其他设施及管道不致混淆时，可在最高楼层的平面布置图中用双点长画线画出水箱的位置；如果屋顶无用水设备时，则不必画屋顶平面图
标注	为使土建施工与管道设备的安装能互相核实，在各层的平面布置图上均需标明墙、柱的定位轴线及其编号并标注轴线间距。管线位置尺寸不标注

2) 平面布置图的画法

平面布置图的画法具体如下。

(1) 画出用水房间的平面图。通常采用 1∶50 或 1∶25 的比例和局部放大的方法，画出用水房间的平面图，其中墙身、门窗的轮廓线均用 0.25b 的细实线表示。

(2) 画出卫生设备的平面布置图。各种卫生器具和配水设备均用 0.5b 的中实线，按比例画出其平面图形的轮廓，但不必表达其细部构造及外形尺寸。如有施工和安装上的需要，可标注其定位尺寸。

(3) 画出管道的平面布置图。管道是室内管网平面布置图的主要内容，通常用单根粗实线表示。底层平面布置图应画出引入管、下行上给式的水平干管、立管、支管和配水龙头，每层卫生设备平面布置图中的管路，是以连接该层卫生设备的管路为准，而不是以楼地面作为分界线，因此凡是连接某楼层卫生设备的管路，虽然有安装在楼板上面或下面的，但都属于该楼层的管道，所以都要画在该楼层的平面布置图中。不论管道投影的可见性如何，都按该管道系统的线型绘制，管道线仅表示其安装位置，并不表示其具体平面位置尺寸(如与墙面的距离)。

2. 管系轴测图

1) 轴向选择

通常把房屋的高度方向作为 OZ 轴，OX 和 OY 轴的选择以能使图上管道简单明了、避免管道过多交错为原则。由于室内卫生设备多以房屋横向布置，因此应以横向作为 OX 轴，纵向作为 OY 轴。管路在空间长、宽、高三个方向延伸在管系轴测图中分别与相应的轴测轴 X、Y、Z 轴平行，由于三个轴测轴的轴向变形系数均为 1，当平面图与轴测图具有相同的比例时，OX、OY 向可直接从平面图上量取，OZ 向尺寸根据房屋的层高和配水龙头的习惯安装高度尺寸决定。凡不平行于轴测轴 X、Y、Z 三个方向的管路，可用坐标定位法将处于空间任意位置的直线管段，量其起讫两个端点的空间坐标位置，在管系轴测图中的相应坐标上定位，然后连其两个端点即成。

2) 管系轴测图的识读方法

管系轴测图的识读方法具体如下。

(1) 管系轴测图一般采用与房屋的卫生器具平面布置图或生产车间的配水设备平面布置图相同的比例，即常用 1∶100 和 1∶50，各个管系轴测图的布图方向应与平面布置图的方向一致，以使两种图样对照联系，便于阅读。

(2) 管系轴测图中的管路也都用单线表示，其图例及线型、图线宽度等均与平面布置图相同。

(3) 当管道穿越地坪、楼面及屋顶墙体时，可示意性地以细线画成水平线，下面加剖面斜线表示地坪。两竖线中加斜线表示墙体。

(4) 当空间呈交叉的管路，而在管系轴测图中两根管道相交时，在相交处可将前面或上面的管道画成连续的，而将后面或下面的管道画成断开的，以区别可见与否。

(5) 为使轴测图表达清晰，当各层管网布置相同时，轴测图上的中间层的管路可以省略不画，在折断的支管处注上"同 X 层"("X 层"应是管路已表达清楚的某层)即可。

3. 轴测图识读及作图步骤

某室内(男厕)给水系统管系轴测图如图 10-10 所示。

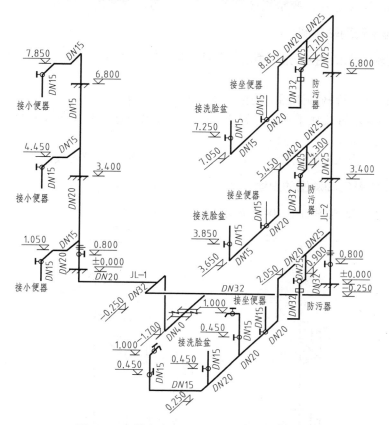

图 10-10　某室内(男厕)给水系统管系轴测图

室内给水系统管系轴测图的识读方法见表 10-5。

表 10-5　室内给水系统管系轴测图的识读方法

步　骤	方　法
第一步	办公楼给水引入管位于北侧，给水干管的管径为 DN40
第二步	从标高为-1.700m 处水平穿墙进入室内，之后分别由两条变径立管 JL-1、JL-2 穿越首层地面及一、二层楼板进行配水
第三步	JL-1 的管径由 DN20 变为 DN15，JL-2 的管径则由 DN32 变为 DN25，其余支管的管径分别为 DN15、DN20、DN25。各支管的管道标高可由图中直接读取

10.2.2　室内排水施工图

1. 室内排水管网平面布置图

室内排水管网平面布置图是根据室内的废水、污水排水管道及两者与室外管网连接的位置所作的图样，各排水管线属于重力流管道，在此用粗虚线表示。

图 10-11 是某男厕室内排水系统轴测图，室内各排水管道应靠近室外废水及污水井布置，以便管道近距离连接，废水直接进入废水井，污水直接进入化粪池。

2. 室内排水管网轴测图

排水管网轴测图的图示方法与给水管网轴测图基本相同，只是在标注的内容中需要注意以下方面：

(1) 管径给排水管网轴测图，均标注管道的公称直径。

(2) 坡度。排水管线属于重力流管道，所以各排水横管均需标注管道的坡度，一般用箭头表示下坡的方向。

(3) 标高。与给水横管的管中标高不同，排水横管应标注管内底部相对标高值。

3. 室内排水系统轴测图的识读

室内排水系统轴测图如图 10-11 所示。

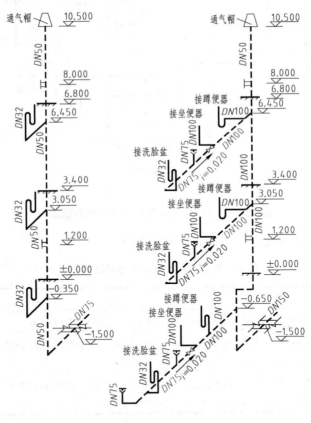

男厕排水系统图 1:50

图 10-11 某男厕室内排水系统轴测图

室内排水系统轴测图的识读方法见表 10-6。

表 10-6 室内排水系统轴测图的识读方法

步 骤	方 法
第一步	污水及生活废水由用水设备流经水平管到污水立管及废水立管，最后集中到总管排出室外至污水井或废水井
第二步	排水管管径比较大，比如接坐便器的管径为 $DN100$，与污水立管 WL-1 相连的各水平支管均向立管找坡，坡度均为 0.020，各总管的管径分别为 $DN75$，$DN150$
第三步	系统图中各用水设备与支管相连处都画出了 U 形存水弯，其作用是使 U 形管内存有一定高度的水，以封堵下水道中产生的有害气体，避免其进入室内，影响环境

10.2.3 室内给水排水详图

在以上所介绍的室内给水排水管道平面图、系统图中，都只是显示了管道系统的布置情况，至于卫生器具的安装、管道连接等，需要绘制能提供施工的安装详图。

详图要求详尽、具体、明确、视图完整、尺寸齐全、材料规格注写清楚，并附必要说明。

一般常用的卫生器具及设备安装详图，可直接套用给水排水国家标准图集或有关详图图集，无须自行绘制。选用标准图时只需在图例或说明中注明所采用的图集编号即可。现对大便器作简单的介绍，其余卫生器具的安装详图可参阅《给水排水标准图集》S342。

图 10-12 是低水箱坐式大便器的安装详图，图中标明了安装尺寸的要求，如水箱的高度是 910mm，坐便器距离地面的高度是 390mm 等。

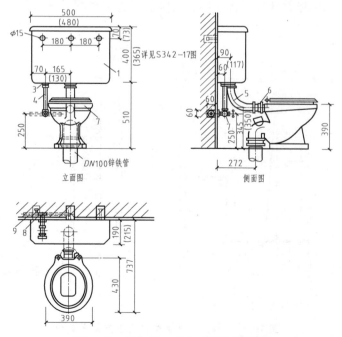

图 9-12 低水箱坐式大便器安装详图

1—低水箱；2—14 号坐式大便器；3—$DN15$ 浮球阀配件；4—水箱进水管($DN15$)；
5—$DN50$ 冲洗管及配件；6—胶皮弯；7—$DN15$ 角式截止阀；8—三通；9—给水管

10.2.4 识读要点

识读室内给水排水施工图时应注意以下要点。

(1) 熟悉图纸目录，了解设计说明，在此基础上将平面图与系统图联系起来对照阅读。

(2) 应按给水系统和排水系统分别识读；在同系统中应按编号依次识读。

① 给水系统：识读室内给水系统时根据给水管道系统的编号，从给水引入管开始按照水的流向顺序进行。即从给水引入管经水表节点、水平干管、立管、横支管直至用水设备。

② 排水系统：识读室内排水系统是根据排水管道系统的编号，从卫生器具开始按照水的流向顺序进行。即从卫生器具开始经存水弯、水平横支管、立管、排出管直至检查井。

(3) 在施工图中，对于某些常见的管道器材、设备等细部的位置、尺寸和构造要求，往往是不加说明的，而是遵循专业设计规范、施工操作规程等标准进行施工，读图时欲了解其详细做法，需参照有关标准图和安装详图。

10.2.5 识图举例

室内给水排水施工图中的管道平面图和管道系统图相辅相成、互相补充，共同表达屋内各种卫生器具和各种管道以及管道上各种附件的空间位置。在读图时要按照给水和排水的各个系统把这两种图纸联系起来互相对照、反复阅读，才能看懂图纸所表达的内容。

图 10-13 和图 10-14 分别是某住宅底层给水排水管道平面图和楼层给水排水管道平面图，图 10-15 是给水管道系统图，图 10-16 是排水管道系统图。下面介绍识读室内给水排水施工图的一般方法。

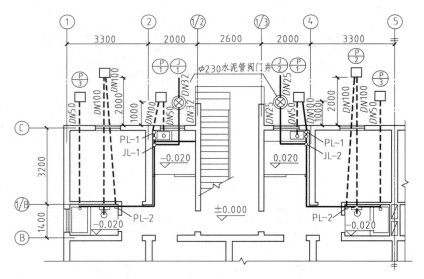

图 10-13　某住宅底层给水排水管道平面图

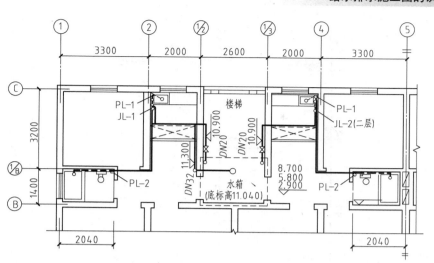

图 10-14　某住宅楼层给水排水管道平面图

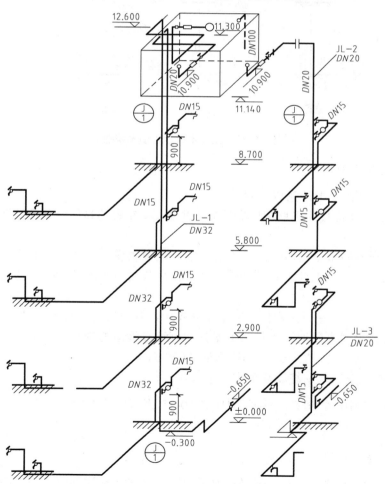

图 10-15　某住宅给水管道系统图

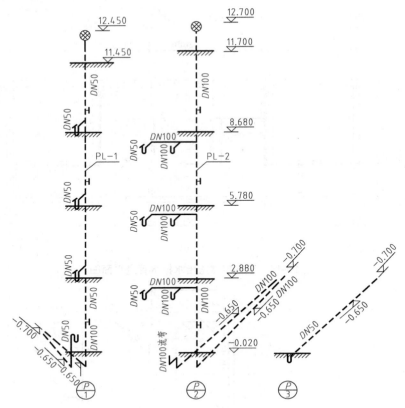

图 10-16　某住宅排水管道系统图

1. 识读各层平面图

识读各层平面图，要注意以下两点。

(1) 搞清各层平面图中哪些房间布置有卫生器具、布置的具体位置及地面和各层楼面的标高。

各种卫生设备通常是用图例画出来的，它只能说明设备的类型，而不能具体表示各部分的尺寸及构造。因此识读时必须结合详图或技术资料，搞清楚这些设备的构造、接管方式和尺寸。

在图 10-13 所示的底层给水排水管道平面图中，各户厨房内有水池且设在墙的转角处，厕所内有浴缸和坐式大便池。所有卫生器具均有给水管道和排水管道与之相连。各层厨房和厕所地面的标高均比同层楼地面的标高低 0.020m。

(2) 弄清有几个给水系统和几个排水系统。

根据图 10-13 中的管道系统编号，对照图 10-15，发现给水系统有 $\frac{J}{1}$、$\frac{J}{2}$；对照图 10-16，发现排水系统有：$\frac{P}{1}$、$\frac{P}{2}$、$\frac{P}{3}$。

2. 识读管道系统图

识读管道系统图时，首先在底层管道平面图中，按所标注的管道系统编号找到相应的管道系统图，再对照各层管道平面图找到该系统的立管和与之相连的横管和卫生器具，以及管道上的附件，再进一步识读各管段的公称直径和标高等。

现以给水系统$\frac{J}{1}$为例，介绍识读给水系统图的一般方法。先从底层平面图(如图 10-13 所示)中找到$\frac{J}{1}$，再以$\frac{J}{1}$管道系统图(如图 10-15 所示)，对照两图可知：给水引入管 $DN32$，管中心的标高为-0.650，其上装有阀门，穿过 C 轴线墙进入室内后，在水池前升高至标高 -0.300 处用 90°弯头接横管至②轴线墙，沿墙穿出地面向上直通屋顶水箱的立管即 JL-I，其管径为 $DN32$。再对照图 10-15，在底层和二层厨房地面以上 900 处先用三通接横直管 $DN15$，再接分户球阀和水表。后用 $DN15$ 的横直管连接厨房水池的放水龙头，以及厕所浴缸的放水龙头和坐式大便器的水箱。楼梯间两侧三、四层共四户均由屋顶水箱供水，各户室内的供水情况与一、二层相同。楼梯间另一侧一、二层用户由$\frac{J}{2}$给水系统供水。读者可以参照以上方法自行识读。

对于排水系统以$\frac{P}{2}$为例，先从底层平面图中找出$\frac{P}{1}$及$\frac{P}{2}$的排水系统图，再与图 10-14 相对照，可见$\frac{P}{2}$为住宅各层厕所的排水系统。各层厕所均设有浴缸和坐式大便器，其排水管道均在各层的楼地面以下。大便器的排水管管径均为 $DN100$，浴缸的排水管管径为 $DN50$。二、三、四层浴缸大便器下面均用相应的 P 形存水弯与 $DN100$ 的横支管连接，各层的横支管与 $DN100$ 的立管 PL-2 连接，在标高-0.650 处与 $DN100$ 的排出管连接后排入 $\frac{P}{2}$检查井。在底层、三层和四层的立管 PL-2 上均装有检查口，在立管 PL-2 出屋面后的顶部装有通气帽。在底层大便器单设 $DN100$ 的排出管排入$\frac{P}{2}$检查井。底层浴缸单设排出管排入检查井。

10.3 室外给水排水管道施工图

10.3.1 系统的组成与分类

1. 室外给水系统的组成和室外给水管网的布置形式

1) 室外给水系统的组成

室外给水系统由相互联系的一系列构筑物和输配水管网组成。它的任务是从水源处取水、按用户对水质的要求进行处理，然后通过输配水管网将水送到用水区，并向用户配水。

室外给水排水管道施工图.doc

音频.室外给水排水管道施工图的组成.mp3

室外给水系统常由下列工程设施组成。

(1) 取水构筑物：用以从选定的水源地取水。

(2) 水处理构筑物：将取水构筑物的来水进行处理，以符合用户对水质的要求。这些构筑物集中在水厂范围内。

（3）泵站：用以将所需的水量提升到要求的高度。可分为抽取原水的一级泵站、输送清水的二级泵站和增压泵站等。

（4）输水管渠和管网：输水管渠是将原水送到水厂的管渠；管网是将处理后的净水送到各个用水区的全部管道。

（5）调节构筑物：包括各种类型的储水构筑物，如水塔、清水池、高低水池等。

2）室外给水管网的布置形式

室外给水管网的布置有枝状管网、环状管网两种形式，如图10-17所示。

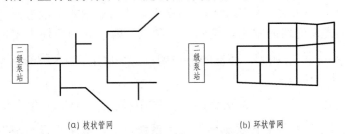

(a) 枝状管网　　(b) 环状管网

图 10-17　室外给水管网布置形式

枝状管网是指给水管网像树枝一样从干管到支管，如果管网中有一处损坏，将影响它以后管线的用水；环状管网是将管网连接成环，如有部分管线损坏，断水范围比较小。

2. 室外排水系统的组成与分类

1）室外排水系统的组成

室外排水系统可分为污水排除系统和雨水排除系统。

污水排除系统是指排除生活污水和工业废水的系统，主要由排水管网、检查井、污水泵站、处理构筑物及出水口等组成。

雨水排除系统由房屋雨水排除管道、厂区或庭院雨水管道、街道雨水管及出水口组成。排水系统的组成如图10-18所示。

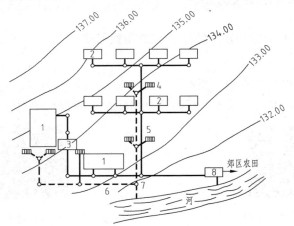

图 10-18　排水系统的组成

1—生产车间；2—住宅；3—局部污水处理构筑物；4—雨水口；
5—污水管道；6—雨水管道；7—出水管渠；8—污水处理厂

2) 室外排水系统的分类

室外排水系统有分流制和合流制两种。分流制是指生活污水、工业废水和雨水分别用两个或两个以上的排水系统进行排除的体制。合流制是指污水和雨水用同一管道系统排除的体制。

10.3.2 图示内容与方法

1. 图示内容

室外给水排水平面图是以建筑总平面的主要内容为基础，表明城区或厂区、街坊内的给水排水管道平面布置情况的图纸，一般包括以下内容：

(1) 室外给水排水管道平面图中所包含的建筑总平面图的内容。

建筑总平面图应表明城区的地形情况，建筑物、道路、绿化等的平面布置及标高情况等。

(2) 室外给水排水管道平面图中的管道及其附属设施。

① 室外给水排水管道平面图表明给水排水管道的平面布置、管径、管道长度、坡度、水流流向等。

② 在室外给水管道上要表示阀门井、消火栓等的平面布置及数量；在室外排水管道上要表明检查井、雨水口、污水出水口等附属构筑物的平面布置及数量。它们一般都用图例表示。

2. 图示方法

室外给水排水平面图的图示方法具体如下。

(1) 建筑总平面图中建筑物的外轮廓线用中实线画，其余的地物、地貌、道路等均用细实线画。

(2) 一般情况下，在室外给水排水平面图上，给水管道用粗实线表示，排水管道用粗虚线表示，雨水管道用粗点画线表示。也可用管道代号(汉语拼音字母)表示，如给水管道"J"、污水管道"W"、压力开关"P"、雨水管道"Y"等。

(3) 室外给水排水管道平面图上的管道(指单线)即是管道的中心线，管道在平面图上的定位即是指到管道中心的距离。

(4) 标注尺寸。

① 标高：室外给水排水平面图标注的标高一般为绝对标高，并精确到小数点后两位数。

② 室外给水管道在平面图上应标注管道的直径、长度和管道节点编号。管道节点编号的顺序是从干管到支管再到用户。

③ 室外排水管道在平面图上应标注检查井的编号(或桩号)及管道的直径、长度、坡度、水流流向和与检查井相连的各管道的管内底标高。排水检查井的编号顺序是从上游到下游，先支管后干管。检查井的桩号指检查井至排水管道某一起点的水平距离，它表示检查井之间的距离和室外排水管道的长度。工程上排水检查井桩号的表示方式为×+×××.××，"+"前的数字代表公里数，"+"后的数字为米数(至小数点后两位数)，如 1+200.00 表示检查井到管道某起点的距离为 1 公里 200 米。

与某一检查井相连的各管道管内底标高标注及排水管管径、坡度、检查井桩号的标注如图 10-19 所示。

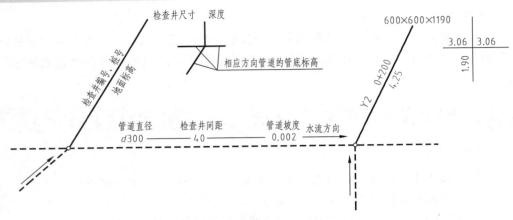

图 10-19　排水管道、检查井标注

(5) 室外给水排水平面图上应注明各类管道的坐标或定位尺寸。

① 用坐标时：标注管道的转弯点(井)等处坐标，构筑物标注中心或两对角处坐标。

② 用控制尺寸时：以建筑物外墙或轴线、或道路中心线为定位尺寸基线。

10.3.3　识读要点

　　一般室外给排水工程主要用给排水布置平面图表示，特别复杂的地段可以加画管道纵断面图和节点详图。这里仅介绍较小范围的与新建房屋有关的给排水总平面图。

1. 表达内容

(1) 室内与室外的给水管网、排水管网的连接关系。

(2) 给水管道和排水管道在房屋周围的布置形式，各段管道的管径、坡度、流向等。

(3) 附属设施如阀门井、消火栓、检查井、化粪池等的位置。

音频.室外给排水管道施工图的识图要点.mp3

2. 图示方法和画法

(1) 绘图比例。

给排水总平面图的比例一般与建筑总平面图相同，通常为 1∶500，如果管道复杂也可用更大的比例绘制。

(2) 建筑总平面。

在表达范围内的房屋、道路、围墙、绿化等都是按建筑总平面的图例用细线绘制。还应画出指北针或风玫瑰。

(3) 管道画法。

虽然管道均是埋设于地下的，但图中应按规定的线型画。通常给水管道用粗实线表示，排水管道用粗虚线表示，雨水管道用粗点画线表示。

(4) 给排水附属设施。

水表井、阀门井、消火栓、检查井、化粪池等给排水设施均按规定图例绘制。

(5) 尺寸标注。

室外给水管道一般为镀锌钢管或铸铁管，管径用"*DN*"表示；室外排水管道一般为混凝土管，管径用"*d*"表示。管径通常直接注写在管线旁。

室外管道一般应注绝对标高。由于给水管道为压力管，且无坡度，常常是沿地面一定深度埋设，故图中可不注标高，而在施工说明中写出给水管中心的统一标高。给水管道一般只要标注直径和长度。排水管道是无压力管，从上游至下游应有0.3%~0.6%的坡度，在排水管道的交会、转弯、跌水、管径或坡度改变处均应设置检查井(又称窨井)。管道及附属建筑物的定位尺寸一般是以附近房屋的外墙面为基准标注，尺寸的单位为米。复杂的工程可以标注施工坐标来定位。

10.3.4 识图举例

先了解该地区建筑物的布置情况及周围环境，然后按给、排水系统分别读图。图10-20为某单位的室外局部给排水总平面布置图，在图示范围内共有2幢建筑物。

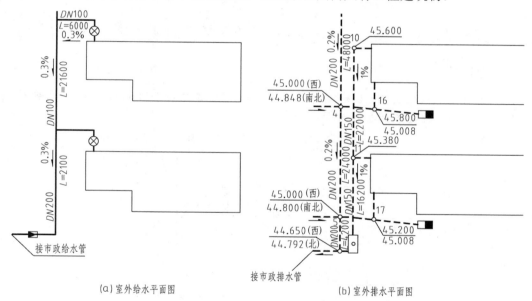

(a) 室外给水平面图　　　　　　　　(b) 室外排水平面图

图 10-20　某单位的室外局部给排水平面图

给水系统布置：市政给水管在南面，自来水经水表井引入，井内装有总水表及总控制阀门。给水总管 *DN*100 沿路西侧向北延伸，分两路通至房屋外的阀门井，然后由房屋引入管引入室内。

排水系统布置：由于排水管道经常要疏通，因此在排水管的起端、两管相交点和转折点均要设置检查井。两检查井之间的管线应是直线，不能做成折线或曲线。排水管是重力自流管，因此只能汇集于一点而向排水干管排出。并应从上流开始，按主次对检查井编号，在图上用箭头表示流水方向。图中排水干管和雨水管、粪便污水管等均用粗虚线表示。本例采用雨水管、污水管合一排除，即通常称为合流制的布置方式。还有将雨水管、污水管分别排出的称为分流制。

为了说明管道、检查井的埋设深度、管道坡度、管径大小等情况，对比较简单的管网布置一般直接在图中注上管径、坡度、流向以及每一管段检查井处的各向管子的管底标高。室外管道宜布置绝对标高。如检查井 4、5 之间排水管道直径为 200mm，坡度为 0.2%，自 4 号流向 5 号检查井。在 4 号检查井处，分子 245.000(西)表示与检查井 4 相连的西向管道在该处的管底标高，分母 44.848(西北)表示南北管道在检查井 4 处的管道标高。

✅ 本章小结

本章学生学习了给水排水的基本知识，以及给排水的相关概念、规定、分类及特性，要求掌握给排水施工图的分类和给排水施工图的画法；还学习了室内给排水施工图；最后学习了室外给排水管道施工图的相关概念以及特性，其中重点学习室内给水排水的基本知识和室外给排水管道施工图。学习完本章学生可以掌握基本的建筑给排水施工图的规定与识图方法。

✅ 实训练习

一、单选题

1. 下面排水系统图 A~B 点的距离为 6m，排水管道坡度为 0.004，若板底无梁，楼板的厚度为 0.15m，则 A 点的标高可取为(　　)。

    A. h-0.40　　　　　　B. h-0.60　　　　　　C. h-0.30　　　　　　D. h+0.40

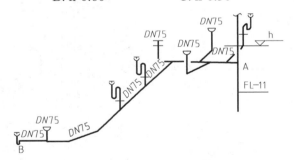

2. 下面排水系统图 A~B 点的距离为 8m，排水管道坡度为 0.005，若 B 点前现浇楼板处有 500 的梁，楼板的厚度为 0.15m，则 A 点的标高可取为(　　)。

    A. h-0.65　　　　　　B. h-0.35　　　　　　C. h-0.60　　　　　　D. h+0.40

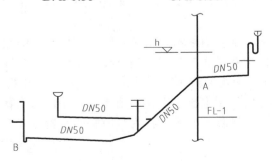

3. 下面排水系统图 A~B 点的距离为 4m，排水管道坡度为 0.006，若板底无梁，楼板的厚度为 0.2m，则 A 点的标高可取为( )。

    A. h-0.35   B. h-0.45   C. h-0.43   D. h+0.40

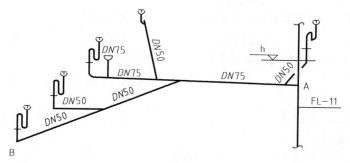

4. 下面排水系统图 A~B 点的距离为 5m，排水管道坡度为 0.006，若 B 点前现浇楼板处有 400 的梁，则 A 点的标高可取为( )。

    A. h-0.45   B. h-0.40   C. h-0.35   D. h-0.50

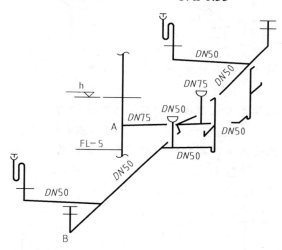

5. 下面排水系统图 A~B 点的距离为 7m，排水管道坡度为 0.01，若板底无梁，楼板的厚度为 0.15m，则 A 点的标高可取为( )。

    A. h-0.45   B. h-0.60   C. h-0.35   D. h+0.40

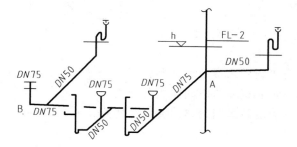

二、多选题

1. 下面给水平面图 A、B 点的弯折立管的高度为＿＿＿＿m。
   A. 0.90   B. 0.70   C. 0.65   D. 0.35
2. 下面给水平面图蹲式大便器和小便器的给水管径为＿＿＿＿m。
   A. $DN25$ B. $DN15$ C. $DN32$ D. $DN20$
3. 下面排水平面图蹲式大便器和检查口的排水管径为＿＿＿＿m。
   A. $DN50$ B. $DN40$ C. $DN100$ D. $DN75$

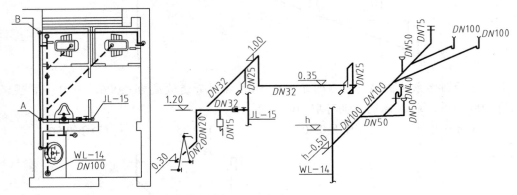

4. 下面给水平面图 A、B 点的弯折立管的高度为＿＿＿＿m。
   A. 0.90   B. 0.10   C. 0.75   D. 0.35
5. 下面给水平面图蹲式大便器和洗脸盆的给水管径为＿＿＿＿m。
   A. $DN25$ B. $DN15$ C. $DN32$ D. $DN20$
6. 下面排水平面图蹲式大便器和洗脸盆的排水管径为＿＿＿＿m。
   A. $DN50$ B. $DN40$ C. $DN100$ D. $DN75$

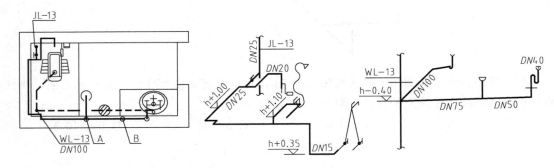

三、简答题

1. 简述室内给水施工图的基本内容有哪些。
2. 简述室外给水排水管道施工图的组成与分类。
3. 简述室外给排水管道施工图的识图要点有哪些。

实训工作单一

班级		姓名		日期	
教学项目		室内给水排水施工图识读			
任务		解读一套完整的室内给水排水施工图	图纸类型	多层框架结构建筑施工图	
相关知识			室内给水排水施工图的识读知识点		
其他要求					

读图过程记录

评语			指导老师	

实训工作单二

班级		姓名		日期	
教学项目		室外给水排水管道施工图识读			
任务	解读一套完整的室外给水排水管道施工图		图纸类型	多层框架结构建筑施工图	
相关知识		室外给水排水管道施工图的识读知识点			
其他要求					

读图过程记录

评语			指导老师	

第 11 章 CAD 绘图基本知识

- 了解 AutoCAD 绘制建筑图样的规范和要求
- 熟知国家相关标准的绘图规范
- 掌握 AutoCAD 绘制建筑平面图的方法和步骤

【教学要求】

第 11 章 CAD 绘图基本知识课件.pptx

本章要点	掌握层次	相关知识点
绘制建筑平面图	独立完成建筑平面图的绘制	1. 设置绘图环境 2. 绘制墙体 3. 绘制门窗楼梯 4. 尺寸和文字标注
绘制建筑立面图	独立完成建筑立面图的绘制	1. 设置绘图环境 2. 绘制墙体 3. 绘制门窗楼梯 4. 尺寸和文字标注
绘制建筑剖面图	独立完成建筑剖面图的绘制	1. 设置绘图环境 2. 绘制墙体 3. 绘制门窗楼梯 4. 尺寸和文字标注

【引子】

AutoCAD(Autodesk Computer Aided Design)是 Autodesk(欧特克)公司首次于 1982 年开发的计算机自动辅助设计软件，用于二维绘图、详细绘制、设计文档和基本三维设计，现在已经成为国际上广为流行的绘图工具。AutoCAD 具有良好的用户界面，通过交互菜单或命令行方式便可以进行各种操作。它的多文档设计环境，让非计算机专业人员也能很快地学会使用，而且在不断实践的过程中还能更好地掌握它的各种应用和开发技巧，从而不断地提高工作效率。AutoCAD 具有广泛的适应性，它可以在各种操作系统支持的微型计算机和工作站上运行，从而进行工作。

11.1 概　　述

11.1.1 软件绘图的发展

计算机绘图是指应用绘图软件和计算机硬件，实现图形显示、辅助绘图与设计的一项技术。计算机绘图技术是当今时代每个工程设计人员不可缺少的应用技术手段。随着现代科学及生产技术的发展，对绘图的精度和速度都提出了较高的要求，加上所绘图样越来越复杂，使得手工制图在绘图精度、绘图速度以及与此相关的产品的更新换代的速度上，都显得相形见绌。而计算机、绘图机的相继问世，以及相关软件技术的发展，恰好适应了这些要求。计算机绘图的应用使得现代绘图技术水平达到了一个前所未有的高度。

音频.CAD 技术的主要
应用领域.mp3

音频.AutoCAD 工作空间
分类与切换.mp3

音频.尺寸标注的步骤
与方法.mp3

与传统的手工绘图相比，计算机绘图主要有如下一些优点：

(1) 具有高速的数据处理能力，极大地提高了绘图的精度及速度；

(2) 具有强大的图形处理能力，能够很好地完成设计与制造过程中二维及三维图形的处理，并能随意控制图形显示，以及平移、旋转和复制图样；

(3) 具有良好的文字处理能力，能添加各类文字，特别是能直接输入汉字；

(4) 具有快捷的尺寸自动测量标注和自动导航、捕捉等功能；

(5) 具有实体造型、曲面造型、几何造型等功能，可实现渲染、真实感、虚拟现实等效果；

(6) 具有友好的用户界面、方便的人机交互、准确自动的全作图过程记录；

(7) 具有有效的数据管理、查询及系统标准化，同时还具有很强的二次开发能力和接口；

(8) 具有先进的网络技术，包括局域网、企业内联网和 Internet 上的传输共享等；

(9) 与计算机辅助设计相结合，使设计周期更短，速度更快，方案更完美；

(10) 在计算机上模拟装配，进行尺寸校验，不仅可避免经济损失，而且还可以预览效果。

常用的绘图软件有 Photoshop、AutoCAD、3ds Max 等。

(1) Photoshop 是强大的图像处理软件，在平面广告设计和图像处理方面有其不可比拟的优势。

(2) AutoCAD 是计算机辅助设计软件包，特别适宜于工程制图，被广泛应用于机械、建筑、电子、航天、冶金、纺织等工程设计领域。

(3) 3ds Max 是三维设计和动画制作软件，广泛应用于三维设计、广告、动画等领域，尤其在建筑方案效果图设计、工业设计中成为必不可少的应用软件之一。

11.1.2　SketchUp 7.0 和 Photoshop CS5 简介

1. 三维建模(SketchUp 7.0)

(1) SketchUp 7.0 概述。

本节将向读者翔实而全面地介绍 SketchUp 7.0 的各种功能,并将特例引入讲解中,让读者能通过实例操作加强对软件的熟悉,对功能命令的理解。同时,增加软件在专业学习中的运用及实例讲解,使读者学以致用。本章配图均以三维视图为主,使学习更直观,讲解更便捷,理解更深刻。

(2) SketchUp 7.0 的特点。

SketchUp 软件是一款功能强大的三维建模软件,广泛运用于规划、建筑、景观、土木工程、机械等多种领域的立体模型建构。相对同类三维建模软件而言,SketchUp 软件具有精简、占用空间小、功能齐全、操作简单、建模便捷、视图直观等众多优点,目前被越来越多的设计者、学校师生所重视,并在众多高校推广。

(3) SketchUp 7.0 新增功能简介。

SketchUp 7.0 版本相比之前版本在个性化设定、组件参数化、模型交错、材质编辑等功能方面都有所增强,这使得不同专业背景的设计者在使用本软件时可以有更个性化的、更贴合专业特点的设置,以便充分发挥软件的强大功能。

2. Photoshop CS5 软件简介和应用范围

Photoshop CS5 是 Adobe 公司推出的新版图像编辑软件,在增强原有功能的同时,更重要的是增加了几十个全新特性,诸如支持宽屏显示器的新式版面、集二十多个窗口于一身的 dock、占用面积更小的工具栏、多张照片自动生成全景、灵活的黑白转换、更易调节的选择工具、智能的滤镜等,具备了前所未有的灵活性和高效性。

Photoshop CS5 的应用范围非常广泛,涉及所有平面图像的制作和编辑,如在广告、包装、数码产品、海报、效果图等方面的制作。

Photoshop 作为专业的图像处理软件,一直是建筑行业各种效果图表现的主要工具之一。无论是建筑平面、立面、透视效果图还是室内设计效果图、景观规划效果图的制作都离不开它。本书主要介绍 Photoshop CS5 在建筑效果图中的运用。

11.2　CAD 的工作界面及基本操作

11.2.1　AutoCAD 软件简介

AutoCAD 是由美国 Autodesk 公司开发的通用计算机辅助绘图与设计软件包,具有易于掌握、使用方便、体系结构开放等特点,深受广大工程技术人员的欢迎。AutoCAD 自 1982 年问世以来,已经进行了近 20 次的升级,从而使其功能逐渐强大,且日趋完善。如今,AutoCAD 已广泛应用于机械、建筑、电子、航天、造船、石油化工、土木工程、冶金、农业、气象、纺织、轻工业等领域。在中国,AutoCAD 已成为工程设计领域中应用最为广泛的计算机辅助设计软件之一。

11.2.2 AutoCAD 的启动和管理图形文件

1. 启动软件

用鼠标双击如图 11-1 所示的图标。启动 AutoCAD 后，用户界面如图 11-2 所示。

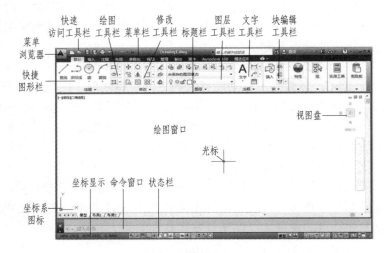

图 11-1　启动图标　　　　　　　　图 11-2　用户界面

2. 管理图形文件

1) 新建图形文件

使用"新建"命令来创建新的图形文件，该命令通过以下 3 种方式调用。

命令行：NEW

菜单栏："文件"→"新建"

工具栏：单击"标准"工具栏中的"新建"图标

执行该命令后，打开"选择样板"对话框，如图 11-3 所示，可在该对话框中选择相应的样板文件，后缀名为.dwg 的文件为标准样板文件。也可以单击"打开"按钮右面的黑三角，选择"无样板打开-公制"。

2) 打开图形文件

使用"打开"命令打开已有的图形文件，该命令通过以下 3 种方式调用。

命令行：OPEN

菜单栏："文件"→"打开"

工具栏：单击"标准"工具栏中的"打开"图标

执行该命令后，打开"选择文件"对话框，如图 11-4 所示，在该对话框中选择要打开的图形文件。

图 11-3 "选择样板"对话框

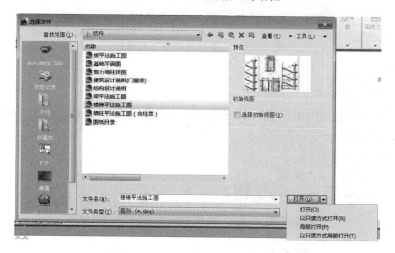

图 11-4 "选择文件"对话框

3）保存图形文件

在绘制图形过程中，要注意随时对文件进行保存。"保存"命令通过以下 3 种方式调用。

命令行：SAVE

菜单栏："文件"→"保存"

工具栏：选择"标准"工具栏中的"保存"图标

执行该命令后，若文件已经命名，则 AutoCAD 自动保存；若文件没有命名(即使用默认名称 drawing1.dwg)，则打开"图形另存为"对话框，如图 11-5 所示，在该对话框中可以指定图形的文件名及要保存的位置和文件类型。

在保存文件时，为了在低版本的 AutoCAD 中也能打开图形文件，可以在"文件类型"下拉列表框中选择"AutoCAD 2013 图形(*.dwg)"，如图 11-5 所示。

在 AutoCAD 中，使用"另存为"命令可以将已经命名的图形文件更改名称，该命令通过以下两种方式调用。

命令行：SAVE AS

菜单栏："文件"→"另存为"

执行该命令后，打开"图形另存为"对话框，如图 11-5 所示。

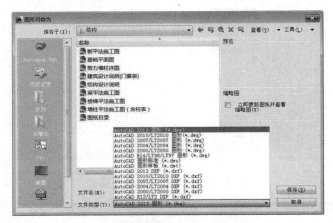

图 11-5 "图形另存为"对话框

4) 退出图形文件

(1) 关闭当前图形文件。

关闭图形文件只是关闭当前打开的图形文件，不会退出 AutoCAD 2010 系统。该命令通过以下 3 种方式调用。

命令行：CLOSE

菜单栏："文件"→"关闭"

单击菜单栏右边的"关闭"图标 ✕

图 11-6 提示对话框

执行该命令后，AutoCAD 关闭当前打开的图形。如果该图形文件修改后未做过保存，则 AutoCAD 会弹出一个如图 11-6 所示的对话框，提示是否保存修改过的图形文件。如果选择"是"，系统将打开"图形另存为"对话框，可以保存图形文件；如果选择"否"，则不保存图形文件就退出。

(2) 退出 AutoCAD 2010。

退出 AutoCAD 2010 系统的命令通过以下 3 种方式调用。

命令行：EXIT(或 QUIT)

菜单栏："文件"→"退出"

单击标题栏右边的"关闭"图标 ✕

执行该命令后，可以退出 AutoCAD 2010 系统。退出系统时，如果打开的图形文件修改后未保存，则 AutoCAD 同样会弹出一个如图 11-6 所示的对话框，操作过程同上。

11.2.3　AutoCAD 的工作界面

AutoCAD 2010 的经典工作界面由标题栏、菜单栏、工具栏、绘图窗口、光标、坐标系图标、命令窗口、状态栏、模型/布局选项卡、滚动条和菜单浏览器等组成，如图 11-7 所示。

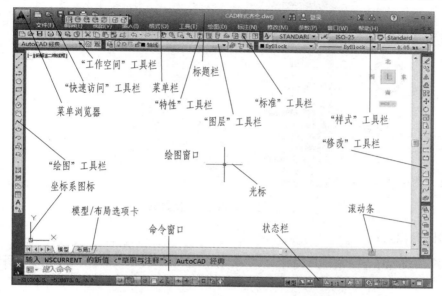

图 11-7　AutoCAD 2011 的经典工作界面

1. 标题栏

标题栏与其他 Windows 应用程序类似，用于显示 AutoCAD 2011 的程序图标以及当前所操作图形文件的名称。

2. 菜单栏

菜单栏是主菜单，可利用其执行 AutoCAD 的大部分命令。单击菜单栏中的某一项，会弹出相应的下拉菜单，如图 11-8 所示为"视图"下拉菜单。下拉菜单中，右侧有小三角的菜单项，表示它还有子菜单，单击该菜单项，将在下拉菜单右侧显示出子菜单。右侧有三个小点的菜单项，表示单击该菜单项后会显示出一个对话框。右侧没有内容的菜单项，单击它后会执行对应的 AutoCAD 命令。

3. 工具栏

AutoCAD 2011 提供了四十多个工具栏，每一个工具栏上均有一些形象化的按钮。单击某一按钮，可以启动 AutoCAD 的一个命令。

用户可以根据需要打开或关闭任一个工具栏。方法是：在已有工具栏上右击，AutoCAD 弹出工具栏快捷菜单，通过其可实现工具栏的打开与关闭。

此外，通过选择下拉菜单"工具"→"工具栏"→"AutoCAD"子菜单中的菜单项，

也可以打开或开闭 AutoCAD 的工具栏。

图 11-8　"视图"下拉菜单

4. 绘图窗口

绘图窗口类似于手工绘图时的图纸，是用户用 AutoCAD 2011 绘图并显示所绘图形的区域。

5. 光标

当光标位于 AutoCAD 的绘图窗口时为十字形状，所以又称其为十字光标。十字线的交点为光标的当前位置。AutoCAD 的光标用于绘图、选择对象等操作。

6. 坐标系图标

坐标系图标通常位于绘图窗口的左下角，表示当前绘图所使用的坐标系的形式以及坐标方向等。AutoCAD 提供有世界坐标系(World Coordinate System，WCS)和用户坐标系(User Coordinate System，UCS)两种坐标系。世界坐标系为默认坐标系。

7. 命令窗口

命令窗口是 AutoCAD 显示用户从键盘输入的命令和显示 AutoCAD 提示信息的地方。默认时，AutoCAD 在命令窗口保留最后三行所执行的命令或提示信息。用户可以通过拖动窗口边框的方式改变命令窗口的大小，使其显示多于 3 行或少于 3 行的信息。

8. 状态栏

状态栏用于显示或设置当前的绘图状态。状态栏上位于左侧的一组数字反映当前光标的坐标，其余按钮从左到右分别是推断约束、捕捉模式、栅格显示、正交模式、极轴追踪、对象捕捉、三维对象捕捉、对象捕捉追踪、允许/禁止动态 UCS、动态输入显示/隐藏线宽、显示/隐藏透明度、快捷特性、选择循环等。

9. 模型/布局选项卡

模型/布局选项卡用于实现模型空间与图纸空间的切换。

10. 滚动条

利用水平和垂直滚动条，可以使图纸沿水平或垂直方向移动，即平移绘图窗口中显示的内容。

11. 菜单浏览器

单击菜单浏览器，AutoCAD 会将浏览器展开，用户可通过菜单浏览器执行相应的操作。

11.2.4　AutoCAD 的命令操作

1. 命令输入方式

使用 AutoCAD 绘制工程图样是通过输入命令来实现的。AutoCAD 中常用的命令输入方式有 3 种，分别是键盘输入、菜单输入和工具栏图标输入。

第一种：键盘输入。

当命令行中显示"命令："状态时，使用键盘在命令行中输入绘图或编辑命令的英文名称，并按 Enter 键或空格键确认，然后根据命令行中显示的各种操作提示就可以完成相应的绘图或编辑操作。

通过键盘输入方式执行命令，要求能够熟记各种命令的英文名称。

第二种：菜单输入。

使用菜单执行命令时，先用鼠标单击相应的菜单栏，此时会弹出一个下拉菜单，从下拉菜单项中选择需要执行的命令，就可以进行绘图或编辑操作。

菜单输入的优点：如果不知道某个命令的英文名称，可以使用该方式来执行所需的命令。

第三种：工具栏图标输入。

使用工具栏图标执行命令时，单击工具栏上相应的命令图标按钮，然后根据命令行中显示的各种操作提示就可以完成绘图或编辑操作。

工具栏图标输入是执行 AutoCAD 命令较为容易和快捷的方法。

2. 命令终止方式

使用 AutoCAD 绘图过程中若需要终止正在执行的命令，可以随时按键盘上的 Esc 键来终止命令。

3. 重复执行上一次命令

执行完一个命令之后，若需要再次执行上一次使用的命令，可以直接在键盘上按 Enter 键或空格键来重复执行该命令。

注意： 必须在一个命令执行完成后紧接着重复执行该命令。

4. 取消已经执行的命令

当出现绘图失误时，不需要重新绘制整个对象，只要单击标准工具栏中的放弃图标

，就可以连续取消前面所执行的误操作；也可以在命令行中输入"U"(放弃)取消前面的误操作。

5. 恢复已经取消的命令

当取消了前几次的操作之后，如果又需要恢复前面已经取消的操作，只要连续单击标准工具栏中的重做图标，就可以恢复前几次用放弃命令取消的操作。

AutoCAD 2010 中可以一次执行多重放弃和重做操作。单击放弃和重做图标上的箭头，可以一次选择多重放弃和重做操作。

6. 使用透明命令

使用 AutoCAD 绘图时可以使用透明命令，即在执行某个命令的过程中需要用到另一个命令时，可以在不退出当前正在执行的命令的情况下，直接执行另一个命令。

AutoCAD 中并不是所有的命令都可以使用透明命令。在使用透明命令时，可以在命令行输入该透明命令名的前面加一个单引号"'"；或者用鼠标单击该透明命令的工具栏图标按钮。

例如在绘制一个直径为 2000 的圆时，该圆的大小超过了屏幕上绘图区的显示区域，而又不想中断绘图操作，这时可以使用 ZOOM 命令来缩放屏幕的显示区域，ZOOM 命令执行完后，系统又会自动回到前一个命令的提示状态，继续执行绘图操作。这里 ZOOM 就是透明命令。绘图步骤如下所示：

命令：__circle 指定圆的圆心或［三点(3P)/两点(2P)/切点、切点、半径(T)］：(输入圆心)
指定圆的半径或［直径(D)］：'zoom(使用 ZOOM 透明命令)
指定窗口的角点，输入比例因子(nX 或 nXP)，或者
［全部(A)/中心(C)/动态(D)/范围(E)/上一个(P)/比例(S)/窗口(W)/对象(O)］＜实时＞：(选择一个窗口缩放方式，执行完缩放命令后自动退出 ZOOM 命令，恢复执行 CIRCLE 命令)
正在恢复执行 CIRCLE 命令。
指定圆的半径或［直径(D)］：1000(输入圆的半径值，结束画圆命令)

11.2.5　数据输入方法

使用 AutoCAD 绘制二维图形时需要精确输入所绘制的图形对象的大小和相对位置尺寸，如输入点的坐标、直线的长度、距离、圆的半径或角度等。这些尺寸的输入是通过 AutoCAD 的坐标系来确定的。

1. AutoCAD 的坐标系

AutoCAD 系统有两种坐标系统：世界坐标系(WCS)和用户坐标系(UCS)。

(1) 世界坐标系。

世界坐标系(WCS)是 AutoCAD 默认的坐标系。位于绘图区左下角位置的坐标系统就是世界坐标系(WCS)，它包括 X 轴、Y 轴和 Z 轴。绘制二维图形时只显示 X 轴和 Y 轴，如图 11-9 所示，有一个"□"符号的是 WCS 坐标系的原点，X 轴和 Y 轴的箭头方向分别为 X 坐标和 Y 坐标的正方向。

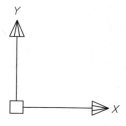

图 11-9　WCS 坐标系

WCS 坐标系的特点：它是系统固有的，并且不可更改。

(2) 用户坐标系。

用户可以在 WCS 坐标系中创建无限多的坐标系，这些坐标系称为用户坐标系(UCS)。UCS 坐标系的原点以及 X 轴、Y 轴和 Z 轴的位置和方向可以根据用户要求进行移动和旋转，但 3 个坐标轴始终保持相互垂直。

2. 坐标的输入

使用 AutoCAD 绘图要精确地定位某一个点时，需要使用键盘输入坐标值的方式来定位。对于 AutoCAD 中的绘图和编辑命令，大部分的数据输入都是坐标点的输入。常用的坐标输入方法有：绝对直角坐标输入、相对直角坐标输入、绝对极坐标输入和相对极坐标输入。

(1) 绝对直角坐标输入。

绝对直角坐标是以坐标原点(0，0，0)为基点定位所有的点。绝对直角坐标输入的是当前点相对于坐标原点的坐标值(X，Y，Z)，即点的绝对坐标值(X，Y，Z)。当绘制二维图形时，不需要输入 Z 坐标值。如图 11-10(a)所示，A 点的绝对坐标为(20，20)，B 点的绝对坐标为(50，20)，C 点的绝对坐标为(50，40)，D 点的绝对坐标为(30，40)，E 点的绝对坐标为(20，30)。

(2) 相对直角坐标输入。

相对直角坐标输入的是当前点相对于前一个输入点的坐标值增量(ΔX，ΔY，ΔZ)。输入相对坐标值时，必须在输入的相对坐标值前加一个"@"符号，即输入"@X，Y，Z"。如图 11-10(a)所示，输入 A 点后，B 点相对于 A 点的相对直角坐标为"@30，0"，C 点相对于 B 点的相对直角坐标为"@0，20"。

(3) 绝对极坐标输入。

极坐标是使用相对于极点的距离(极轴长度)和角度(极轴角度)的方式表示的坐标，只能用来表示二维图形的平面坐标。绝对极坐标是以坐标原点(0，0，0)为极点，其极坐标的输入采用"长度＜角度"的方式。AutoCAD 中默认的角度正方向是逆时针方向，X 轴的正向为起始 0°。如图 11-10(b)所示，A 点的绝对极坐标是"20＜45"。

(4) 相对极坐标输入。

相对极坐标是以前一个输入点为极点，输入当前点相对于前一个输入点的距离和角度，在输入的相对坐标前加一个"@"符号，即输入"@长度＜角度"。如图 11-10(b)所示，输入 A 点后，B 点相对于 A 点的相对极坐标为"@30＜30"，B 点相对于 C 点的相对极坐标为"@15＜90"。

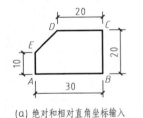 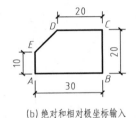

(a) 绝对和相对直角坐标输入　　　　　(b) 绝对和相对极坐标输入

图 11-10　坐标的输入

3. 点的输入

使用 AutoCAD 绘图过程中，经常需要输入点的位置。AutoCAD 中有以下几种输入点的方式：

(1) 用键盘直接在命令行中输入点的坐标，也就是前面讲过的直角坐标和极坐标。

(2) 用鼠标移动十字光标在屏幕上单击直接确定点的位置。

(3) 用"对象捕捉"方式捕捉屏幕上已有图形的特殊点(如端点、中点、圆心、交点等)，将在 11.4.1 节中详细讲述。

(4) 直接输入距离。如图 11-10(a)所示，在绘制直线 AB 时，输入 A 点后，在屏幕上移动光标先确定直线 AB 的方向 0°，但是不要单击鼠标确认，然后用键盘在命令行输入距离 30，这样就在指定的方向上准确绘制了长度为 30mm 的直线 AB。

在 AutoCAD 中绘制直线时，使用直接输入距离的方法绘制指定方向和长度的直线更为方便和快捷。

4. 距离值的输入

在使用 AutoCAD 绘制图形时，有时需要输入直线的长度、矩形的高度和宽度、圆的半径等距离值。这些距离值的输入通常采用以下两种方法：

(1) 用键盘在命令行中直接输入数值。

(2) 在屏幕上捕捉点，两点的距离值就是所需要输入的数值。

11.2.6　绘图前的设置工作

1. 图层概述

图层是 AutoCAD 中对图形对象进行管理的重要工具。绘图时，可以先建立许多图层，将不同的图形对象绘制在不同的图层上，将具有相同特性的图形对象绘制在相同的图层中，有利于图形对象的管理及编辑操作。

每个图层设置不同的颜色、线型和线宽等特性，这就是"图层特性"。绘制的图形对象也有不同的颜色、线型和线宽等特性，即"对象特性"。"对象特性"有两种形式，可以指定采用哪种形式。

第一种：图形对象绘制在哪个图层上，这些图形对象就可以直接使用该图层的"图层特性"，这种特性就是对象的"随层"特性。默认情况下，AutoCAD 中绘制的图形对象都使用"随层"特性。

第二种：单独给图形对象指定颜色、线型和线宽等特性。

使用 AutoCAD 绘图时，需要创建很多的图形对象，而有些图形对象具有相同的特性，这些具有相同特性的图形对象可以绘制在同一个图层中，在图层中对它们的特性进行统一设置，即设置"图层特性"，这些对象统一使用该图层的"图层特性"作为"对象特性"。而有些图形对象具有不同的特性，如虚线和中心线的线型特性不相同，AutoCAD 中可以创建不同的图层绘制具有不同特性的图形对象，有多少不同的图形对象，就需要创建多少个图层。

一个图形文件中创建的图层的数量不限，每一个图层中的图形对象的数量也不限。

在 AutoCAD 中，可以利用"图层特性管理器"对话框对图层进行创建、设置和管理。

2. 创建图层

1) 新建图层

在 AutoCAD 中绘制的图形对象都位于某一个图层上，默认情况下，系统只有一个名为"0"的图层，如果不新建图层，所有的图形对象都位于 0 图层上。为了方便管理图形对象，需要创建更多的图层并设置图层特性。如在土建工程图中，通常需要设置粗实线层、中实线层、细实线层、轴线层、文字层、尺寸层等。下面介绍新建图层的方法。

打开"图层特性管理器"对话框，有以下 3 种方式。

命令行：LAYER(或 LA)

菜单栏："格式"→"图层"

工具栏：选择"图层"工具栏中的"图层特性管理器"图标

打开"图层特性管理器"对话框，如图 11-11 所示，在"图层特性管理器"对话框中单击"新建图层"图标，在图层列表中出现"图层 1"，单击该图层名，输入"粗实线"图层名，单击"关闭"图标，关闭"图层特性管理器"，创建一个新的图层"粗实线"。

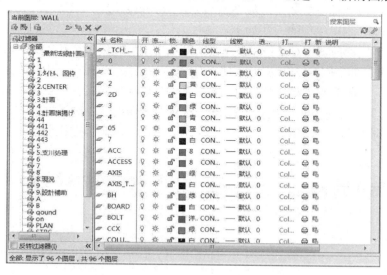

图 11-11　"图层特性管理器"对话框

用同样的方法可以创建"中实线""细实线""轴线""文字""尺寸"等图层。

注意：0 层不能重新命名。

2）设置图层颜色

绘图时，为了方便区分不同的图层对象，通常将不同的图层设置为不同的颜色。设置"粗实线"图层颜色的方法如下：

在"图层特性管理器"对话框中单击"粗实线"图层的颜色图标██或颜色名称，打开"选择颜色"对话框，如图 11-12 所示，选择颜色为"绿"，单击"确定"按钮，返回"图层特性管理器"对话框。用同样的方法可以为其他新建图层设置颜色。

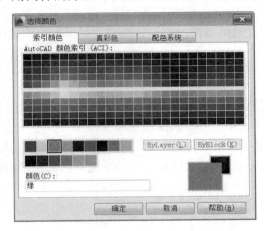

图 11-12 "选择颜色"对话框

3）设置图层线型

土建工程图中，绘制的图形对象需要使用不同的线型，如"粗实线""细实线""中实线""文字""尺寸"图层上的图形对象需要使用实线绘制，因此需要把这些图层的线型设置为实线；而"轴线"图层的线型则需要设置为点画线。

设置"轴线"图层线型的方法如下：

在"图层特性管理器"对话框中，单击"轴线"图层的线型名称"contin..."，打开"选择线型"对话框，如图 11-13 所示，此时，"已加载的线型"列表框中只有实线。单击"加载"按钮，打开"加载或重载线型"对话框，如图 11-14 所示，在"可用线型"列表框中选择"CENTER2"，然后单击"确定"按钮，返回"选择线型"对话框。此时，在"已加载的线型"列表框中选择"CENTER2"（图 11-15），单击"确定"按钮即可把"轴线"图层线型设置成点画线。

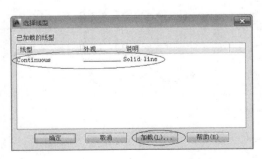

图 11-13 "选择线型"对话框

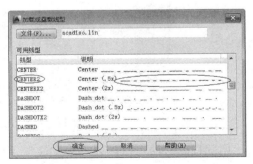

图 11-14 "加载或重载线型"对话框

用同样的方法为其他图层设置线型。

4) 设置图层线宽

土建工程图中，图线有粗、中、细 3 种线宽，这 3 种线宽的比例为 4：2：1。不同的图形对象需要使用不同的线宽，如"粗实线"图层上图线的线宽应为粗，可以设置为"0.5mm"；"中实线"图层上图线的线宽应为中，设置为"0.25mm"；"细实线""文字""尺寸"和"轴线"图层上图线的线宽应为细，线宽设置为"0.13mm"。

设置"粗实线"图层线宽的方法如下：

在"图层特性管理器"对话框中，单击"粗实线"图层的线宽图标"—默认"，打开"线宽"对话框，如图 11-16 所示。在"线宽"列表框中选择"0.50mm"，单击"确定"按钮，即可把"粗实线"图层线宽设置为"0.5mm"。

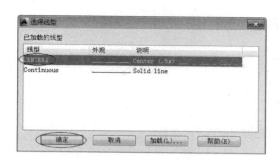

图 11-15　选择"CENTER2"

图 11-16　"线宽"对话框

用同样的方法为其他图层设置线宽。

3. 管理图层

管理图层包括把图层设置为当前图层、删除图层、打开/关闭图层、冻结/解冻图层、锁定/解锁图层等。

1) 设置当前图层

当前图层就是当前绘图的图层，所绘制的图形都在当前图层上，图形对象具有当前图层的"图层特性"。因此，如果在某个图层上绘制具有该图层特性的图形对象，就要先将该图层设置为当前图层。例如，绘制粗实线时，应该先将粗实线图层设置为当前图层。

将图层设置为当前图层常用的有以下两种方法。

第一种：在"图层特性管理器"对话框中选中需要设置为当前的图层，单击"置为当前"图标按钮 ✔ 即可将其设置为当前图层。

第二种：在"图层"工具栏中的"图层控制"下拉列表框中选中需要设置为当前图层的图层，即可将其设置为当前图层，如图 11-17 所示。这是最常用的方法。

2) 更改图形对象所在的图层

如果需要将一个已经绘制的图形对象放置在另一个图

图 11-17　设置当前图层

层上，可以更改这个图形对象的图层。例如，土建工程图中，绘制定位轴线时，当前图层是粗实线层，绘制完成后，定位轴线具有的是粗实线的图层特性，即定位轴线是粗实线，这就需要将已绘制的定位轴线更改图层，将其放在轴线图层上，定位轴线就会具有轴线的图层特性，即变成细点画线。

更改图形对象所在的图层常用操作方法如下：

在绘图区选择需要更改图层的图形对象，如图 11-18(a)所示，先选中需要更改图层的定位轴线图形，然后在"图层"工具栏中的"图层控制"下拉列表框中选中要放置图形的另一个图层，即选中轴线图层，单击轴线图层，就能把已经在粗实线图层中绘制的图形对象更改到轴线图层上，按 Esc 键取消选择对象，如图 11-18(b)所示。

(a) 选择需要更改图层的图形对象   (b) 取消选择图形对象

图 11-18   更改图形对象所在的图层

3）删除图层

在绘图过程中，创建的图层是可以删除的。删除图层的操作步骤如下：

在"图层特性管理器"对话框中的图层列表中选择要删除的图层，然后单击"删除图层"图标按钮✕，就可以将选择的图层删除。

4）打开/关闭图层

当某个图层打开时，该图层上的图形可以显示在屏幕上和打印输出，可以对该图层上的图形进行编辑操作；当某个图层关闭时，该图层上的图形不显示在屏幕上，也不能被编辑和打印输出，但仍然作为图形的一部分保留在文件中。

打开/关闭图层通常使用以下两种操作方法。

第一种：在"图层特性管理器"对话框中，图层打开时，该图层对应的图标小灯泡的颜色是黄色，此时，单击图标小灯泡，小灯泡的颜色变为灰色，该图层关闭，再次单击又可以打开该图层，如图 11-19(a)所示。

第二种：在"图层"工具栏中的"图层控制"下拉列表框中单击需要打开或关闭的图层对应的图标小灯泡就可以完成，如图 11-19(b)所示。

5）冻结/解冻图层

当某个图层被冻结时，该图层上的图形不能被显示出来，不能被编辑，也不参与重生成计算，这一点与关闭图层不同。冻结图层会减少系统重生成图形的时间，绘制大型图纸时，为了节省时间，可以冻结某些不需要重生成的图层。

冻结/解冻图层通常使用以下两种操作方法。

第一种：在"图层特性管理器"对话框中，图层解冻时，该图层对应的图标是太阳，此时，单击图标，太阳变成雪花，该图层冻结，再次单击又可以解冻该图层。

第二种：在"图层"工具栏中的"图层控制"下拉列表框中单击需要冻结或解冻的图层对应的图标就可以完成。

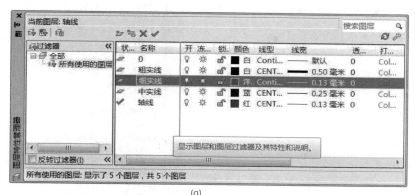

(a)

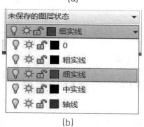

(b)

图 11-19　打开/关闭图层

6) 锁定/解锁图层

锁定某个图层时，该图层上的图像还显示在屏幕上，但不能被编辑。

锁定/解锁图层通常使用以下两种操作方法。

第一种：在"图层特性管理器"对话框中，图层解锁时，该图层对应的图标是打开的锁，此时，单击图标，打开的锁变成关闭的锁，该图层锁定，再次单击又可以解锁该图层。

第二种：在"图层"工具栏中的"图层控制"下拉列表框中单击需要锁定或解锁的图层对应的图标就可以完成。

4. "特性"工具条

对象特性包括图形的颜色、线型、线宽等常规特性，这是大多数图形对象共有的特性，而有些特性是某一个图形对象特有的特性，如角度、圆的直径等几何图形特性。在 AutoCAD 中，可以通过"特性"工具条来查询和修改图形的对象特性。

打开"特性"工具条有以下 3 种方式。

命令行：PROPERTIES

菜单栏："工具"→"选项板"→"特性"

工具栏：单击"标准"工具栏中的"特性"图标

可以先选择对象，再打开"特性"工具条，或者先打开"特性"工具条，再选择对象，打开的"特性"工具条如图 11-20 所示。选择一条直线对象，"特性"工具条中显示了名称

"直线"和直线的特性，如常规特性、三维效果特性和几何图形特性。

图 11-20　"特性"工具条

如果选中多个图形对象，则"特性"工具栏显示名称"全部"和所有选中对象的公共特性，如常规特性和三维效果特性。

在"特性"工具条中，可以修改图形的对象特性，如颜色、线型、线宽等常规特性和几何图形特性等。

5. 对象特性的编辑

在 AutoCAD 中绘制的图形对象有不同的颜色、线型和线宽等特性，就是"对象特性"。"对象特性"有两种形式。

第一种：图形对象绘制在哪个图层上，这些图形对象就可以直接使用该图层的"图层特性"，这种特性就是对象的"随层"特性。默认情况下，AutoCAD 中绘制的图形对象都使用"随层"特性。

第二种：单独给图形对象指定颜色、线型和线宽等特性。

1) 新绘制图形指定对象特性

使用"特性"工具条可以给新绘制的图形对象指定颜色、线型和线宽等特性。操作方法如下：

打开"特性"工具条，如图 11-20 所示，此时名称显示"无选项"，颜色、线型、线宽等特性都默认为"ByLayer"，即"随层"，在常规特性下面的"颜色""线型""线宽"等选项中单击可以修改这些特性。修改之后，单击"关闭"按钮，以后绘制新的图形对象时都使用刚刚修改的这些对象特性。

2) 已绘制图形对象特性的修改

如果要修改已经绘制的图形的对象特性，可以选中该图形，打开"特性"工具条，如图 11-20 所示，选中直线，此时名称显示"直线"，颜色、线型、线宽等特性都默认为"ByLayer"，即"随层"，然后可以在常规特性下面的"颜色""线型""线宽"等选项中单击修改这些特性。修改之后，单击"关闭"按钮，选中的图形对象的这些特性都随之更改。

3) 使用"特性匹配"修改对象特性

使用"特性匹配"可以将一个图形的特性复制到另一个图形上。"特性匹配"可以通过以下 3 种方式执行。

命令行：MATCHPROP(或 MA)

菜单栏："修改"→"特性匹配"

工具栏：选择"标准"工具栏中的"特性匹配"图标

将图 11-21(a)所示直线的特性修改为圆的特性，命令的执行过程如下：

命令：'_matchprop
选择源对象：(选择圆)
当前活动设置:颜色图层线型比例线宽厚度打印样式标注文字填充图案多段线视口表格材质阴影显示多重引线
选择目标对象或［设置(S)］：(选择直线)
选择目标对象或［设置(S)］：(按 Enter 键结束命令)

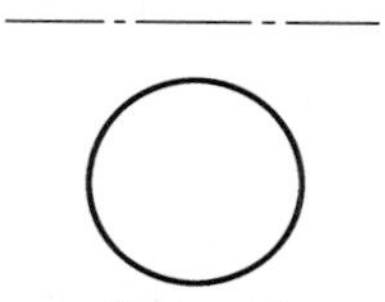

(a)"特性匹配"前 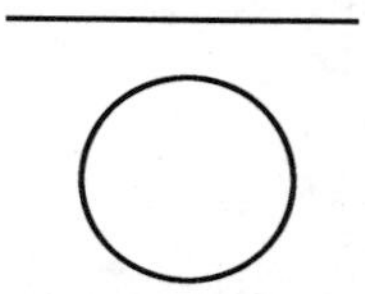　　　　　　(b)"特性匹配"后

图 11-21　使用"特性匹配"修改对象特性

11.3　几何图形的绘制

11.3.1　绘图命令的调用

1. 执行绘图命令的方法

在使用中文版 AutoCAD 2010 绘制二维图形时，执行绘图命令的方法有以下 3 种：使用绘图工具栏；使用绘图菜单；使用绘图命令。

每一种命令调用方法的具体内容如下。

1) 使用绘图工具栏

"绘图"工具栏中的每个工具按钮都与"绘图"菜单中的绘图命令相对应，是图形化的绘图命令，如图 11-22 所示。

2) 使用绘图菜单

使用绘图菜单是绘制图形最基本、最常用的一种方法，其中包含 AutoCAD 2010 的大部分绘图命令，如图 11-23 所示。选择该菜单中的命令或子命令，可绘制相应的二维图形。

3) 使用绘图命令

在命令提示行中输入绘图命令，按 Enter 键，并根据命令行的提示信息进行绘图操作。

这种方法快捷，准确性高，但要求掌握绘图命令及其选择项的具体用法。

图 11-22 "绘图"工具栏

图 11-23 绘图菜单

2. 设置绘图环境

1) 设置图形界限

设置图形界限就是设置实际绘图区域(即图纸)的大小。设置图形界限命令通过以下两种方式调用。

命令行：LIMITS

菜单栏："格式"→"图形界限"

执行该命令后，命令行出现以下提示：

命令：limits

重新设置模型空间界限：

指定左下角点或［开(ON)/关(OFF)］<0.0000，0.0000>：(按 Enter 键选择系统默认的图纸左下角点(0，0)，也可以输入不同的左下角点坐标；若输入"on"，则打开图形界限检查功能，系统不允许在图形界限以外绘制图形)

指定右上角点<420.0000297.0000>：(按 Enter 键选择系统默认的 A3 图纸绘图；若使用 A4 图纸，且左下角点坐标不是(0，0)，则输入@210，297，即输入点的相对坐标)

2) 设置图形单位

设置图形单位命令通过以下两种方式调用。

命令行：UNITS

菜单栏："格式"→"单位"

执行该命令后，打开"图形单位"对话框，如图 11-24(a)所示，在此对话框中进行图形单位的设置，设置过程如下。

(1) "长度"选项组。

① "类型"下拉列表框：设置长度测量单位的格式。设置为系统默认的"小数"。

② "精度"下拉列表框：设置长度测量值显示的小数位数或分数大小。设置为"0.00"。

(2) "角度"选项组。

① "类型"下拉列表框：设置当前角度格式。设置为"十进制度数"。

② "精度"下拉列表框：设置当前角度显示的精度。设置为"0"。

③ "顺时针"复选框：若选中，则以顺时针方向作为角度测量的正方向。设置为系统默认的以逆时针方向作为角度测量的正方向。

(3) "方向"按钮。

单击"方向"按钮，打开"方向控制"对话框，如图 11-24(b)所示，在此对话框中设置 0°的方向。设置为系统默认东向为 0°。

(a)"图形单位"对话框

(b)"方向控制"对话框

图 11-24　"图形单位"对话框和"方向控制"对话框

3. 常用绘图命令

AutoCAD 中常用的绘图命令都位于绘图区左侧的"绘图"工具栏中，使用这些常用的绘图命令可以绘制出各种建筑图形。下面详细介绍这些命令的执行及操作方法。

1) 绘制点

(1) 设置点的样式。

AutoCAD 系统默认的点的样式是没有长度和大小的黑色圆点，在绘图区很难看到。因此在实际绘图时，可以根据绘图需要设置点的样式和大小，使其清楚可见。

设置点的样式和大小的命令通过以下两种方式调用。

命令行：DDPTYPE

菜单栏："格式"→"点样式"

执行该命令后，打开"点样式"对话框，在此对话框中可以设置点的样式和大小。

(2) 绘制单点。

绘制点命令通过以下 3 种方式调用。

命令行：POINT

菜单栏："绘图"→"点"→"单点"

工具栏：选择"绘图"工具栏中的"点"图标

执行命令后，使用光标在绘图区指定一点，或在命令行输入点的坐标，即可以在指定

的位置连续绘制点。按 Esc 键可结束绘制点命令。

(3) 绘制定数等分点。

绘制定数等分点，就是将对象按指定的数目等分，每段长度相等。此命令通过以下两种方式调用。

命令行：DIVIDE

菜单栏："绘图"→"点"→"定数等分"

将图 11-25(a)中的圆弧 5 等分，命令执行过程如下。

命令：__divide
选择要定数等分的对象：(选择要定数等分的圆弧)
输入线段数目或[块(B)]：5(输入等分的数目 5，按 Enter 键结束命令)

在图 11-25(a)中的圆弧上绘制了 4 个点，把圆弧 5 等分。

(4) 绘制定距等分点。

绘制定距等分点，就是在对象上按指定的距离(长度)绘制等分点，对象上最后一段的长度不一定与前几段的长度相等。此命令通过以下两种方式调用。

命令行：MEASURE

菜单栏："绘图"→"点"→"定距等分"

将图 11-25(b)中的直线按照距离"10"进行等分，命令执行过程如下。

命令：__measure
选择要定距等分的对象：(选择要定距等分的直线)
指定线段或[块(B)]：10(输入等分的距离 10，按 Enter 键结束命令)

在图 11-25(b)中的直线上绘制了 6 个点，直线的前 6 段长度都是 10，等距，而最后一段长度与前 6 段不相等。

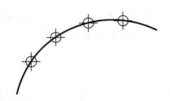　　　　　　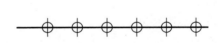

(a) 绘制定数等分点　　　　　　　　　　　　(b) 绘制定距等分点

图 11-25　绘制等分点

2) 绘制直线

绘制直线命令通过以下 3 种方式调用。

命令行：LINE

菜单栏："绘图"→"直线"

工具栏：选择"绘图"工具栏中的"直线"图标

(1) 使用两点绘制直线的命令执行过程如下。

命令：__line 指定第一点：(输入直线的第一个点)
指定下一点或[放弃(U)]：(输入直线的第二个点)

指定下一点或［放弃(U)］：(再次输入点可以连续画直线，如只画一条直线，按 Enter 键结束绘制直线命令，输入"U"放弃前面第二个点的输入)

指定下一点或［闭合(C)/放弃(U)］：(再次输入点继续画直线，输入"C"直接选择第一点使直线闭合并结束命令)

(2) AutoCAD 中经常使用已知一个点及直线的长度和角度绘制直线，绘制直线过程如下。

命令：__line 指定第一点：(输入直线的第一个点)

指定下一点或［放弃(U)］：(如果绘制长度为 20 的水平线，可以打开"正交模式"用鼠标在屏幕上指定水平方向并输入"20")

指定下一点或［放弃(U)］：(如果继续绘制长度为 30 的垂直线，在"正交模式"下用鼠标在屏幕上指定垂直方向并输入"30")

指定下一点或［闭合(C)/放弃(U)］：(如果继续绘制倾斜 30°方向、长度为 50 的直线，打开"极轴追踪"模式并设置"增量角"为 30°，用鼠标在屏幕上指定 30°方向并输入"50")

指定下一点或［闭合(C)/放弃(U)］：(按 Enter 键结束绘制直线命令或输入"C"直接选择第一点使直线闭合并结束命令)

注意：绘制直线时，经常使用"对象捕捉""正交模式""极轴追踪"等辅助绘图功能，且这些命令都是透明命令。

3) 绘制射线

射线是有一个起点和方向但是没有终点的直线，即起点固定，另一端可以无限延长的直线。射线在 AutoCAD 中经常用作绘图辅助线。绘制射线命令通过以下两种方式调用。

命令行：RAY

菜单栏："绘图"→"射线"

例如绘制一条角度为 30°的射线，命令执行过程如下。

命令：__ray 指定起点：(输入射线的起点)

指定通过点：@2<30(在命令行输入点的相对极坐标或者使用"极轴追踪"用鼠标指定 30°方向并单击左键)

指定通过点：(可以继续使用"极轴追踪"辅助绘图功能绘制角度为 60°的射线，该射线的起点仍是第一次输入的起点或者按 Enter 键/Esc 键结束命令)

4) 绘制构造线

构造线是两端都可以无限延长的直线，构造线在 AutoCAD 中主要用作绘图辅助线。绘制构造线命令通过以下 3 种方式调用。

命令行：XLINE

菜单栏："绘图"→"构造线"

工具栏：选择"绘图"工具栏中的"构造线"图标

绘制构造线的命令执行过程如下。

命令：__xline 指定点或［水平(H)/垂直(V)/角度(A)/二等分(B)/偏移(O)］：(输入构造线的起点)

指定通过点：(输入构造线的第二个点即可绘制构造线)

指定通过点：(输入第三点绘制第一点和第三点确定的构造线或者按 Enter 键/Esc 键结束命令)

命令提示后的"水平(H)/垂直(V)/角度(A)/二等分(B)/偏移(O)"各选项含义如下。

(1) "水平(H)"选项命令执行过程如下。

命令：__xline 指定点或［水平(H)/垂直(V)/角度(A)/二等分(B)/偏移(O)］：h
指定通过点：(输入点即可绘制过该的一条平行于 X 轴的构造线)
指定通过点：(输入第二个点绘制过此点的第二条平行于 X 轴的构造线或者按 Enter 键/Esc 键结束命令)

(2) "垂直(V)"：绘制一条或多条平行于 Y 轴的构造线。

(3) "角度(A)"：绘制一条或多条指定倾角的构造线。

(4) "二等分(B)"：绘制指定的两条相交直线夹角的角平分线(构造线)。

(5) "偏移(O)"：绘制平行于已知直线的平行线，且可以指定偏移距离和方向。

11.3.2 二维图形的绘制

1. 绘制规则多边形

1) 绘制矩形

绘制矩形命令可以通过以下 3 种方式调用。

命令行：**RECTANG**

菜单栏："绘图"→"矩形"

工具栏：选择"绘图"工具栏中的"矩形"图标

绘制长度为 100、宽度为 50 的矩形，命令执行过程如下。

命令：__rectang
指定第一个角点或［倒角(C)/标高(E)/圆角(F)/厚度(T)/宽度(W)］：(输入矩形的第一个对角点)
指定另一个角点或［面积(A)/尺寸(D)/旋转(R)］：@100，50(输入矩形的第二个对角点的相对坐标并按 Enter 键即可绘制该矩形)

2) 绘制正多边形

绘制正多边形命令可以通过以下 3 种方式调用。

命令行：**POLYGON**

菜单栏："绘图"→"正多边形"

工具栏：选择"绘图"工具栏中的"正多边形"图标

例如绘制内接于圆的正六边形，圆的半径是 60，命令执行过程如下。

命令：__polygon 输入边的数目<4>：6   (输入"6"，绘制正六边形)
指定正多边形的中心点或［边(E)］：   (输入一点作为正多边形的中心点)
输入选项［内接于圆(I)/外切于圆(C)］<I>：   (直接按 Enter 键，选择"内接于圆")
指定圆的半径：60   (输入半径值"60"，完成绘制)

例如绘制边长为 60 的正五边形，命令执行过程如下。

命令：__polygon 输入边的数目<4>：5   (输入"5"，绘制正五边形)
指定正多边形的中心点或［边(E)］：e   (输入"e"，选择指定一个边来绘制)
指定边的第一个端点：   (输入一个点)

指定边的第二个端点：@60，0　　　　(输入第二个点的相对极坐标确定边长为 60 的水平直线，以该直线作为一个边绘制正五边形)

2. 绘制规则曲线

1) 绘制圆

绘制圆命令可以通过以下 3 种方式调用。

命令行：CIRCLE(或 C)

菜单栏："绘图"→"圆"→下拉子菜单，如图 11-26 所示

工具栏：选择"绘图"工具栏中的"圆"图标

绘制圆有 6 种方式，分别讲述如下。

(1) 圆心、半径方式绘制圆。

圆心、半径方式绘制圆的命令执行过程如下。

命令：__circle 指定圆的圆心或［三点(3P)/两点(2P)/相切、相切、半径(T)］：(输入圆心点)

指定圆的半径或［直径(D)］：50　　　　(输入半径"50"，绘制半径为 50 的圆)

图 11-26　绘制圆菜单

(2) 圆心、直径方式绘制圆。

圆心、直径方式绘制圆的命令执行过程如下。

命令：__circle 指定圆的圆心或［三点(3P)/两点(2P)/相切、相切、半径(T)］：(输入圆心点)
指定圆的半径或［直径(D)］＜50.0000＞：d　　　　(输入"d"，按 Enter 键)
指定圆的半径或［直径(D)］＜100.00000＞：60　　　　(输入直径"60"，绘制直径为 60 的圆或者直接按 Enter 键，绘制直径为 100 的圆)

(3) 三点方式绘制圆。

三点方式就是先指定 3 个点，绘制通过这 3 个点的圆。其命令执行过程如下。

命令：__circle 指定圆的圆心或［三点(3P)/两点(2P)/相切、相切、半径(T)］：3p(输入"3p"，选择三点方式绘制圆)
指定圆上的第一个点：　　　　(输入第一个点)
指定圆上的第二个点：　　　　(输入第二个点)
指定圆上的第三个点：　　　　(输入第三个点，绘制出通过这 3 个点的圆)

(4) 两点方式绘制圆。

两点方式就是先指定两个点，然后以这两点确定的线段为直径绘制圆。其命令执行过程如下。

命令：__circle 指定圆的圆心或［三点(3P)/两点(2P)/相切、相切、半径(T)］：2p(输入"2p"，选择两点方式绘制圆)
指定圆直径的第一个端点：　　　　(输入第一个点)
指定圆直径的第二个端点：　　　　(输入第二个点，绘制以这两点确定的线段为直径的圆)

(5) 相切、相切、半径方式绘制圆。

相切、相切、半径方式绘制的圆与两个已知对象相切，并要给出此圆的半径。其命令执行过程如下。

命令：__circle 指定圆的圆心或［三点(3P)/两点(2P)/相切、相切、半径(T)］：t(输入"t"，选择相切、相切、半径方式绘制圆)

指定对象与圆的第一个切点： 　　　　(使用鼠标选择圆与第一个对象的切点)

指定对象与圆的第二个切点： 　　　　(使用鼠标选择圆与第二个对象的切点)

指定圆的半径<20.0542>：22 　　　(输入"22"，绘制与两个对象都相切，半径为22的圆)

(6) 相切、相切、相切方式绘制圆。

相切、相切、半径方式绘制的圆与 3 个已知对象都相切，此命令只能通过菜单栏中的下拉子菜单执行。执行过程如下。

命令：__circle 指定圆的圆心或［三点(3P)/两点(2P)/相切、相切、半径(T)］：__3p

指定圆上的第一个点：__tan 到 　(使用鼠标选择圆与第一个对象的切点)

指定圆上的第二个点：__tan 到 　(使用鼠标选择圆与第二个对象的切点)

指定圆上的第三个点：__tan 到 　(使用鼠标选择圆与第三个对象的切点，绘制圆)

2) 绘制圆弧

绘制圆弧命令可以通过以下 3 种方式调用。

命令行：ARC

菜单栏："绘图"→"圆弧"→下拉子菜单，如图 11-27 所示

工具栏：选择"绘图"工具栏中的"圆弧"图标

绘制圆弧有 11 种方式，下面讲述经常用到的三种方式。

(1) 三点绘制圆弧。

三点绘制圆弧就是先指定 3 个点，然后绘制通过这 3 个点的圆弧，其中第一点是圆弧的起点，第三点是圆弧的终点。命令执行过程如下。

命令：__arc 指定圆弧的起点或［圆心(C)］：(输入圆弧的起始点)

指定圆弧的第二个点或［圆心(C)/端点(E)］：(输入通过的第二个点)

指定圆弧的端点：(输入圆弧的终点，圆弧绘制完成)

图 11-27　绘制圆弧菜单

(2) 起点、圆心、端点方式绘制圆弧。

起点、圆心、端点方式绘制圆弧命令执行过程如下。

命令：__arc 指定圆弧的起点或［圆心(C)］：c 　　　　(输入"c"，选择圆心方式)

指定圆弧的圆心： 　　　　(输入圆弧的圆心点)

指定圆弧的起点： 　　　　(输入圆弧的起始点)

指定圆弧的端点或［角度(A)/弦长(L)］： 　　　　(输入圆弧的终点，圆弧绘制完成)

(3) 起点、圆心、角度方式绘制圆弧。

起点、圆心、角度方式绘制圆弧命令执行过程如下。

命令：__arc 指定圆弧的起点或［圆心(C)］：c 　　　　(输入"c"，选择圆心方式)

指定圆弧的圆心： 　　　　(输入圆弧的圆心点)

指定圆弧的起点： 　　　　(输入圆弧的起始点)

指定圆弧的端点或［角度(A)/弦长(L)］：a　　　　(输入"a"，选择角度方式)

指定包含角：90(输入角度值"90"，圆弧绘制完成)

指定的包含角是以起点和圆心的连线为起始边，沿逆时针方向旋转得到的角度值。

3) 绘制椭圆

绘制椭圆命令可以通过以下 3 种方式调用。

命令行：ELLIPSE

菜单栏："绘图"→"椭圆"→下拉子菜单，如图 11-28 所示

图 11-28　绘制椭圆菜单

工具栏：选择"绘图"工具栏中的"椭圆"图标

绘制椭圆有两种方式。

(1) 圆心方式绘制椭圆。

用圆心方式绘制如图 11-29(a)所示长轴为 200、短轴为 120 的椭圆。执行过程如下。

命令：__ellipse

指定椭圆的轴端点或［圆弧(A)/中心点(C)］：c　　　　(输入"c"，选择圆心方式)

指定椭圆的中心点：　　　　(输入椭圆的中心点"O")

指定轴的端点：100　　　　(打开"正交模式"将鼠标指针水平移动并输入椭圆长轴的一半长度 100，即指定点"A")

指定另一条半轴长度或［旋转(R)］：60　　　　(将鼠标指针垂直移动并输入椭圆短轴的一半长度 60，即指定点"B"，完成绘制椭圆)

(2) 轴、端点方式绘制椭圆。

用轴、端点方式绘制如图 11-29(b)所示的椭圆，椭圆长轴为 200 并倾斜 30°，短轴为120。执行过程如下。

命令：__ellipse

指定椭圆的轴端点或［圆弧(A)/中心点(C)］：　　　　(输入长轴的一个端点"C")

指定轴的另一个端点：200　　　　(打开"极轴追踪"并设置"增量角"为 30°，将鼠标指针移动到 30°方向，并输入椭圆长轴长度 200，即指定点"D")

指定另一条半轴长度或［旋转(R)］：60　　　　(将鼠标指针移动到 120°方向并输入椭圆短轴的一半长度 60，即指定点"E"，完成绘制椭圆)

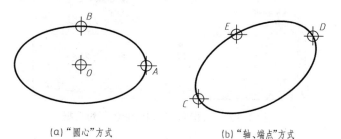

(a)"圆心"方式　　　　(b)"轴、端点"方式

图 11-29　绘制椭圆的两种方式

11.3.3　图案填充

使用 AutoCAD 的图案填充功能可以将特定的图案填充到一个封闭的图形区域中，机械制图中表示断面的剖面线可用此功能绘制。为了方便管理，建议单独设置图层放置填充图案。

1. 图案填充操作

命令调用方式如下。

菜单栏："绘图"→"图案填充"

功能区："常用"→"绘图"→面板

工具栏：绘图工具栏

2. 图案填充步骤

图案填充步骤具体如下。

(1) 执行图案填充命令，打开如图 11-30 所示的"图案填充和渐变色"对话框。

(2) 单击"图案"下拉按钮，选择填充图案，确定填充图案的角度、比例。

(3) 指定填充边界的确定方式。单击"添加：拾取点"按钮或"添加：选择对象"按钮，将临时关闭对话框，回到图形界面，指定填充区域后，按 Enter 键再返回到"图案填充和渐变色"对话框。

(4) 单击"预览"按钮，观看填充效果。若不满意，按 Enter 键结束预览，重新进行修改。

(5) 单击"确定"按钮，完成填充图案操作。

图 11-30　"图案填充和渐变色"对话框

11.4 图形的编辑

11.4.1 选择对象的方法

在 AutoCAD 中，要对图形进行复制、镜像等编辑操作时，必须先指定要编辑的图形对象，然后对这些指定的图形对象进行编辑。下面介绍常用的图形对象选择方法。

1. 点选图形对象

点选图形对象是最简单、最常用的一种选择对象的方法。采用此方法选择图形对象时，直接将鼠标指针移动到要选择的图形对象上，然后单击鼠标左键即可选择该图形对象，被选中的图形对象显示为虚线，如果继续单击其他图形对象就可以同时选择多个对象。图 11-31 所示为点选图形对象。

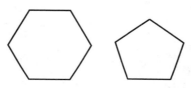

图 11-31　点选图形对象

2. 框选图形对象

框选图形对象是使用窗口选择图形对象的方法。框选图形对象包括矩形窗口选择、矩形窗交选择、多边形窗口选择、多边形窗交选择。

(1) 矩形窗口选择。

利用矩形窗口选择图形对象也是常用的一种方法。其操作方法是先单击一点，然后从左到右移动鼠标指针在适当的位置再次单击一点，这两个对角点所围成的矩形区域就是选择区，只有全部位于选择区的图形对象才能被选择，如图 11-32(a)、(b)所示。

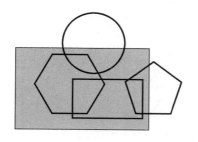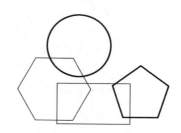

(a) 矩形窗口选择　　　　　　　　　　(b) 被选择的图形对象

图 11-32　利用矩形窗口选择图形对象

(2) 矩形窗交选择。

矩形窗交选择与矩形窗口选择类似，但操作方法是对角点从右至左确定矩形窗口选择区，完全或者部分位于选择区的图形对象都被选择，如图 11-33(a)、(b)所示。

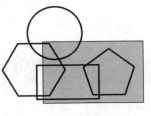

(a) 矩形窗交选择

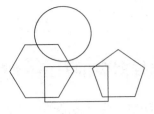

(b) 被选择的图形对象

图 11-33　利用矩形窗交选择图形对象

(3) 多边形窗口选择。

利用多边形窗口选择图形对象，其操作方法是：在命令行出现的"选择对象："提示下输入 WP 并按 Enter 键，然后在绘图区指定点，这些点围成的多边形区域就是选择区，只有全部位于选择区的图形对象才能被选择，如图 11-34(a)、(b)所示。

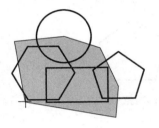

(a) 多边形窗口选择

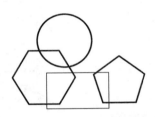

(b) 被选择的图形对象

图 11-34　利用多边形窗口选择图形对象

(4) 多边形窗交选择。

多边形窗交选择与多边形窗口选择类似，但操作方法是：在命令行出现的"选择对象："提示下输入 CP 并按 Enter 键，然后在绘图区指定点，这些点围成的多边形区域就是选择区，完全或者部分位于选择区的图形对象都被选择，如图 11-35(a)、(b)所示。

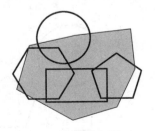

(a) 多边形窗交选择

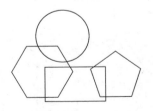

(b) 被选择的图形对象

图 11-35　利用多边形窗交选择图形对象

3. 全部选择

全部选择的操作方法是：在命令行出现的"选择对象："提示下输入 ALL 并按 Enter 键。使用此方式可以选择当前图形中除冻结或关闭层以外的所有图形对象。

11.4.2 编辑命令的调用

为了准确、快捷地绘制工程图样，AutoCAD 提供了多种辅助绘图工具，如栅格、对象捕捉、正交、极轴追踪等。这些辅助绘图工具位于状态栏中，如图 11-36 所示，在状态栏中单击这些按钮，就可以打开或关闭这些辅助绘图工具。下面介绍一下常用的辅助绘图工具。

图 11-36 辅助绘图工具

1. 捕捉模式

为了在屏幕上准确地捕捉点，可以使用状态栏中的"捕捉模式"图标，单击此图标或使用功能键 F9 即可打开或关闭"捕捉模式"。打开"捕捉模式"后，绘图时光标在绘图区不能随意移动，而只能移动一定的间距，即光标能够精确捕捉此间距上的点。光标移动的间距可以通过以下方式设置。

菜单栏："工具"→"草图设置"

或在"捕捉模式"图标上单击鼠标右键并选择"设置"命令

执行命令后，打开"草图设置"对话框，选择"捕捉和栅格"选项卡，如图 11-37 所示，在此选项卡中可以打开或关闭"捕捉模式"，并设置光标移动的间距。介绍如下。

(1) "启用捕捉"复选框：打开或关闭"捕捉模式"。使用功能键 F9 也可以打开或关闭"捕捉模式"。

(2) "捕捉间距"选项组：在此设置光标沿 X 轴和 Y 轴方向移动的间距。

(3) "捕捉类型"选项组：选择"栅格捕捉"单选按钮，则在屏幕上生成一个看不到的捕捉栅格，栅格间距在"捕捉间距"选项组中已设置，光标只能捕捉到这个栅格上的点，即光标只能沿这些栅格间距移动。

2. 栅格显示

单击状态栏中的"栅格显示"图标或使用功能键 F7，即可打开或关闭"栅格显示"。打开"栅格显示"，在绘图区会出现可见的栅格，在栅格上绘图就像在传统的坐标纸上绘图一样，但是栅格不会被打印出来。"栅格显示"参数设置方法如下。

菜单栏："工具"→"草图设置"

或在"栅格显示"图标上单击鼠标右键并选择"设置"命令

执行命令后，打开"草图设置"对话框，选择"捕捉和栅格"选项卡，如图 11-37 所示，在此选项卡中可以打开或关闭"栅格显示"，并设置栅格的间距。介绍如下。

(1) "启用栅格"复选框：打开或关闭"栅格显示"。

(2) "栅格间距"选项组：在此设置栅格在 X 轴和 Y 轴方向的间距。

3. 正交模式

使用 AutoCAD 绘制水平或垂直的直线时，可以打开"正交模式"。单击状态栏中的"正交模式"图标或使用功能键 F8 可以打开或关闭"正交模式"。打开"正交模式"后，绘

制直线时光标只能沿水平或垂直方向移动，即只能绘制水平或垂直的直线。

在绘图过程中，可以随时打开或关闭"正交模式"。

图 11-37　"捕捉和栅格"选项卡

4. 极轴追踪

使用 AutoCAD 绘制有确定倾斜角度的斜线时，可以打开"极轴追踪"并设置这个倾斜角度即极轴角。单击状态栏中的"极轴追踪"图标 或使用功能键 F10 可以打开或关闭此功能。"极轴追踪"极轴角参数设置方法如下。

菜单栏："工具"→"草图设置"

或在"极轴追踪"图标 上单击鼠标右键并选择"设置"命令

执行命令后，打开"草图设置"对话框，选择"极轴追踪"选项卡，如图 11-38 所示，在此选项卡中的参数设置介绍如下。

(1) "启用极轴追踪"复选框：打开或关闭"极轴追踪"。

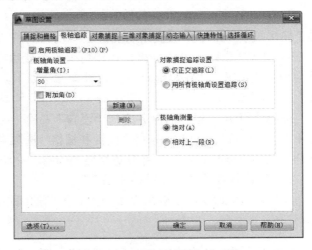

图 11-38　"极轴追踪"选项卡

(2) "极轴角设置"选项组：在此设置倾斜直线的角度。在"增量角"下拉列表框中选择或输入角度，则可以绘制倾斜 30°、60°、90°、120° 等角度的直线，即光标可以追踪设置的增量角的整数倍的倾斜方向。

例如，绘制一条长 200mm 的 30° 直线，打开"极轴追踪"选项卡并设置"增量角"为 30°，然后绘制直线，使用光标指定直线的第一点，指定下一点时，移动光标，当光标接近 30° 方向时绘图区显示临时的追踪路径并出现该点的信息提示，如图 11-39 所示，此时光标保持不动，直接用键盘在命令行输入 200 并按 Enter 键，完成直线的绘制。

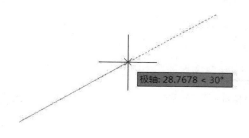

图 11-39   "极轴追踪"绘制斜线

5. 对象捕捉

"对象捕捉"是使用 AutoCAD 绘图时最为常用的辅助绘图工具之一。绘制图形时经常需要输入一些特殊的点，如中点、端点、切点、圆心等。但是使用光标很难精确地捕捉到这些点，而使用"对象捕捉"功能后，就能够精确地捕捉到图形对象上的这些特殊点。单击状态栏中的"对象捕捉"图标□或使用功能键 F3 可以打开或关闭此功能。

绘图之前，可以预先设置需要捕捉的一种或多种特殊点，在绘图时光标会自动精确地捕捉这些特殊点。"对象捕捉"设置方法如下。

菜单栏："工具"→"草图设置"

在"对象捕捉"图标□上单击鼠标右键并选择"设置"命令

执行命令后，打开"草图设置"对话框，切换到"对象捕捉"选项卡，如图 11-40 所示。此选项卡中的参数设置介绍如下。

(1) "启用对象捕捉"复选框：打开或关闭"对象捕捉"。

(2) "对象捕捉模式"选项组：可以在此设置需要捕捉的特殊点，可以只选择一种，也可以选择捕捉全部的特殊点。

6. 对象捕捉追踪

使用"对象捕捉追踪"时，必须打开"对象捕捉"功能，即"对象捕捉追踪"是以绘图时光标精确捕捉到的特殊点作为追踪路径的基点。单击状态栏中的"对象捕捉追踪"图标∠或使用功能键 F11 可以打开或关闭此功能。

例如绘制三棱柱的正面投影之后，接着绘制水平投影，为了保证长对正，此时可以打开"对象捕捉"和"对象捕捉追踪"功能，输入绘制直线命令，直线的第一点应和 *A* 点长对正，指定直线的第一点时可以将光标移动到点 *A* 处，系统自动捕捉到点 *A* 作为追踪路径的基点，上下移动光标，则出现一条垂直的追踪路径，如图 11-41 所示，此时可以在这个垂直的追踪路径上输入直线的第一点。

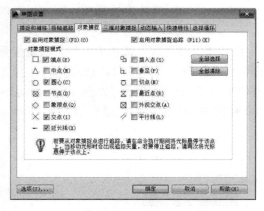

图 11-40　"对象捕捉"选项卡　　　　图 11-41　对象捕捉追踪

7. 动态输入

打开"动态输入"功能后，绘图时光标附近会出现一个命令界面，方便绘图。单击状态栏中的"动态输入"按钮 ，可以打开或关闭此功能。

8. 显示/隐藏线宽

AutoCAD 中的图线线宽可以显示，也可以不显示。单击状态栏中的"显示/隐藏线宽"按钮 ，可以在显示和隐藏线宽之间切换。

9. 图形的显示控制

通过"缩放""平移"等命令可以根据需要随时改变和调整图形显示的大小和位置，这些图形显示控制命令详细介绍如下。

1) 缩放显示控制

执行缩放命令"ZOOM"可以在绘图区内放大或缩小图形在屏幕上的显示大小，但图形的实际尺寸并不发生改变。缩放命令可以通过以下 3 种方式调用。

命令行：ZOOM(或 Z)

菜单栏："视图"→"缩放"→下拉子菜单，如图 11-42(a)所示

工具栏：选择"标准"工具栏中的缩放图标，如图 11-42(b)所示

(a)"缩放"菜单　　　　　　　　　(b)"缩放"图标

图 11-42　图形缩放显示命令

缩放命令的各个选项具有不同的缩放功能，绘图时常用的缩放功能介绍如下。

(1) "实时"选项🔍。

执行该选项命令后，屏幕光标变为一个带有"+"和"–"号的放大镜🔍，若按住鼠标左键向上移动光标则放大图形，向下移动光标则缩小图形，松开鼠标结束缩放过程。

(2) "窗口"选项🔍。

给出矩形窗口的两个对角点，绘图区全屏显示这两个对角点所确定的矩形窗口内的图形。

(3) "全部"选项🔍。

执行该选项，绘图区将会显示整个图形界限区域和全部图形，即使图形不在图形界限之内也可以显示全部图形。

(4) "范围"选项🔍。

执行该选项，绘图区将会只显示全部图形，并最大限度地将全部图形充满整个绘图区。

2) 视图平移控制

使用"实时平移"命令可以在绘图区内上下左右移动图形，而不改变图形的显示大小。该命令可以通过以下三种方式调用。

命令行：PAN(或 P)

菜单栏："视图"→"平移"→"实时"

工具栏：选择"标准"工具栏中的"实时平移"图标🔄

执行"实时平移"命令后，绘图光标变为手形光标🖐，按住鼠标左键并移动手形光标即可实现屏幕上图形的平移操作。

3) 重画命令

对一个图形进行了较长时间的操作之后，屏幕上会留下一些图形残迹，此时可以执行"重画"命令来刷新屏幕。该命令可以通过以下两种方式调用。

命令行：REDRAW(或 R)

菜单栏："视图"→"重画"

4) 重生成命令

绘图过程中，当放大一段圆或圆弧时，屏幕上会显示成一段折线圆或圆弧，此时可以用"重生成"命令重新生成图形的数据，使圆或圆弧恢复光滑显示。该命令可以通过以下两种方式调用。

命令行：REGEN

菜单栏："视图"→"重生成"

11.4.3 二维图形的编辑

1. 图形的删除

删除是一项基本的编辑命令，可以通过以下 3 种方式调用。

命令行：ERASE

菜单栏："修改"→"删除"

工具栏：选择"修改"工具栏中的"删除"图标✏

删除命令执行过程如下：

命令：__erase

选择对象：(在绘图区选择要删除的图形对象，按 Enter 键删除选择的对象)

图形的删除，还可以先选择要删除的对象之后，直接按键盘上的 Del 键删除。

2. 图形的复制

复制图形对象的编辑命令包括复制、镜像、偏移和阵列。

1) 复制

复制命令将选择的图形对象复制出一个或多个相同的对象到指定的位置。复制命令通过以下 3 种方式调用。

命令行：COPY(或 CO)

菜单栏："修改"→"复制"

工具栏：选择"修改"工具栏中的"复制"图标

复制如图 11-43 所示的圆 O 到指定的 4 个位置。命令执行过程如下。

命令：__copy

选择对象：找到一个 (使用鼠标点选圆 O)

选择对象：(按 Enter 键结束选择对象)

当前设置：复制模式＝多个

指定基点或 [位移(D)/模式(O)] ＜位移＞：(选择圆心 O 作为复制圆的基点位置)

指定第二个点或＜使用第一个点作为位移＞：300　(打开"正交"模式，将鼠标指针移到水平方向并输入"300"，第一个圆被复制到圆 O 正右方距离为 300 的位置)

指定第二个点或 [放弃(E)/退出(U)]：@500＜0　(输入 $O2$ 点的相对极坐标，第二个圆被复制到圆 O 正右方距离为 500 的位置)

指定第二个点或 [放弃(E)/退出(U)]：@500＜30　(输入 $O3$ 点的相对极坐标，第三个圆被复制到圆 O 右上方极轴距离为 500、极角为 30°的位置)

指定第二个点或 [放弃(E)/退出(U)]：300　(打开"正交"模式，将鼠标指针移到垂直方向并输入"300"，第四个圆被复制到圆 O 正上方距离为 300 的位置)

指定第二个点或 [放弃(E)/退出(U)]：　(按 Enter 键，结束复制命令)

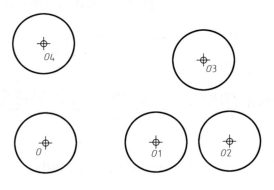

图 11-43　复制圆

2) 镜像

镜像命令主要用于绘制对称图形。镜像命令通过以下 3 种方式调用。

命令行：MIRROR(或 MI)

菜单栏："修改"→"镜像"

工具栏：选择"修改"工具栏中的"镜像"图标 绘制如图 11-44(b)所示的对称图形，先绘制一半图形如图 11-44(a)所示，然后使用镜像命令即可。命令执行过程如下。

命令：__mirror

选择对象：指定对角点：找到 5 个　　　(使用矩形窗口方式选择需要镜像的半个图形)

选择对象：　　　　　　　　　　　　(按 Enter 键结束选择对象)

指定镜像线的第一点：　　　　　　　(选择 A 点作为镜像线的一个端点)

指定镜像线的第二点：　　　　　　　(选择 B 点作为镜像线的另一个端点，图形对象以 AB 直线作为对称轴镜像)

要删除源对象吗？[是(Y)/否(N)]<N>：　　(按 Enter 键选择不删除源对象，如图 11-44(b)所示；如需删除源对象，如图 11-44(c)所示，可输入"Y"后按 Enter 键)

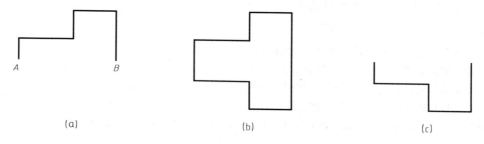

(a)　　　　　　　　　　　　(b)　　　　　　　　　　　　(c)

图 11-44　镜像图形对象

3) 偏移

偏移命令可以平行复制图形对象，偏移时要指定偏移的距离或通过某个点偏移。偏移命令通过以下 3 种方式调用。

命令行：OFFSET(或 O)

菜单栏："修改"→"偏移"

工具栏：选择"修改"工具栏中的"偏移"图标

已知如图 11-45 所示的直线 AB，绘制直线 MN // AB 且距离 AB 为 100，绘制直线 GH // MN 且距离 MN 为 100，绘制直线 CD 过 E 点与直线 AB 平行。

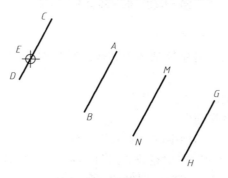

图 11-45　偏移直线

绘制直线 *MN* 和 *GH* 的命令执行过程如下。

命令：__offset
当前设置：删除源＝否 图层＝源 OFFSETGAPTYPE＝0
指定偏移距离或［通过(T)/删除(E)/图层(L)］＜通过＞：100　（默认选项是"指定偏移距离"，
输入"100"）
选择要偏移的对象，或［退出(E)/放弃(U)］＜退出＞：　　　（点选直线 *AB*）
指定要偏移的那一侧上的点或［退出(E)/多个(M)/放弃(U)］＜退出＞：　　（在 *AB* 右侧单击鼠标左
键，即直线向右侧偏移，绘制出直线 *MN*）
选择要偏移的对象，或［退出(E)/放弃(U)］＜退出＞：　　　（点选直线 *MN*）
指定要偏移的那一侧上的点或［退出(E)/多个(M)/放弃(U)］＜退出＞：　　（在 *MN* 右侧单击鼠标左
键，即直线向右侧偏移，绘制出直线 *GH*）
选择要偏移的对象，或［退出(E)/放弃(U)］＜退出＞：　　　（按 Enter 键结束命令）

绘制直线 *CD* 的命令执行过程如下。

命令：__offset
当前设置：删除源＝否 图层＝源 OFFSETGAPTYPE＝0
指定偏移距离或［通过(T)/删除(E)/图层(L)］＜100.0000＞：t　（选择"通过"选项）
选择要偏移的对象，或［退出(E)/放弃(U)］＜退出＞：　　　（点选直线 *AB*）
指定通过点或［退出(E)/多个(M)/放弃(U)］＜退出＞：（打开"对象捕捉"模式，捕捉点 *E*）
选择要偏移的对象，或［退出(E)/放弃(U)］＜退出＞：（按 Enter 键结束命令）

偏移对象如果是圆(圆弧)或者正多边形，图形对象的偏移是生成一系列的同心圆或同心
多边形，如图 11-46 所示。

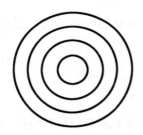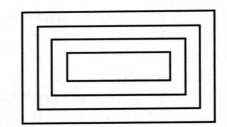

图 11-46　偏移圆和正多边形

4) 阵列

使用阵列命令可以将图形对象复制多个并按照矩形或环形方式排列放置。阵列命令通
过以下 3 种方式调用。

命令行：**ARRAY**(或 **AR**)
菜单栏："修改"→"阵列"
工具栏：选择"修改"工具栏中的"阵列"图标

执行阵列命令后，打开"阵列"对话框，如图 11-47 所示。对话框中有两个单选按钮"矩
形阵列"和"环形阵列"，这是阵列后图形的两种排列方式。

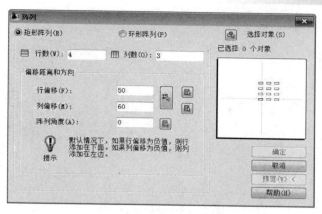

图 11-47 "阵列"对话框

(1) 矩形阵列。

绘制图 11-48,先绘制一个左下角的圆,其他圆是使用矩形阵列命令复制出来的。命令执行过程如下。

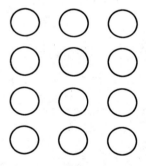

图 11-48 矩形阵列示例

在"阵列"对话框中设置阵列参数。下面详细介绍各参数设置过程。

① 选择"矩形阵列"单选按钮,按矩形阵列复制图形。

② "行数"文本框:用于设置矩形阵列行数,X 方向是行,设置为 4。

③ "列数"文本框:用于设置矩形阵列列数,Y 方向是列,设置为 3。

④ "行偏移"文本框:用于设置矩形阵列的行间距,正值表示沿 Y 轴正方向,负值表示沿 Y 轴负方向,设置行距为 50。

⑤ "列偏移"文本框:用于设置矩形阵列的列间距,正值表示沿 X 轴正方向,负值表示沿 X 轴负方向,设置行距为 60。

⑥ "阵列角度"文本框:用于设置矩形阵列的旋转角度。

⑦ "选择对象"按钮:单击该按钮,暂时关闭对话框,在绘图区选择圆后按 Enter 键,对话框重新显示。

设置完成后,单击"预览"按钮,可以切换到绘图区预览图形,按 Esc 键返回对话框可以修改设置参数,按 Enter 键确认完成绘制图形。

(2) 环形阵列。

绘制图 11-49(a),先绘制一个矩形,如图 11-49((b)所示,其他矩形(图 11-49(c))是使用

环形阵列命令复制出来的。命令执行过程如下。

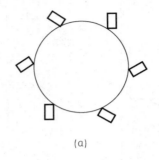 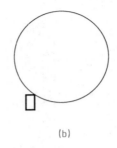 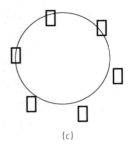

(a)　　　　　　　　　　(b)　　　　　　　　　　(c)

图 11-49　环形阵列示例

在"阵列"对话框中设置阵列参数，如图 11-50 所示。下面详细介绍各参数设置过程。

① 选择"环形阵列"单选按钮，按环形阵列复制图形。

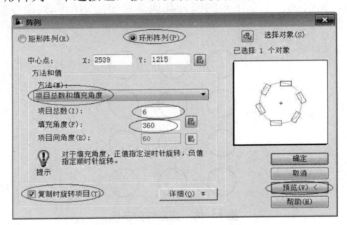

图 11-50　环形阵列参数设置

② "中心点"选项：设置环形阵列的中心点。可以直接输入中心点的坐标，也可以单击按钮，在绘图区使用"对象捕捉"模式捕捉中心点，捕捉圆心作中心点。

③ "方法"下拉列表框：包括"项目总数和填充角度""项目总数和项目间角度""填充角度和项目间角度"3 个选项。这里使用"项目总数和填充角度"选项来设置环形阵列的阵列形式。

④ "项目总数"文本框：设置环形阵列复制对象的数目，设置为 6。

⑤ "填充角度"文本框：设置环形阵列复制对象包含的填充角度，默认为 360°。

⑥ "选择对象"按钮：单击该按钮，暂时关闭对话框，在绘图区选择矩形后按 Enter 键，对话框重新显示。

⑦ "复制时旋转项目"复选框：设置环形阵列的图形对象是否旋转，选中时，复制时旋转图形对象，如图 11-49(a)所示，不选中时，阵列后图形如图 11-49(c)所示。

3. 改变图形的位置和大小

改变图形位置和大小的命令包括移动、旋转和缩放。

1) 移动

使用移动命令可以将选择的图形对象从当前位置移动到另一个位置。移动命令通过以下 3 种方式调用。

命令行：MOVE(或 M)

菜单栏："修改"→"移动"

工具栏：选择"修改"工具栏中的"移动"图标

移动命令的执行过程如下。

命令：__move

选择对象：(选择需要移动的图形对象)

选择对象：　(按 Enter 键结束选择对象)

指定基点或［位移(D)］＜位移＞：　(输入一个点作为移动图形对象的基点位置)

指定第二个点或＜使用第一个点作为位移＞：　(指定图形对象移动到新位置)

指定第二个点或［放弃(E)/退出(U)］：　(按 Enter 键，结束复制命令)

移动命令的各选项与复制命令基本一样，只是移动命令不复制图形对象。

2) 旋转

旋转命令就是将图形对象旋转一定的角度。旋转命令通过以下 3 种方式调用。

命令行：ROTATE(或 RO)

菜单栏："修改"→"旋转"

工具栏：选择"修改"工具栏中的"旋转"图标，将如图 11-51(a)所示矩形旋转 45°，旋转后的图形如图 11-51(b)所示。旋转命令的执行过程如下。

命令：__rotate

USC 当前的正角方向：ANGDIR＝逆时针 ANGBASE＝0

选择对象：找到 1 个(使用鼠标点选矩形)

选择对象：(按 Enter 键结束选择对象)

指定基点：(输入一个点作为旋转图形对象的中心点，捕捉矩形右下角点 A)

指定旋转角度，或［复制(C)/参照(R)］＜0＞：45(输入旋转角度 45 并按 Enter 键，输入旋转角度为正值时逆时针旋转，为负值时顺时针旋转)

如果选择"复制"选项，则在旋转图形时，对图形也进行复制，如图 11-51(c)所示。

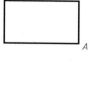

(a)

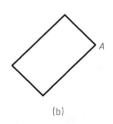

(b)

(c)

图 11-51　旋转图形对象示例

3) 缩放

使用缩放命令可以将选定的图形对象大小以一定的比例进行更改。缩放命令通过以下 3 种方式调用。

命令行：SCALE(或 SC)

菜单栏："修改"→"缩放"

工具栏：选择"修改"工具栏中的"缩放"图标

将图 11-52(a)所示的小圆放大 1.6 倍，放大后的圆如图 11-52(b)所示。

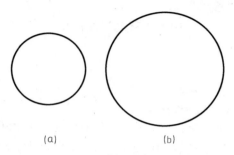

(a)　　　　　　　(b)

图 11-52　缩放命令示例

缩放命令的执行过程如下。

命令：__scale

选择对象：找到 1 个　　　　　(使用鼠标点选圆)

选择对象：　　(按 Enter 键结束选择对象)

指定基点：　　　　(输入一个点作为缩放图形对象的基点，捕捉圆心)

指定比例因子或［复制(C)/参照(R)］<1.0000>：1.6(输入比例值 1.6 并按 Enter 键)

4. 改变图形的形状

改变图形形状的命令包括拉伸、修剪、延伸、倒角和圆角。

1) 拉伸

拉伸命令将选择的图形对象按一定的长度和角度拉长或缩短。拉伸命令通过以下 3 种方式调用。

命令行：STRETCH

菜单栏："修改"→"拉伸"

工具栏：选择"修改"工具栏中的"拉伸"图标，将图 11-53(a)所示的图形拉伸。拉伸命令的执行过程如下。

命令：__stretch

以交叉窗口或交叉多边形选择要拉伸的对象…

选择对象：指定对角点：找到 8 个(使用矩形窗交方式选择拉伸图形对象，即从右到左选择，如图 11-53(a)所示)

选择对象：　　　　　　　　(按 Enter 键结束选择对象)

指定基点或［位移(D)］<位移>：　　　　(输入一个基点，捕捉右下角点)

指定第二个点或<使用第一个点作为位移>：@100<0(输入拉伸长度和角度或者用鼠标选择拉伸长度和角度，拉伸完成)

注意：用拉伸命令选择图形对象时必须采用窗交方式，即用矩形窗交或者多边形窗交方式选择对象。拉伸命令只拉伸图形对象的一部分在选择框里的图形，图形对象全部在选择框的只能被平移而不能拉伸，圆、椭圆和块等图形对象无法被拉伸，如图 11-53(b)所示，圆没有拉伸只是平移，两条都在选择框的直线只是平移，另外两条一部分在选择框里的直线被拉伸。

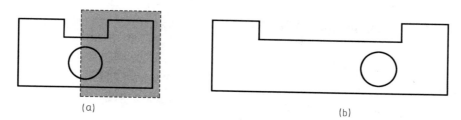

图 11-53　拉伸命令示例

2) 修剪

使用修剪命令可以将超出指定修剪边界的图形对象改变大小。修剪命令通过以下 3 种方式调用。

命令行：TRIM(或 TR)

菜单栏："修改"→"修剪"

工具栏：选择"修改"工具栏中的"修剪"图标 ┼

使用修剪命令修剪图形对象时，要先指定修剪的边界，再选择需要修剪的图形对象。

将图 11-54(a)所示的图形修剪为如图 11-54(c)所示的图形。修剪命令的执行过程如下。

命令：__trim

当前设置：投影=UCS，边=无

选择剪切边...

选择对象或<全部选择>：指定对角点：找到 4 个 (使用矩形窗交方式选择修剪边界，选择所有的直线)

选择对象：(按 Enter 键结束选择对象)

选择要修剪的对象，或按住 Shift 键选择要延伸的对象，或

［栏选(F)/窗交(C)/投影(P)/边(E)/删除(R)/放弃(U)］：　(选择要修剪的对象，用鼠标在要修剪掉的图形部分单击左键，如图 11-54(b)所示)

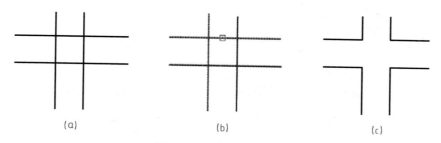

图 11-54　修剪命令示例

3) 延伸

使用延伸命令可以延长图形对象到指定的延伸边界处。延伸命令通过以下 3 种方式调用。

命令行：EXTEND(或 EX)

菜单栏："修改"→"延伸"

工具栏：选择"修改"工具栏中的"延伸"图标

使用延伸命令要先选择延伸边界，然后选择要延伸的图形对象。

例如，将如图 11-54(c)所示的图形延伸为图 11-54(a)所示的图形，延伸命令执行过程如下。

命令：__extend

当前设置：投影＝UCS，边＝无

选择边界的边...

选择对象或＜全部选择＞：   (按 Enter 键，系统默认全部选择所有的对象)

选择要延伸的对象，或按住 Shift 键选择要修剪的对象，或

［栏选(F)/窗交(C)/投影(P)/边(E)/删除(R)/放弃(U)］：(选择要延伸的对象，使用矩形窗交选择要延伸的 4 条直线)

选择要延伸的对象，或按住 Shift 键选择要修剪的对象，或

［栏选(F)/窗交(C)/投影(P)/边(E)/删除(R)/放弃(U)］：(按 Enter 键结束延伸命令)

4) 倒角

倒角命令是在两条不平行的直线间绘制倒角。倒角命令通过以下 3 种方式调用。

命令行：CHAMFER(或 CHA)

菜单栏："修改"→"倒角"

工具栏：选择"修改"工具栏中的"倒角"图标

将图 11-55 左面的图形绘制出右面所示的两种倒角。

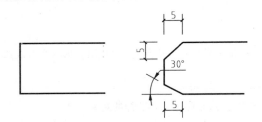

图 11-55　倒角的两种形式

倒角命令执行过程如下。

第一种绘制倒角的方法：指定两个倒角距离。

命令：__chamfer

("修剪"模式)当倒角距离 1＝0.0000，距离 2＝0.0000

选择第一条直线或［放弃(U)/多段线(P)/距离(D)/角度(A)/修剪(T)/方式(E)/多个(M)］：

d(输入 d，使用输入倒角距离方式绘制倒角)

指定第一个倒角距离＜0.0000＞：5   (输入第一个倒角距离"5")

指定第二个倒角距离＜5.0000＞：   (按 Enter 键，默认第二个倒角距离为"5")

选择第一条直线或［放弃(U)/多段线(P)/距离(D)/角度(A)/修剪(T)/方式(E)/多个(M)］：   (选择要倒角的第一条直线，如图 11-55 中上面的水平直线)

选择第二条直线，或按住 Shift 键选择要应用角点的直线：   (选择第二条倒角直线，即图中的垂直线，完成绘制第一种倒角)

第二种绘制倒角的方法：指定一个倒角距离和角度。

命令：__chamfer

（"修剪"模式）当倒角距离 1＝5.0000，距离 2＝5.0000

选择第一条直线或［放弃(U)/多段线(P)/距离(D)/角度(A)/修剪(T)/方式(E)/多个(M)］：a(输入 a，使用第二种方式绘制倒角)

指定第一条直线的倒角长度＜5.0000＞：　　　　（按 Enter 键，默认倒角长度为"5"）

指定第一条直线的倒角角度＜0＞：30　　（输入倒角角度为"30"）

选择第一条直线或［放弃(U)/多段线(P)/距离(D)/角度(A)/修剪(T)/方式(E)/多个(M)］：(选择要倒角的第一条直线，如图 11-55 中下面的水平直线)

选择第二条直线，或按住 Shift 键选择要应用角点的直线：(选择第二条倒角直线，即图中的垂直线，完成绘制第二种倒角)

注意：如果将两个倒角距离都设置为 0，AutoCAD 将自动延伸或修剪两条直线使它们相交于同一点，如图 11-56 所示。

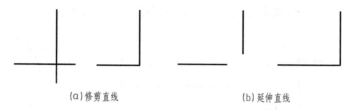

(a)修剪直线　　　　　　(b)延伸直线

图 11-56　倒角距离为 0(或圆角半径为 0)

5) 圆角

使用圆角命令就是使用圆弧连接两条直线。圆角命令通过以下 3 种方式调用。

命令行：FILLET(或 F)

菜单栏："修改"→"圆角"

工具栏：选择"修改"工具栏中的"圆角"图标

圆角命令与倒角命令相似。将图 11-57 所示的图形绘制圆角。

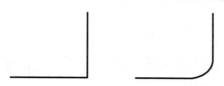

图 11-57　圆角命令示例

圆角命令执行过程如下。

命令：__fillet

当前设置：模式＝修剪，半径＝0.0000

选择第一个对象或［放弃(U)/多段线(P)/半径(R)/修剪(T)/方式(E)/多个(M)］：r(输入 r，设置圆角半径)

指定圆角半径＜0.0000＞：6　　　　　　(输入圆角半径为"6")

选择第一个对象或［放弃(U)/多段线(P)/半径(R)/修剪(T)/方式(E)/多个(M)］：(选择第一条倒圆角的直线)

选择第二个对象，或按住 Shift 键选择要应用角点的对象：　　(选择第二条倒圆角的直线，完成圆角绘制)

注意：如果将圆角半径设置为 0，AutoCAD 将自动延伸或修剪两条直线使它们相交于同一点，如图 11-57 所示的两种形式。

AutoCAD 中可以对两条平行直线倒圆角，此时不需要设置圆角半径，如图 11-58 所示。

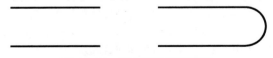

图 11-58　两平行直线倒圆角

5. 夹点编辑

夹点是决定图形对象位置、形状和大小的一些特征点。夹点在通常情况下是不显示的，当没有执行任何命令时，在绘图区中选中图形对象，图形对象上的夹点就会显示出来，如图 11-59 所示，图中的小方块就是夹点。取消夹点显示按 Esc 键。

图 11-59　夹点

使用夹点可以对图形对象进行拉伸、移动、旋转、镜像或缩放等编辑操作。

使用夹点拉伸图形对象的操作过程如下：

如图 11-60(a)所示，选中直线，直线上夹点默认情况下是蓝色，此时，使用鼠标左键单击选中左边的夹点，此夹点变为红色，命令行显示如下。

命令：
拉伸
指定拉伸点或[基点(B)/复制(C)/放弃(U)/退出(X)]：

此时，拖动鼠标，光标拖着夹点将直线拉伸，到目标位置后单击鼠标左键，拉伸操作结束，结束后直线如图 11-60(b)所示。

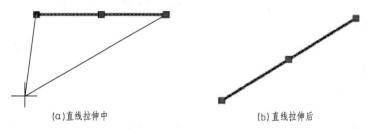

(a)直线拉伸中　　　　　　　　　　　　　(b)直线拉伸后

图 11-60　夹点编辑直线

注意：选中的夹点不同，默认执行的操作也不同。如选中直线两端的夹点，默认的操作是拉伸；选中直线中间的夹点，默认的操作是移动。

如果选中直线两端的夹点，而要执行移动操作，则可以在命令行提示下按 Enter 键，夹点操作转成移动；再按 Enter 键，夹点操作转成旋转；再按 Enter 键，夹点操作转成比例缩放；再按 Enter 键，夹点操作转成镜像；再按 Enter 键，夹点操作又转成拉伸。命令行显示如下。

命令：
【拉伸】
指定拉伸点或［基点(B)/复制(C)/放弃(U)/退出(X)］：(按 Enter 键)
【移动】
指定移动点或［基点(B)/复制(C)/放弃(U)/退出(X)］：(按 Enter 键)
【旋转】
指定旋转角度或［基点(B)/复制(C)/放弃(U)/参照(R)/退出(X)］：(按 Enter 键)
【比例缩放】
指定比例因子或［基点(B)/复制(C)/放弃(U)/参照(R)/退出(X)］：(按 Enter 键)
【镜像】
指定第二点或［基点(B)/复制(C)/放弃(U)/退出(X)］：(按 Enter 键)
【拉伸】
指定拉伸点或［基点(B)/复制(C)/放弃(U)/退出(X)］：

当命令行显示为"移动"时，可以对图形对象进行移动操作，与"移动"编辑命令操作相似；当命令行显示为"旋转"时，可以对图形对象进行旋转操作，与"旋转"编辑命令操作相似；当命令行显示为"比例缩放"时，可以对图形对象进行放大或缩小操作，与"缩放"编辑命令操作相似；当命令行显示为"镜像"时，可以对图形对象进行镜像操作，与"镜像"编辑命令操作相似。

使用夹点移动、旋转、比例缩放和镜像图形对象的方法与前面所讲的对应的编辑命令相似，这里不再详细介绍。

11.5　文本注释与尺寸标注

11.5.1　文本注释

1. 单行文字标注

(1) 设置单行文字标注。

使用单行文字标注功能可以创建一行或多个指定位置的单行文字，每行文字都是一个独立的对象。单行文字的标注通过以下两种方式调用。

命令行：TEXT、DTEXT(或 DT)
菜单栏："绘图"→"文字"→"单行文字"
标注单行文字的过程如下。

命令：_dtext
当前文字样式："汉字" 文字高度：2.5000 注释性：否

指定文字的起点或［对正(J)/样式(S)］：(输入一点作为文字的起点，将从该点向右书写文字)

指定高度<2.5000>：5(输入"5"，指定标注的文字字高是5)

指定文字的旋转角度<0>：(按Enter键选择默认旋转角度"0")

此时，在绘图区中已经指定的文字起点处出现闪动光标，可以输入文字。输入一行文字后按Enter键，可以继续输入另外一行文字，按两次Enter键则结束单行文字的输入。

(2) 设置文字对齐方式。

标注单行文字时可以设置文字的对齐方式，设置过程如下。

命令：__dtext

当前文字样式："汉字" 文字高度：2.5000 注释性：否

指定文字的起点或［对正(J)/样式(S)］：j(输入j后按Enter键，选择"对正"选项设置文本对齐方式)

输入选项

［对齐(A)/布满(F)/居中(C)/中间(M)/右对齐(R)/左上(TL)/中上(TC)/右上(TR)/左中(ML)/正中(MC)/右中(MR)/左下(BL)/中下(BC)/右下(BR)］：

AutoCAD提供了14种文字对齐方式，系统默认的对齐方式是左对齐。下面介绍常用的文字对齐方式。

"居中"：指定文字中心点、高度和旋转角度，系统将输入文字的中心点放在该指定点。

"中间"：指定文字的中间点、高度和旋转角度，系统将输入的文字中心和高度中心放在该指定点。

"右对齐"：指定文字的右端点、高度和旋转角度，系统将输入文字的右侧放在该指定点，即将文字右对齐。

"正中"：指定文字中央的中心点、高度和旋转角度，系统将输入文字的中央中心点放在该指定点。

2. 多行文字标注

多行文字的标注是在指定的区域内以段落的方式标注文字。不管有多少个段落，使用多行文字命令标注的文字都是一个对象。多行文字的标注可以通过以下3种方式调用。

命令行：MTEXT(或MT)

菜单栏："绘图"→"文字"→"多行文字"

工具栏：选择"绘图"工具栏中的"多行文字"图标**A**

执行多行文字命令后，命令行显示如下。

命令：__mtext 当前文字样式："汉字" 文字高度：5 注释性：否

指定第一角点：(输入一个点作为标注多行文字区域的第一个对角点位置)

指定对角点或［高度(H)/对正(J)/行距(L)/旋转(R)/样式(S)/宽度(W)/栏(C)］：(输入一个点作为标注多行文字区域的另一个对角点位置)

AutoCAD将在指定的这两个对角点确定的矩形区域标注多行文字。绘图区打开一个"文字格式"对话框和多行文字编辑器，如图11-61所示，在多行文字编辑器中可以输入文字内容，设置文字字体、字号以及段落格式等。

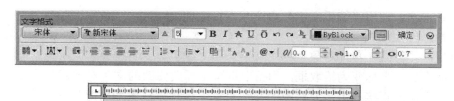

图 11-61　"文字格式"对话框和多行文字编辑器

　　命令行中"指定对角点"之后的其他选项一般不在命令行中设置，而是在执行完"指定对角点"选项后弹出的"文字格式"对话框和多行文字编辑器中设置，这样更为方便。

　　下面介绍"文字格式"对话框和多行文字编辑器。

　　如图 11-61 所示，通过"文字格式"对话框可以设置多行文字的字体及大小。由于这个"文字格式"对话框和多行文字编辑器与 Word 的界面类似，有些功能用户已经非常熟悉，因此下面只介绍"文字格式"对话框和多行文字编辑器中常用选项的功能。

　　(1) "样式"下拉列表框：指定多行文字的文字样式。从下拉列表框中选择已经设置好的文字样式。

　　(2) "字体"下拉列表框：指定多行文字的字体。

　　(3) "字高"下拉列表框：指定多行文字的字高。

　　(4) 堆叠按钮 ：用于标注分数。工程图样中有时需要标注一些分数，这些分数不能从键盘上直接输入，AutoCAD 中提供了 3 种分数形式的输入方法。以分数 1/100 的输入为例介绍如下。

　　第一种：输入 1/100，输入后选中 1/100 并单击堆叠按钮，则显示为 $\dfrac{1}{100}$ 。

　　第二种：输入 1＃100，输入后选中 1＃100 并单击堆叠按钮，则显示为 $\dfrac{1}{100}$ 。

　　第三种：输入 1＾100，输入后选中 1＾100 并单击堆叠按钮，则显示为 $\dfrac{1}{100}$ 。这种形式，主要用于机械工程图样中极限偏差的标注。

　　(5) "符号"按钮 ：用于输入各种符号。单击符号按钮，显示符号列表，可以选择符号列表中的符号输入到多行文字，如图 11-62 所示。

3. 特殊字符的标注

　　图形当中除了标注文字、数字和字母外，有时还需要标注一些特殊符号，如直径符号、角度符号、正负号等，这些特殊字符一般不能从键盘直接输入。

　　多行文字标注时，可以使用"文字格式"对话框中的"符号"按钮 ，如图 11-62 所示，选择符号列表中的特殊符号即可。

　　单行文字标注时，AutoCAD 提供了一些控制码用来输入这些特殊符号，如表 11-1 所示。

4. 文字编辑

1) 编辑文字内容

只需要修改文字内容时，可使用下面两种方法。

第一种方法：调用"编辑文字"命令。

命令行：DDEDIT

菜单栏："修改"→"对象"→"文字"→"编辑"

执行命令后，光标变为拾取框，用拾取框单击需要修改的文字对象即可修改文字内容。

第二种方法：直接双击需要修改的文字对象。这种方法更为简便和常用。

图 11-62　符号列表

表 11-1　AutoCAD 常用的控制码

控 制 码	说 明	特殊符号示例
%%d	生成角度符号	°
%%c	生成直径符号	φ
%%%	生成百分比符号	%
%%p	生成正负符号	±
%%o	生成上画线	$\overline{123}$
%%u	生成下画线	$\underline{123}$

2) 编辑文字特性

如果需要修改除文字内容之外的其他文字特性，如样式、文字高度等时，可以使用 11.2.6 节中所讲的"特性"工具条来修改文字特性。

5. 尺寸标注

尺寸是土建工程图样中的重要组成部分，使用 AutoCAD 绘制土建工程图样时，必须进行正确的尺寸标注。

1) 创建尺寸标注样式

正确标注尺寸，就是要使标注的尺寸符合制图国家标准的规定，因此在对图样进行尺寸标注之前，要创建尺寸标注样式并对其进行设置。

使用 AutoCAD 中的"标注样式管理器"对话框，可以方便地创建尺寸标注样式并进行设置。"标注样式管理器"对话框可以通过以下 3 种方式调用。

命令行：DIMSTYLE(或 D、DDIM)

菜单栏："格式"→"标注样式"

工具栏：选择"样式"工具栏中的"标注样式"图标

执行命令后，打开"标注样式管理器"对话框，如图 11-63 所示。

下面以创建土建工程图样中使用的尺寸标注样式为例，说明创建尺寸标注样式的操作方法。

步骤 1：打开"标注样式管理器"对话框，单击"新建"按钮，打开"创建新标注样式"对话框，如图 11-64 所示。在"新样式名"文本框中输入"土建制图"，在"基础样式"下拉列表框中选择"ISO-25"，在"用于"下拉列表框中选择"所有标注"。

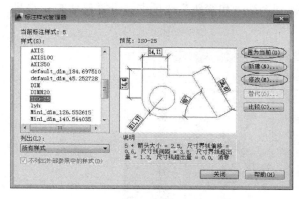

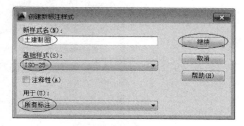

图 11-63　"标注样式管理器"对话框　　　　图 11-64　"创建新标注样式"对话框

步骤 2：单击"继续"按钮，弹出"新建标注样式：土建制图"对话框，单击"线"标签，打开"线"选项卡设置尺寸线和尺寸界线，如图 11-65 所示。

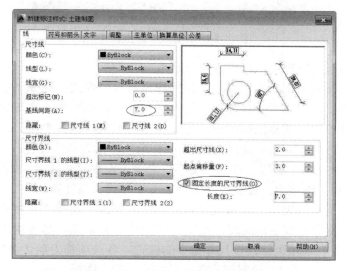

图 11-65　设置尺寸线和尺寸界线

(1) "尺寸线"选项组：用于设置尺寸线的有关参数。

"基线间距"微调框：用于设置平行的尺寸线之间的间距，设置为"7"；其余"颜色""线型"等选项都为默认设置。

(2) "尺寸界线"选项组：设置尺寸界线的有关参数。

"超出尺寸线"微调框：用于设置尺寸界线超出尺寸线的距离，设置为"2"。

"起点偏移量"微调框：用于设置尺寸界线的实际起点相对于标注时指定的起点偏移的距离，设置为"3"。

"固定长度的尺寸界线"复选框：用于设置尺寸界线的长度值。选中"固定长度的尺寸界线"复选框，在"长度"微调框中设置尺寸界线的长度值为"7"，这样设置标注出来的尺寸界线比较整齐，都是 7mm 长。

其余"颜色""线宽"等选项都为默认设置。

步骤 3：单击"符号和箭头"标签，切换到"符号和箭头"选项卡，设置尺寸起止符号，如图 11-66 所示。

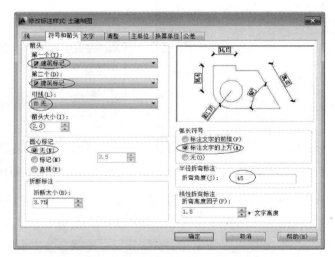

图 11-66　设置尺寸起止符号

"箭头"选项组：设置尺寸起止符号的形式。

"第一个"下拉列表框：设置第一个尺寸起止符号的形式，选择"建筑标记"；"第二个"下拉列表框：设置第二个尺寸起止符号的形式，自动变为"建筑标记"；"引线"下拉列表框：设置使用引线标注时的尺寸起止符号的形式，选择"无"；"箭头大小"微调框：设置尺寸起止符号大小，设置为"2"；其余选项都为默认设置。

步骤 4：单击"文字"标签，打开"文字"选项卡设置尺寸数字，如图 11-67 所示。

(1) "文字外观"选项组：设置尺寸数字的文字样式、高度等。

"文字样式"下拉列表框：设置尺寸数字的文字样式，选择"数字和字母"；"文字高度"微调框：设置尺寸数字的高度，设置为"3.5"；其余选项都为默认设置。

(2) "文字位置"选项组：设置尺寸数字的位置。各选项都为默认设置。

(3) "文字对齐"选项组：设置尺寸数字的字头方向。选择"与尺寸线对齐"单选按钮，即尺寸数字与尺寸线平行。

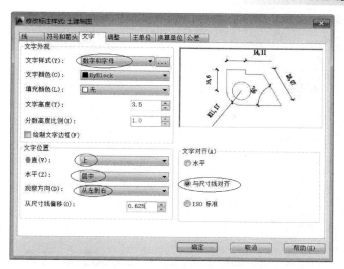

图 11-67　设置尺寸数字

步骤 5："调整""主单位""换算单位"和"公差"选项卡，都为默认设置，即不需要设置。设置完成后，单击"确定"按钮，返回"标注样式管理器"对话框。从预览框中可以看到，设置后的线性尺寸标注符合《房屋建筑制图统一标准》的规定，而直径、半径和角度尺寸标注不符合标准的规定，还需要继续设置。

步骤 6：在"标注样式管理器"对话框中，单击"新建"按钮，弹出"创建新标注样式"对话框，如图 11-68 所示。在"用于"下拉列表框中选择"直径标注"，在"基础样式"下拉列表框中选择"土建制图"。

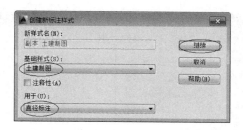

图 11-68　创建"直径标注"样式

步骤 7：单击"继续"按钮，打开"修改标注样式：土建制图：直径"对话框，如图 11-69 所示。只需要在"符号和箭头"选项卡中设置"箭头"选项组。

从"第一个"下拉列表框中选择"实心闭合"，"第二个"下拉列表框自动变为"实心闭合"。

步骤 8：单击"确定"按钮，返回"标注样式管理器"对话框。单击"新建"按钮，弹出"创建新标注样式"对话框，在"基础样式"下拉列表框中选择"土建制图"，在"用于"下拉列表框中选择"半径标注"。

步骤 9：单击"继续"按钮，打开"修改标注样式：土建制图：半径"对话框，单击"符号和箭头"标签，打开"符号和箭头"选项卡设置尺寸起止符号。设置方法同直径标注。

"箭头"选项组：在"第二个"下拉列表框中选择"实心闭合"。

图 11-69　设置"直径标注"的尺寸起止符号

步骤 10：单击"确定"按钮，返回"标注样式管理器"对话框。单击"新建"按钮，弹出"创建新标注样式"对话框，在"基础样式"下拉列表框中选择"土建制图"，在"用于"下拉列表框中选择"角度标注"。

步骤 11：单击"继续"按钮，弹出"修改标注样式：土建制图：角度"对话框，如图 11-70 所示。角度标注需要设置两个选项卡：先单击"符号和箭头"标签，打开"符号和箭头"选项卡设置尺寸起止符号，设置方法同直径标注。再单击"文字"标签，打开"文字"选项卡设置尺寸数字，如图 11-70 所示，在"文字对齐"选项组中选择"水平"单选按钮。

图 11-70　设置"角度标注"的文字方向

步骤 12：设置完成，单击"确定"按钮，返回"标注样式管理器"对话框，在"样式"列表框中单击"土建制图"。从预览框中看到，所有标注设置都符合国家标准的规定，如图 11-71 所示。单击"关闭"按钮，设置完成。

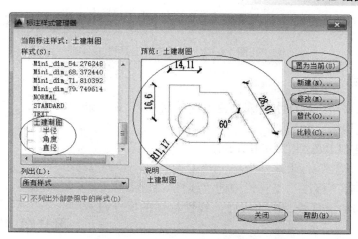

图 11-71 "土建制图"标注样式置为当前

2）尺寸标注样式"置为当前"

标注尺寸之前，应把"土建制图"尺寸样式置为当前。把尺寸标注样式置为当前的方法有两种。

第一种：在"样式"工具栏中的"标注样式控制"下拉列表框中单击"土建制图"尺寸标注样式即可，如图 11-72 所示。这种方法操作比较简便。

图 11-72 "土建制图"样式置为当前

第二种：打开"标注样式管理器"对话框，在"样式"列表框中单击"土建制图"尺寸标注样式，再单击"置为当前"按钮，就把该尺寸样式置为当前。

3）修改尺寸标注样式

尺寸标注样式可以在创建时进行设置，也可以在创建完成之后修改。方法如下：

在"标注样式管理器"对话框中的"样式"列表中选择需要修改的尺寸标注样式，单击修改按钮，打开"修改标注样式"对话框，该对话框与"新建标注样式"对话框的设置方法完全相同，在该对话框中对选中的尺寸标注样式进行修改即可。

4）删除尺寸标注样式

删除尺寸标注样式的方法如下：

打开"标注样式管理器"对话框，在"样式"列表中要删除的尺寸标注样式上单击鼠标右键，在弹出的快捷菜单中选择"删除"命令即可。

注意：置为当前的尺寸标注样式和当前图形正在使用的尺寸标注样式不能删除。

11.5.2 尺寸标注

设置好"土建制图"尺寸标注样式并把它置为当前之后，可以在图样中进行尺寸标注。

AutoCAD 默认的工作界面上没有"标注"工具栏，调用工具栏的方法在前文中讲过：将鼠标指针移到任一工具栏，单击鼠标右键，弹出工具栏菜单，用鼠标左键单击要调用的"标注"工具栏即可。"标注"工具栏如图 11-73 所示，可以任意调整这个工具栏的放置位置。

图 11-73　"标注"工具栏

1. 线性标注

线性标注主要用于标注水平或垂直方向的尺寸。该命令通过以下 3 种方式调用。

命令行：DIMLINEAR(或 DIMLIN)

菜单栏："标注"→"线性"

工具栏：选择"标注"工具栏中的"线性"图标 ⊢

标注图 11-74 中直线 *AB* 的尺寸，线性标注的操作过程如下。

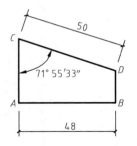

图 11-74　线性标注和对齐标注

命令行：__dimlinear

指定第一条延伸线原点或<选择对象>：(捕捉图形的一个端点 *A*)

指定第二条延伸线原点：(捕捉图形的另一个端点 *B*)

指定尺寸线位置或

［多行文字(M)/文字(T)/角度(A)/水平(H)/垂直(V)/旋转(R)］：(移动鼠标指定合适的尺寸线位置后单击鼠标左键，完成尺寸标注)

命令行中出现的各选项含义如下。

"多行文字"选项：执行该选项，弹出多行文字编辑器，可以在此指定尺寸数字。

"文字"选项：执行该选项，可以在命令行中直接输入尺寸数字。

"角度"选项：执行该选项，可以指定尺寸数字的旋转角度。

"水平"选项：执行该选项，始终标注两点之间的水平方向尺寸。

"垂直"选项：执行该选项，始终标注两点之间的垂直方向尺寸。

"旋转"选项：执行该选项，可以指定尺寸线的旋转角度。

2. 对齐标注

对齐标注用于标注倾斜方向的尺寸。对齐命令通过以下 3 种方式调用。

命令行：DIMALIGNED

菜单栏："标注"→"对齐"

工具栏：选择"标注"工具栏中的"对齐"图标 ⟍

标注图 11-74 中斜线 *CD* 的尺寸，对齐标注的操作过程如下。

命令行：__dimaligned

指定第一条延伸线原点或<选择对象>：(捕捉斜线的一个端点 *C*)

指定第二条延伸线原点：(捕捉斜线的另一个端点 *D*)

指定尺寸线位置或

［多行文字(M)/文字(T)/角度(A)］：(移动鼠标指定合适的尺寸线位置后单击鼠标左键，完成尺寸标注)

命令行中出现的各选项含义同线性标注。

3. 角度标注

角度标注命令通过以下 3 种方式调用。

命令行：DIMANGULAR(或 DIMANG)

菜单栏："标注"→"角度"

工具栏：选择"标注"工具栏中的"角度"图标

标注图 11-74 中直线 *AC* 和 *CD* 的夹角，角度标注的操作过程如下。

命令行：__dimangular

选择圆弧、圆、直线或<指定顶点>：(选择直线 *AC*)

选择第二条直线：(选择直线 *CD*)

指定标注弧线位置或［多行文字(M)/文字(T)/角度(A)/象限点(Q)］：　(移动鼠标指定合适的尺寸线位置后单击鼠标左键，完成尺寸标注)

命令行中出现的各选项含义同线性标注。

4. 半径标注

半径标注命令通过以下 3 种方式调用。

命令行：DIMRADIUS

菜单栏："标注"→"半径"

工具栏：选择"标注"工具栏中的"半径"图标

半径标注的操作过程如下。

命令行：__dimradius

选择圆弧或圆：(用鼠标选择要标注半径的圆弧)

标注文字＝20

指定尺寸线位置或［多行文字(M)/文字(T)/角度(A)］：(移动鼠标指定合适的尺寸线位置后单击鼠标左键，完成尺寸标注)

命令行中出现的各选项含义同线性标注。

5. 直径标注

直径标注命令通过以下 3 种方式调用。

命令行：DIMDIAMETER

菜单栏："标注"→"直径"

工具栏：选择"标注"工具栏中的"直径"图标

直径标注的操作过程和半径标注相似，不再详细介绍。

6. 基线标注

基线标注是标注尺寸时使用同一条尺寸界线作为基准线进行标注。使用基线标注之前，必须先进行过线性、对齐或角度标注。基线标注通过以下 3 种方式调用。

命令行：DIMBASELINE

菜单栏："标注"→"基线"

工具栏：选择"标注"工具栏中的"基线"图标

标注如图 11-75 所示的图形尺寸，先使用线性标注尺寸 10，再进行基线标注。基线标注的操作过程如下。

命令行：__dimbaseline
选择基准标注：(选择尺寸 10 左侧点 A 对应的尺寸界线作为基准线)
指定第二条延伸线原点或［放弃(U)/选择(S)］＜选择＞：(捕捉点 C)
标注文字＝23(以 A 为基准线，标注 AC)
指定第二条延伸线原点或［放弃(U)/选择(S)］＜选择＞：(捕捉点 D)
标注文字＝33(以 A 为基准线，标注 AD)
指定第二条延伸线原点或［放弃(U)/选择(S)］＜选择＞：(捕捉点 E)
标注文字＝50(以 A 为基准线，标注 AE)
指定第二条延伸线原点或［放弃(U)/选择(S)］＜选择＞：(按 Enter
键两次结束标注命令)

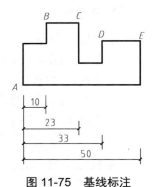

图 11-75　基线标注

7. 连续标注

连续标注是标注一系列首尾相连的连续尺寸。使用连续标注之前，必须先进行过线性、对齐或角度标注。连续标注通过以下 3 种方式调用。

命令行：DIMCONTINUE
菜单栏："标注"→"连续"
工具栏：选择"标注"工具栏中的"连续"图标

标注图 11-76 所示的图形尺寸，先使用线性标注尺寸 10，再进行连续标注。连续标注的操作过程如下。

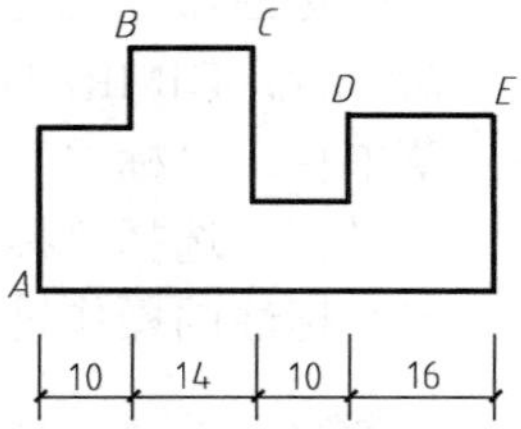

图 11-76　连续标注

命令行：__dimcontinue
指定第二条延伸线原点或［放弃(U)/选择(S)］＜选择＞：(捕捉点 C)
标注文字＝14(标注 BC)
指定第二条延伸线原点或［放弃(U)/选择(S)］＜选择＞：(捕捉点 D)
标注文字＝10(标注 CD)
指定第二条延伸线原点或［放弃(U)/选择(S)］＜选择＞：(捕捉点 E)
标注文字＝16(标注 DE)
指定第二条延伸线原点或［放弃(U)/选择(S)］＜选择＞：(按 Enter 键两次结束标注命令)

8. 尺寸标注的编辑

对已经标注好的尺寸进行编辑，包括修改尺寸数字、编辑尺寸数字的位置等。

1) 使用"修改"尺寸样式编辑尺寸标注

当需要批量修改某一类型尺寸时，可以选择修改尺寸标注样式的方法进行修改。例如使用"土建制图"标注的尺寸，如果需要修改所有标注尺寸的尺寸数字的大小和位置等，可以通过"标注样式管理器"对话框中的"修改"按钮来进行，修改方法前面已经讲过。

2) 使用标注编辑命令修改尺寸标注

标注的编辑命令有两个：一个是编辑标注；一个是编辑标注文字。

(1) 编辑标注。

编辑标注命令可以修改尺寸数字和尺寸界线。其命令通过以下两种方式调用。

命令行：DIMEDIT

工具栏：单击"标注"工具栏中的"编辑标注"图标

在图 11-77(a)中的尺寸数字前面加上直径符号，编辑标注的操作过程如下。

命令行：__dimedit

输入标注编辑类型［默认(H)/新建(N)/旋转(R)/倾斜(O)］＜默认＞：n(选择"新建"选项，绘图区弹出多行文字编辑器，"＜＞"表示系统自动测量的尺寸数值，在"＜＞"前输入"%%c"，然后单击"确定"按钮)

选择对象：找到1个　　　　　　　(在绘图区选择要加直径符号的尺寸，如尺寸"17")

选择对象：找到1个，总计2个　　(继续选择尺寸"32")

选择对象：　　　　　　　(按 Enter 键结束命令，尺寸数字编辑效果如图 11-77(b)所示)

选择命令行提示中的相应选项，即可修改不同的尺寸标注：

选择"旋转"选项，则将尺寸数字旋转指定的角度，如图 11-77(c)所示。

选择"倾斜"选项，则将尺寸界线旋转指定的角度，如图 11-77(d)所示。

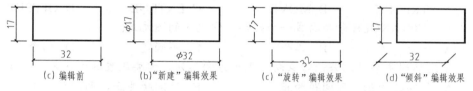

(c) 编辑前　　　　(b)"新建"编辑效果　　　　(c)"旋转"编辑效果　　　　(d)"倾斜"编辑效果

图 11-77　"编辑标注"命令

选择"默认"选项，则将被旋转或移动过的尺寸数字恢复到尺寸标注样式中设置的默认位置和方向。

(2) 编辑标注文字。

编辑标注文字命令可以修改尺寸数字的位置。其命令通过以下两种方式调用。

命令行：DIMTEDIT

工具栏：选择"标注"工具栏中的"编辑标注文字"图标

编辑标注文字的操作过程如下。

命令行：__dimtedit

选择标注：(选择需要修改的尺寸标注)

为标注文字指定新位置或［左对齐(L)/右对齐(R)/居中(C)/默认(H)/角度(A)］：

选择命令行中的 6 个相应的选项，即可修改尺寸数字的位置。

3) 使用"特性"工具条编辑尺寸标注

使用"特性"工具条编辑尺寸标注，不仅可以修改尺寸数字的内容、尺寸的颜色、图层、线型等特性，还可以修改尺寸标注样式中的各项设置。

"特性"工具条及其编辑功能在 11.2.6 节中已经讲过。

 **本章小结**

本章主要学习利用 AutoCAD 软件绘制建筑平面图的方法和步骤，并能完成建筑平面图的绘制任务；利用 AutoCAD 绘制建筑立面图的方法和步骤，能完成建筑立面图的绘制任务；

利用 AutoCAD 绘制建筑剖面图的方法和步骤，顺利完成建筑剖面图的绘制。最后使学生可以对使用 AutoCAD 软件绘制建筑图进行全面的认识并能熟练操作，为后面的综合项目实践的操作奠定扎实的基础。

实训练习

一、单选题

1. 常用来绘制直线段与弧线转换的命令是( )。
   A. 样条曲线　　　B. 多线　　　　　C. 多段线　　　　D. 构造线

2. 捕捉一个线的端点使用的命令是( )。
   A. MID　　　　　B. END　　　　　C. EDGE　　　　D. ELEMENT

3. 由一个画好的圆实现一组同心圆的命令是( )。
   A. STRETCH　　　B. MOVE　　　　C. EXTEND　　　D. OFFSET

4. 用 RECTANGLE 命令画成一个矩形，它包含的图元是( )。
   A. 一个　　　　　B. 二个　　　　　C. 不确定　　　　D. 四个

5. 使用阵列命令时，若让对象向左上角方向排列，需要设置的方法是( )。
   A. 行间距为正，列间距为正　　　　B. 行间距为正，列间距为负
   C. 行间距为负，列间距为正　　　　D. 行间距为负，列间距为负

二、多选题

1. 在 AutoCAD 中，画圆的方法正确的有( )。
   A. 两点画圆　　　B. 三点画圆　　　C. 相切、相切、半径
   D. 相切、相切、相切　　　　　　　E. 圆心、半径

2. 在同一层上的物体，肯定( )。
   A. 有一样的线型　　B. 有一样的线型比例
   C. 有一样的颜色　　D. 有一样的可见性
   E. 以上都是错误的

3. Offset 能起作用的对象是( )。
   A. 圆　　　　　　　B. 线　　　　　　C. 正多边形
   D. 文本　　　　　　E. 矩形

4. PKPM 模块 S-1 包括( )。
   A. PMCAD　　　　B. PK　　　　　　C. TAT-8
   D. SATWE-8　　　E. TAT

三、简答题

1. AutoCAD 包含哪几种工作空间?如何在它们之间切换?
2. 怎样快速执行上一个命令?
3. 怎样取消正在执行的命令?
4. 简述 CAD 技术的主要应用领域。

5. 简述设计的 CAD 系统的类别。

6. 简述 CAD 的基本功能。

四、绘图题

1. 完成下图所示图形的绘制。

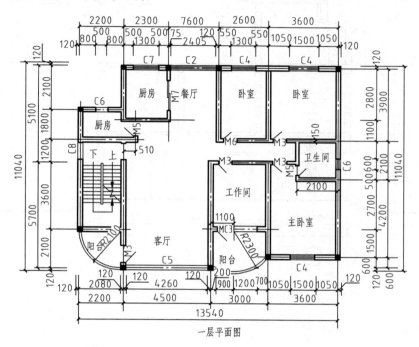

一层平面图

2. 完成下图所示图形的绘制。

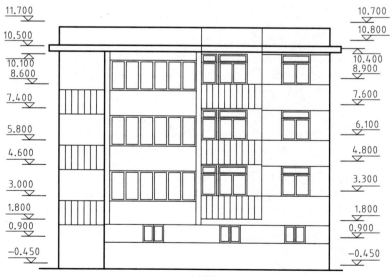

立面图

3. 完成下图所示图形的绘制

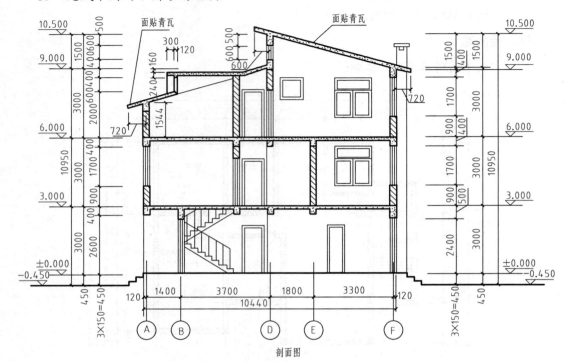

剖面图

实训工作单一

班级		姓名		日期	
教学项目		CAD 的基本操作			
任务	掌握创建新图层 掌握使用与管理线型 掌握管理图层的使用		工具	CAD	
相关知识			操作流程		
其他要求					

工程过程记录

评语				指导老师	

实训工作单二

班级		姓名		日期	
教学项目		墙体			
任务	掌握建筑 CAD 二维绘图命令			工具	CAD
相关知识		CAD 操作			
其他要求					

工程过程记录

评语			指导老师	

实训工作单三

班级		姓名		日期	
教学项目		CAD 绘图基本知识			
任务		学习绘制建筑平、立、剖面图	图要点	掌握绘制建筑平、立、剖面图的方法和步骤	
相关知识			设置绘图环境、尺寸和文字标注		
其他要求					
工作过程记录					
评语			指导老师		

参 考 文 献

[1] 中华人民共和国国家标准. GB/T 50001—2010 房屋建筑制图统一标准[S]. 北京：中国计划出版社，2010.

[2] 中华人民共和国国家标准. GB/T 50103—2010 总图制图标准[S]. 北京：中国计划出版社，2010.

[3] 中华人民共和国国家标准. GB/T 50104—2010 建筑制图标准[S]. 北京：中国计划出版社，2010.

[4] 中华人民共和国国家标准. GB/T 50105—2010 建筑结构制图标准[S]. 北京：中国计划出版社，2010.

[5] 中国建筑标准设计研究院. 11G101-1 混凝土结构施工图平面整体表示方法制图规则和构造详图[S]. 北京：中国计划出版社，2011.

[6] 王强，张小平. 建筑工程制图与识图[M]. 北京：机械工业出版社，2010.

[7] 何铭新，郎宝敏，陈星铭. 建筑工程制图[M]. 北京：高等教育出版社，2013.

[8] 杜军. 建筑工程制图与识图[M]. 上海：同济大学出版社，2014.

[9] 刘军旭，雷海涛. 建筑工程制图与识图[M]. 北京：高等教育出版社，2014.

[10] 郑贵超，赵庆双. 建筑构造与识图[M]. 北京：北京大学出版社，2009.

[11] 程无畏. 建筑阴影与透视[M]. 北京：机械工业出版社，2002.

[12] 孙世青. 建筑装饰制图与阴影透视[M]. 北京：科学出版社，2006.

[13] 李思丽. 建筑制图与阴影透视[M]. 北京：机械工业出版社，2014.